Flash动画设计经典100例

王智强 编著

中国电力出版社

CHINA ELECTRIC POWER PRESS

内 容 提 要

本书是一本专门讲解 Flash CC 动画设计与特效制作的案例教程，所用实例涉及范围比较广，涵盖了广告动画、多媒体、教学课件、Flash 游戏、Flash 贺卡、Flash 网站等诸多领域。

全书共 7 章。第 1 章讲解 Flash CC 的基础知识；第 2 章通过 12 个实例详细讲解 Flash 绘画的基本技法，旨在帮助没有美术功底的读者打下一定的绘画基础；第 3 章通过 32 个实例详细讲解基本动画与高级动画的制作方法，使读者能够全面掌握 Flash 动画的设计要领；第 4 章通过 10 个实例详细讲解 Flash 文字特效动画的制作技巧；第 5 章通过 29 个实例详细讲解使用 ActionScript 3.0 创建交互动画，使读者掌握工作中常用到的交互命令；第 6 章通过 8 个实例详细讲解声音与视频的嵌入方法以及 MP3 音乐播放器与视频播放器的制作方法；第 7 章通过 9 个实例详细讲解 Flash 在大型商业项目的综合应用。

本书旨在 "学一个就会一个"，每一个实例都涵盖 Flash 的一个或多个知识点，通过 100 个实例由浅入深，循序渐进，最终全面掌握 Flash 的 "绘画"、"动画"、"文字"、"互动"、"特效"、"多媒体" 及 "大型项目策划设计" 等多方面综合技能。您可以根据自己的兴趣及未来发展方向，重点学习相关的部分内容。

本书适合作为各大本、专科院校相关专业的教材，也可作为广大 Flash 爱好者、中小学教师、网页动画制作者、多媒体从业人员的自学教程及参考书。

图书在版编目（CIP）数据

Flash 动画设计经典 100 例 / 王智强编著. — 北京：中国电力出版社，2017.4（2020.1 重印）
ISBN 978-7-5198-0011-6

Ⅰ．①F… Ⅱ．①王… Ⅲ．①动画制作软件 Ⅳ．① TP391.41

中国版本图书馆 CIP 数据核字（2016）第 271442 号

出版发行：中国电力出版社
地　　址：北京市东城区北京站西街 19 号（邮政编码 100005）
网　　址：http://www.cepp.sgcc.com.cn
责任编辑：马首鳌　010-63412396
责任校对：闫秀英
装帧设计：王红柳
责任印制：蔺义舟

印　　刷：北京雁林吉兆印刷有限公司
版　　次：2017 年 4 月第一版
印　　次：2020 年 1 月北京第四次印刷
开　　本：787 毫米 ×1092 毫米　16 开本
印　　张：26.25
字　　数：611 千字
印　　数：5501—7500 册
定　　价：75.00 元（含 1CD）

前 言

　　Flash 已由早期的简单动画软件发展为如今的网络多媒体互动软件，应用范围涵盖了动画设计、网站开发、影音播放、游戏开发、手机应用等多个领域。随着 Flash 的发展，越来越多的人投身于 Flash 开发的事业中，但是很多人在实际工作中会遇到各种各样的问题，对制作一些动画特效产生困扰，这也是作者编写此书的初衷，希望借助此书可以帮助从事 Flash 行业的初学者尽快地掌握 Flash 在各个领域的应用技巧。

　　本书中 100 个实例是作者凭借多年的工作经验精心挑选的，通过本书学习可以帮助读者尽快学习和掌握 Flash 软件的应用，还能帮助读者创作出属于自己的酷炫作品。读者在学习过程中，不一定能把每个实例一一地进行练习，但是希望读者能熟悉每个例子，在工作需要使用时，可以想起在哪个例子中讲解过，然后在书中找到它的详细做法。

本书具体内容如下：

　　第 1 章 初识 Flash CC。如果你想了解 Flash CC 可以做什么，同时想熟悉一下新设计的编辑环境以及改进部分，那么这一章显然是所需要的。

　　第 2 章 绘图篇——Flash 造型设计。虽然有人觉得 Flash 的绘图工具有限，但我们认为事实恰恰相反。这一章通过 12 个实例详细讲解 Flash 绘画的基本技法，旨在帮助没有美术功底的读者打下一定的绘画基础。

　　第 3 章 动画篇——常用动画及镜头表现。使用逐帧动画和补间动画可以赋予电影生命。这一章通过 32 个实例详细讲解基本动画与高级动画的制作方法，使读者能够全面掌握 Flash 动画的设计要领。

　　第 4 章 文字篇——常用文字特效。虽然文本不是电影中激动人心的部分，但它也绝不是令人疲倦的东西。这一章通过 10 个实例详细讲解 Flash 文字特效动画的制作技巧。

　　第 5 章 互动篇——应用 Action 创造动画特效。你想将动画提高到一个新的层次吗？理解了 Flash 的专业化的脚本功能，就能够创建与众不同互动应用。这一章通过 29 个实例详细讲解使用 ActionScript 3.0 创建交互动画，使读者掌握工作中常用到的交互命令。

　　第 6 章 影音篇——打造多媒体影音效果。动画效果固然是重要的，但如果能将声音、视频与动画结合起来使用，那么效果就更加强烈了。这一章通过 8 个实例详细讲解声音与视频的嵌入方法以及 MP3 音乐播放器与视频播放器的制作方法。

　　第 7 章 终极篇——商业案例制作。Flash 的终极应用典范。这一章通过 9 个实例详细讲解 Flash 在大型商业项目的综合应用。

　　本书图文并茂，通俗易懂，所有实例都有详细明确的操作步骤，读者只要跟着书中的提示一步一步地操作，就可以掌握书中所讲的内容，制作出具有一定水平的动画作品。

　　本书由王智强编写完成，感谢您选择了本书，希望本书能为广大 Flash 爱好者、动漫、网站、手机开发者与课件设计制作人员等提供有力的帮助。另外，本书内容所提及的公司及个人名称、产品名称、优秀作品及其名称，均所属公司或者个人所有，本书引用仅为宣传之用，绝无侵权之意。限于作者水平，书中难免会有疏漏与不妥之处，敬请广大读者批评指正，不吝赐教。如果读者对本书有意见和建议，可以发送到邮箱 btwzqjl@163.com，同时也可以加入 QQ 群 "8983255"，在线进行图书学习指导。

王智强

2016 年 5 月

目 录

前　言

第 1 章　初识 Flash CC 1

1.1　使用 Flash CC 可以做什么 1

1.2　Flash 常用术语 3

1.3　Flash 辅助软件 6

第 2 章　绘画篇——Flash 造型设计 8

实例 1　儿童卡通画　　8　　　实例 2　萝卜　　20　　　实例 3　大公鸡　　25　　　实例 4　苹果图标　　30

实例 5　导航条　　35　　　实例 6　卡通兔子　　38　　　实例 7　质感按钮　　48　　　实例 8　城市　　52

实例 9　水晶按钮　　58　　　实例 10　荷花颂背景　　62　　　实例 11　荷花颂　　69　　　实例 12　手机音乐播放器　　72

第 3 章　动画篇——常用动画及镜头表现 78

实例 13　可爱鲸鱼动画　　78　　　实例 14　旋转的风车动画　　80　　　实例 15　小画班动画　　83　　　实例 16　秋千动画　　85

实例 17　蝴蝶　　87　　　实例 18　奇趣蛋动画　　90　　　实例 19　画轴展开动画　　93　　　实例 20　彩虹滑梯动画　　98

实例 21　放大镜动画　102　　实例 22　开车动画　105　　实例 23　瀑布动画　110　　实例 24　焰火动画　112

实例 25　南瓜灯　116　　实例 26　精美相册　120　　实例 27　水滴落下　123　　实例 28　流星动画　129

实例 29　翻书动画　133　　实例 30　红旗飘飘　136　　实例 31　繁星闪闪　141　　实例 32　桂林山水　144

实例 33　一杯热茶　148　　实例 34　旋转的地球　152　　实例 35　燃烧的蜡烛　156　　实例 36　海底世界　162

实例 37　百叶窗　166　　实例 38　垂钓老人　170　　实例 39　雨夜　173　　实例 40　电闪雷鸣　177

实例 41　老电影　180　　实例 42　倒计时　183　　实例 43　小鸟　188　　实例 44　小鸟唱歌　193

第 4 章　文字篇——常用文字特效　　197

实例 45　毛笔字　197　　实例 46　促销海报　201　　实例 47　房产广告　205　　实例 48　六一儿童节　210

实例 49　新年快乐　216　实例 50　时尚文字　221　实例 51　秋天　226　实例 52　发光文字　230

实例 53　精美相册　236　实例 54　中秋佳节　240

第 5 章　互动篇——应用 Action 创造动画特效　248

实例 55　播放暂停　248　实例 56　网站链接　250　实例 57　导航按钮　253　实例 58　拖动鼠标　256

实例 59　摩天轮　257　实例 60　键盘控制动画　258　实例 61　简单相册　260　实例 62　圣诞快乐　264

实例 63　时尚文字　266　实例 64　足球　268　实例 65　户外广告　270　实例 66　导入文字　273

实例 67　文本滚动条　275　实例 68　计算器　277　实例 69　水面　281　实例 70　图像像素溶解　282

实例 71　鼠标跟随文字　284　实例 72　海洋世界　286　实例 73　下拉菜单　288　实例 74　模糊清晰图　291

实例 75 烟花动画 293　实例 76 日历 295　实例 77 选择题 299　实例 78 选择题 303

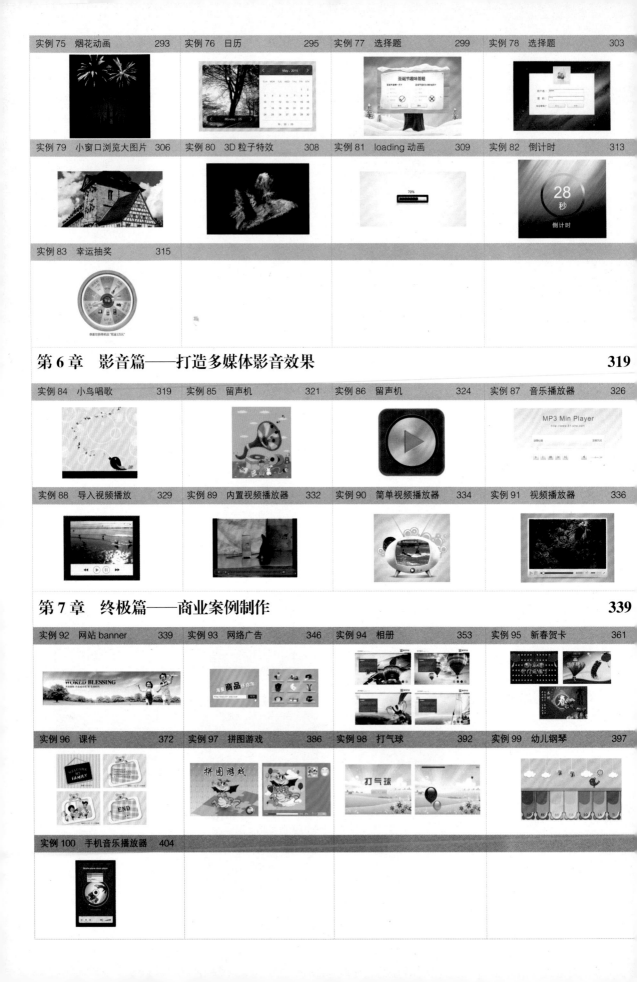

实例 79 小窗口浏览大图片 306　实例 80 3D 粒子特效 308　实例 81 loading 动画 309　实例 82 倒计时 313

实例 83 幸运抽奖 315

第 6 章　影音篇——打造多媒体影音效果　319

实例 84 小鸟唱歌 319　实例 85 留声机 321　实例 86 留声机 324　实例 87 音乐播放器 326

实例 88 导入视频播放 329　实例 89 内置视频播放器 332　实例 90 简单视频播放器 334　实例 91 视频播放器 336

第 7 章　终极篇——商业案例制作　339

实例 92 网站 banner 339　实例 93 网络广告 346　实例 94 相册 353　实例 95 新春贺卡 361

实例 96 课件 372　实例 97 拼图游戏 386　实例 98 打气球 392　实例 99 幼儿钢琴 397

实例 100 手机音乐播放器 404

第1章 初识Flash CC

在开始系统学习 Flash CC 之前，首先需要了解一下 Flash 是什么样的软件，能够做什么，并掌握 Flash CC 的一些基本操作，从而为以后的学习奠定基础。

本章内容

- 使用 Flash CC 可以做什么
- Flash CC 的新增功能
- Flash 常用术语
- Flash 辅助软件

1.1 使用 Flash CC 可以做什么

Flash 是一款集动画创作与应用程序开发于一身的创作软件，是目前使用最为广泛的动画制作软件之一。到目前为止 , 最新的零售版本为 Adobe Flash ProfessionalCC(2013 年发布)。Adobe Flash Professional CC 为创建数字动画、交互式 Web 站点、桌面应用程序以及手机应用程序开发提供了功能全面的创作和编辑环境。Flash 广泛用于创建吸引人的应用程序，应用程序中可包含丰富的视频、声音、图形和动画。在 Flash 中可以通过工具软件创建动画元素也可以从其他 Adobe 应用程序（如 Photoshop 或 illustrator）导入它们，快速设计简单的动画，并且使用 Adobe ActionScript 3.0 开发高级的交互式项目。

设计人员和开发人员可使用 Flsah 来创建演示文稿、应用程序和其他允许用户交互的内容。Flash 可以包含简单的动画、视频内容、复杂演示文稿和应用程序以及介于它们的任何内容。在互联网中随处可见使用 Flash 制作的互动网站、各种类型的艺术影片、Flash 广告、导航工具、多媒体网站等，同时 Flash 软件还被广泛应用于移动设备领域，人们可以使用手机设置 Flash 屏保、观看 Flash 动画、玩 Flash 游戏，甚至使用 Flash 进行视频交流等，Flash 已经成为跨平台多媒体应用开发的一个重要分支。

1. Flash 产品广告

Flash 广告是使用 Flash 动画的形式宣传产品的广告，主要用于在互联网上进行产品、服务或者企业形象的宣传。Flash 广告动画中一般会采用很多电视媒体制作的表现手法，而且其短小、精悍，适合网络传输，是互联网上非常好的广告表现形式，如图 1-1 所示。

2. Flash 游戏

Flash 是目前制作网络交互动画最优秀的工具，支持动画、声音以及视频，并且通过 Flash 的交互性可以制作出简单风趣、寓教于乐的 Flash 小游戏，如图 1-2 所示。

 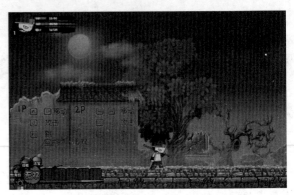

图 1-1　Flash 产品广告　　　　　　　图 1-2　Flash 游戏

3. Flash 动漫

由于采用矢量技术这一特点，Flash 非常适合制作漫画，再配上适当的音乐，比传统的动漫更具有吸引力，而且使用 Flash 制作的动画文件很小，更适合网络传播，如图 1-3 所示。

4. Flash 贺卡

Flash 制作的贺卡与过去单一文字或图像的静态贺卡相比互动性强、表现形式多样，并且文件体积很小，在一个特别的日子为亲友送出精心制作的 Flash 电子贺卡，可以更好地表达亲人、朋友之间的亲情与友情，如图 1-4 所示。

图 1-3　Flash 动漫　　　　　　　图 1-4　Flash 贺卡

5. 教学课件

使用 Flash 制作的课件可以很好地表达教学内容，增强学生的学习兴趣，现在已经被越来越多地应用到学校的教学工作中，如图 1-5 所示。

6. 手机应用

Flash 作为一款跨媒体的软件在很多领域得到应用，尤其是 Adobe 公司逐渐加大了 Flash 对手机的支持，使用 Flash 可以制作出手机的很多应用动画，包括 Flash 手机屏保、Flash 手机主题、Flash 手机游戏、Flash 手机应用工具等。并利用 Flash AIR 可以实现跨操作系统的集成平台，开发出在安卓与苹果系统下都可以运行的软件程序，如图 1-6 所示。

图 1-5　教学课件

图 1-6　手机应用

7. Flash 网站

Flash 具有良好的动画表现力与强大的后台技术，并支持 html 与网页编程语言的使用，使得 Flash 在制作网站上具有很好的优势，如图 1-7 所示。

8. Flash 视频

自从 Flash MX 版本开始全面支持视频文件的导入和处理，在随后的版本中不断加强了对 Flash 视频的编辑处理以及导出功能，并且 Flash 支持自主的视频格式 ".flv"，此格式的视频可以实现流式下载，文件体积非常小，可以通过 Flash 实现在线的交互，所以在互联网中得到大量应用，现在很多大型视频网站采用 Flash 视频技术实现在线视频的点播与观看，如图 1-8 所示。

图 1-7　Flash 网站

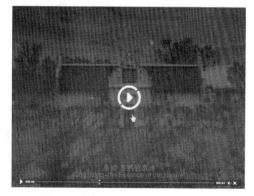

图 1-8　Flash 视频

1.2　Flash 常用术语

1. 工作区域与舞台

舞台是指 Flash 界面中心的白色区域，它是动画对象展示的区域，也就是最终导出影片、影片实际显示的区域。如果动画对象在舞台外，那么在最终导出影片中将不会显示出来，根据动画的需求，可以对 Flash 舞台的宽度、高度、背景颜色等属性进行设置。

工作区域包含舞台，是整个制作动画的区域，其中白色的舞台区域是动画实际显示的区域，而除舞台之外的其他工作区域，即外面灰色的区域，动画对象在影片播放时不会被显示，如图 1-9 所示。

图 1-9　工作区域与舞台

2. 时间轴

【时间轴】面板是除了舞台外另一个重要的操作面板，Flash 中动画创作主要是通过这个面板来完成。【时间轴】面板包括两部分——左侧的图层操作区域与右侧的帧操作区域，如图 1-10 所示。

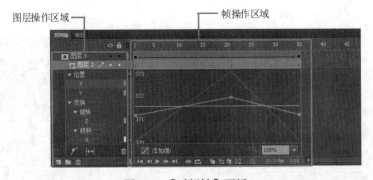

图 1-10　【时间轴】面板

3. 图层

图层可以看成是叠放在一起的透明胶片，如果层上没有任何东西，就可以透过它直接看到下一层，这是图层的一大特点。另外，图层又是相对独立的，在不同层上编辑不同的动画而互不影响，并在放映时得到合成的效果，如

图 1-11　图层

图 1-11 所示。

4. 帧

电影是由一格一格的胶片按照先后顺序播放出来的，由于人眼有视觉停留现象，这一格一格的胶片按照一定速度播放出来，我们看起来就"动"了。Flash 动画采用的也是这一原理，不过这里不是一格一格的胶片，取而代之的是"帧"。"帧"其实就是时间轴上的一个小格，是舞台内容中的一个小片段。当播放头移到帧上时，帧的内容就显示在舞台上。

在默认状态下，每隔 5 帧用数字标识，时间轴上的帧如图 1-12 所示。

5. 关键帧

关键帧是 Flash 中另一个非常重要的概念。关键帧是指动画制作时的关键画面，它的作用是用来定义动画中关键的变化，Flash 可以按照给定的动作方式自动创建两个关键帧之间的变化过程，这使得动画的制作变得十分简单。在制作一个 Flash 动作时，只需将开始动作状态和结束动作状态分别用关键帧表示，再告诉 Flash 动作的方式，Flash 就可以生成一个连续动作的动画，关键帧如图 1-13 所示。

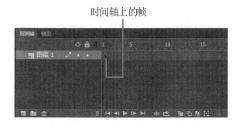

图 1-12　【时间轴】上的帧（一）

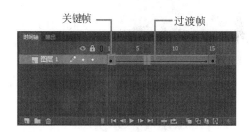

图 1-13　【时间轴】上的帧（二）

帧和关键帧都用来记录舞台的内容，但是帧只能显示离它最近的左边关键帧的内容，不能对帧的内容直接进行修改编辑，要想修改帧的内容，必须把它转变成关键帧。关键帧可以直接编辑。空白关键帧是在舞台上没有任何内容的关键帧，一旦在空白关键帧上绘制了内容，它就变成关键帧。

6. 场景

一部电影需要很多场景，并且每个场景的对象可能都不同。与拍电影一样，Flash 通过设置各个场景播放顺序来把各个场景的动画逐个连接起来，构成一部连贯的电影。而且，在多个场景的情况下，每个场景都是独立的动画，这与电影中的场景也是一样的。

7. 元件

使用 Flash 制作出来的动画文件之所以很小，其中很重要的一个原因就是在 Flash 中引用了元件的概念。元件是可以被不断重复使用的一种特殊对象，一般存放于库中。Flash 中的元件包括图形（Graphic）、按钮（Button）和影片剪辑（Movie Clip）。一般来说，建立一个 Flash 动画之前，先要规划好要调用的元件，以便在实际制作中可以随时调用。也可以从其他作品中导入元件，如图 1-14 所示。

图 1-14　库中的元件

8. 实例

实例是元件的实际应用。当把一个元件放到舞台或另一个元件中时，就创建了该元件的一个实例。我们可以对实例进行修改而不影响元件，但如果修改了元件，那么舞台中的相对应实例就会全部做出相应的修改。元件的运用之所以能缩小文档的尺寸，是因为不管创建了多少个实例，Flash 在文档中只保存一份副本，因此运用好元件也能加快动画播放的速度。

9. 动作脚本

ActionScript 是 Flash 的脚本语言。ActionScript 和 Javascript 相似，是一种面向对象的编程语言。Flash 使用 ActionScript 给电影添加交互性。在简单电影中，Flash 按顺序播放电影中的场景和帧，而在交互电影中，用户可以使用键盘或鼠标与电影进行交互。

图 1-15 【组件】面板

10. 组件

组件通俗地讲就是带有参数的影片剪辑，用户可以修改这个剪辑的外观以及参数，通过组件的应用可以快速地构建出一些应用控件，如比较常见的用户界面控件"单选按钮（RadioButton）"、"复选框（CheckBox）"等。在 Flash 中使用组件非常方便，只需将这些组件从【组件】面板拖到应用程序文档中即可，而不用自己创建这些自定义按钮、组合框和列表如图 1-15 所示。

1.3 Flash 辅助软件

Flash 作为一款矢量动画制作软件，不仅可以使用矢量图作为动画对象，也可以使用位图作为动画对象，但是对于一些需要细节表现的图形与动画，则 Flash 就难以胜任，这时就可以通过一些辅助软件帮助我们创作更精美的动画。

Flash 是 Adobe 公司出品的动画设计软件，Adobe 非常注重自家研发的各个软件的协同工作能力，所以对于 Flash 辅助软件当然首推 Adobe 系列的相关软件，如 Photoshop、Illustrator、Media Encoder 等，通过这些 Adobe 系列软件能够完美帮助 Flash 完成大部分事情。

此外，还可以借助一些其他非常实用的 Flash 辅助软件，进一步的弥补 Flash 软件中的某些不足，这些辅助软件包括：

● 文字特效工具 Swish

Swish 是一款很好的文字特效软件，软件有超过 150 种可选择的动画效果。用户可以选择诸如爆炸、漩涡、3D 旋转以及波浪等预设的动画效果。可以使用这些预设的动画应用到文字或者其他物件中来建立自己的效果或制作一个互动式电影。

● 3D 特效软件 Swift 3D

Swift 3D 是由 Electric Rain 公司出品的一款基于矢量的 3D 创作工具，设计师们能够迅速地从字体、基本 3D 元素和已有 SWF 格式 3D 模型创建 3D 图像，并渲染为 SWF 文件，充分弥补了 Flash 在三维动画效果制作上的不足。

Swift 3D 这个能够方便制作 3D Flash 的小软件已经得到大家的熟悉和喜爱。它不再仅仅局限于制作简单三维效果的 Flash 动画，更在文字、材质、建模、渲染等方面新增了很多功能，可以称得上是一个准专业级的 3D 设计软件了！

● 硕思闪客精灵

硕思闪客精灵是一款先进的 Flash 影片反编译的工具，它能捕捉、反编译、查看和提取 Flash 影片（.swf 和 .exe 支持 Fla 格式文件），轻松反编译一个或是多个 SWF 格式文件为 FLA/FLEX 项目文件，并且支持动作脚本 AS3.0。支持 Flash 6, Flash MX 2004, Flash 8, Flash CS3, Flash CS4,Flash CS5。它能恢复 FLA/FLEX 项目文件，并反编译 FLASH 的所有元素，包括矢量图、声音、图片、片段、字体、文本、脚本等。

● Flash 转换软件 SWiSHVideo

SWiSHvideo 它可以将视频文件转换为 swf 文件，支持 AVI、QuickTime、MPEG 、WMV 格式。可以将 SWF 文件转换成幻灯机可播放格式，屏幕保护或者刻录的软件。

● 相册制作工具 Flash Slideshow Builder

Flash Slideshow Builder 是一个专业的 Flash 相册制作工具，可以帮助你制作出活泼生动的 Flash 幻灯片。可以在几分钟内把照片、音乐制作成漂亮的 Flash 幻灯片。软件内置多种转换效果和主题模板，支持导入 MP3，WAV 和 WMA 格式的音频文件，支持导出为 Flash 动画，屏幕保护，EXE，超文本格式并支持生成光盘自动运行文件，功能异常强大。

● Flash 加密软件 SWF Encrypt

SWF Encrypt 是一款强大的 Flash 加密工具，使用 DMM(动态内存修改) 技术和 ActionScript 混淆技术来保护您的原创设计，可以抵御绝大多数主流的 Flash 反编译器。

第  章

绘画篇
——Flash造型设计

在本章将展示 Flash 神奇的造型设计魅力——如何通过 Flash 绘图工具创作不同的动画形象。

作为 Flash 的入门课程，绘画课程相对于动画课程会略显单调一些，尤其初次接触 Flash 的读者，熟练使用各种工具和命令也不是件容易的事。所以，本章在编写上尽可能从初学者的角度出发，详细介绍每一步操作，每步操作都配以图示，图示标明所用工具、面板和菜单的位置，帮助新手尽快适应 Flash 的工作环境。

本章制作的实例涵盖了 Flash 的多个应用领域，包括卡通形象设计、动画背景设计、按钮设计、网站导航设计、手机界面设计等。通过本章的学习，读者将可以灵活应用各种工具创作不同类型 Flash 动画对象。

本章中的实例是按照由简入繁，逐渐加大难度来设置的，建议初学者不要跳着学习。

实例 1

儿童卡通画

图 2-1　儿童卡通画

操作提示：

在本实例中使用的都是 Flash 的基本绘图工具，使用【椭圆工具】◯和【矩形工具】▣构建图形的外形，略微复杂的图形使用【铅笔工具】✎绘制，填充颜色也是单色填充，整体图形绘制简单直观，就像使用画笔在白纸上绘画一样，非常适合初学者学习。

　　本实例将通过绘制"儿童卡通画"来讲解 Flash 基本绘图工具的操作方法，实例的最终效果如图 2-1 所示。

绘制画面背景

01 启动 Flash CC，在启动界面中选择"ActionScript 3.0"命令，创建出一个基于 ActionScript 3.0 的新文档，如图 2-2 所示。

图 2-2　Flash CC 启动界面

02 在创建的文档空白位置单击鼠标右键，在弹出菜单中选择"文档属性"命令，弹出【文档设置】对话框，在此对话框中设置文档舞台的【宽度】参数为"600"、【高度】参数为"400"、【背景颜色】为默认的白色，如图 2-3 所示。

03 单击【文档设置】对话框中 **确定** 按钮，完成文档属性的设置，然后单击菜单栏中【文件】/【保存】命令，弹出【另存为】对话框，在此对话框中选择合适的保存路径，将【文件名】设置为"儿童卡通画"，如图 2-4 所示。再单击 保存(S) 按钮，将文件保存。

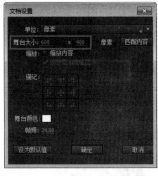

图 2-3　【文档设置】对话框

图 2-4　【另存为】对话框

04 在【工具】面板中选择【矩形工具】，在【属性】面板中设置【笔触颜色】为"无色"、【填充颜色】为黄色（颜色值为"#FFFF77"）。然后在舞台绘制任意大小的矩形，如图 2-5 所示。

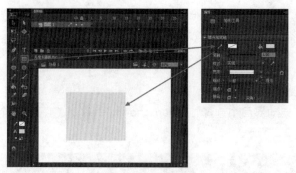

图 2-5　绘制的黄色矩形

05 选择刚刚绘制的黄色矩形,单击菜单栏中【窗口】/【信息】命令,弹出【信息】面板,在【信息】面板中设置黄色矩形的【宽】参数值为"600"、【高】参数值为"400",左顶点【X】轴与【Y】轴坐标值都为"0",这样黄色矩形刚好覆盖住舞台区域,如图 2-6 所示。

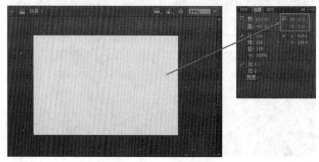

图 2-6　调整矩形的宽和高

绘制海浪

01 在刚刚绘制矩形的图层名称处双击,此图层名称为选中状态,将其名称命名为"背景",然后单击图层名称右侧的【锁定或者解除所有锁定】位置处圆点,图标变为小锁状态,将"背景"图层锁定,如图 2-7 所示。

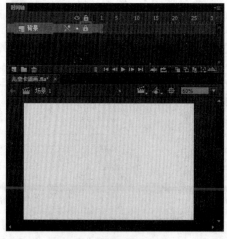

图 2-7　设置图层名称

02 单击【时间轴】面板下方的【新建图层】 按钮，在"背景"图层之上创建新图层，将新图层的名称更改为"海浪"，如图 2-8 所示。

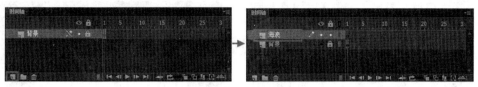

图 2-8　创建的"海浪"图层

提示：

创作动画时，可以将不同动画对象放置到不同的图层中，这样在编辑其中一个对象时，先将其他的对象所在图层锁定，这样就不会影响到这个对象的创作。

03 在【工具】面板中选择【铅笔工具】 ，然后使用【铅笔工具】 在舞台下方绘制一条波浪线，并将波浪线包含的舞台底部区域封闭，如图 2-9 所示。

04 选择【工具】面板中的【颜料桶工具】 ，在【工具】面板下方【填充颜色】位置处设置填充颜色为淡蓝色（颜色值为 "#66CCFF"），为刚刚绘制的封闭线段填充颜色，填充颜色后将绘制的线段删除，只保留填充的颜色，如图 2-10 所示。

图 2-9　绘制的波浪线

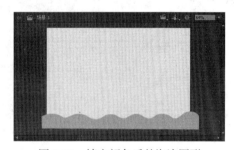

图 2-10　填充颜色后的海浪图形

提示：

使用【颜料桶工具】 填充颜色时，如果不能填充上颜色，说明线段没有封闭起来，此时可以将【工具】面板下方的【颜料桶工具】 工具选项的【间隔大小】 设置为 封闭大空隙 ，此时再填充颜色就没有问题了，如图 2-11 所示。

05 按照刚刚绘制海浪的方法再继续绘制一个颜色略深，比刚刚绘制海浪略小一些的海浪图形，如图 2-12 所示。

图 2-11　【颜料桶工具】工具选项

图 2-12　绘制颜色略深的海浪图形

绘制太阳

01 选择"海浪"图层，单击【时间轴】面板下方的【新建图层】■按钮，在"海浪"图层之上创建新图层，将新图层的名称重新命名为"太阳"，然后在【工具】面板中选择【椭圆工具】◯，在【属性】面板中设置【笔触颜色】为"无色"、【填充颜色】为红色（颜色值为"#66CCFF"）。在舞台中绘制一个没有笔触颜色，填充颜色为红色的圆形，如图2-13所示。

图2-13 绘制的红色圆形

02 在【工具】面板中选择【任意变形工具】■，使用【任意变形工具】■将绘制的红色圆形略微压扁并稍微向左旋转一些，再将变形的红色圆形放置到舞台的左上方，如图2-14所示。

03 在【工具】面板中选择【铅笔工具】✐，在【属性】面板中设置【笔触颜色】为红色（颜色值为"#66CCFF"）、【笔触粗细】的参数值为"8"，使用【铅笔工具】✐在红色圆形周围绘制8条线段，绘制出太阳的光线，如图2-15所示。

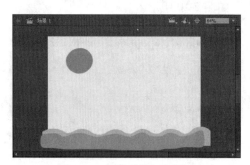

图2-14 变形后的红色圆形

图2-15 绘制太阳的光线

这样太阳图形就绘制出来了，下面为太阳添加上眼睛嘴巴，让太阳变得更加卡通，更加拟人。

04 使用【椭圆工具】◯绘制两个小黑色圆形，将这两个黑色圆形放置在红色圆形内两侧位置，这样太阳的眼睛就绘制出来了，如图2-16所示。

05 继续使用【椭圆工具】◯绘制一个没有笔触颜色，填充颜色为深红色（颜色值为"#990000"）的椭圆图形，如图2-17所示。

图2-16 绘制的太阳眼睛

图2-17 绘制的深红色椭圆图形

06 在【工具】面板中选择【选择工具】，使用【选择工具】调整绘制的椭圆图形，将其调整为嘴巴的形状，然后使用【任意变形工具】将其缩放旋转，并放置在太阳眼睛下方的位置，如图 2-18 所示。

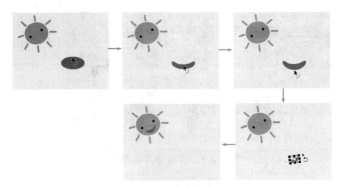

图 2-18　绘制的嘴巴图形

提示：

　　将绘制的眼睛和嘴巴图形放置在红色圆形上方时，如果绘制的眼睛和嘴巴图形为打散的状态，眼睛和嘴巴图形会置于红色圆形的下方，被红色圆形覆盖住，此时可以通过执行菜单栏中的【修改】/【合并对象】/【联合】命令将选择的图形转换为对象绘制模式，这样后绘制的图形就会排列在先绘制图形的上方。

07 将绘制的太阳图形全部选择，单击菜单栏中【修改】/【合并对象】/【联合】命令，将太阳图形合并为绘制对象状态的图形。

绘制云朵

01 选择"背景"图层，在"背景"图层之上创建新图层，将新图层的名称命名为"云朵"，然后在"云朵"图层中使用【椭圆工具】绘制一个没有笔触颜色、填充颜色为橙色（颜色值为"#FF9900"）的椭圆图形，如图 2-19 所示。

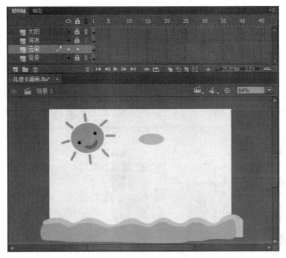

图 2-19　绘制的橙色椭圆图形

02 再继续使用【椭圆工具】 在刚刚绘制的椭圆图形周围绘制出多个椭圆图形，将其叠加到一起。将绘制的椭圆图形全部选择，单击菜单栏中【修改】/【组合】命令，将其组合在一起构成云朵图形，如图 2-20 所示。

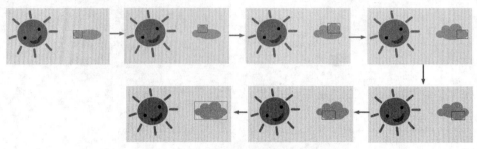

图 2-20　绘制的云朵图形

03 选择组合后的云朵图形，按住 Alt 键拖曳云朵图形两次，复制出两个相同的云朵图形，再通过【任意变形工具】 将这几个云朵图形缩放到合适大小，并放置到舞台中不同的位置，如图 2-21 所示。

图 2-21　云朵图形所在的位置

绘制轮船

01 选择"云朵"图层，在"云朵"图层之上创建新图层，将新图层的名称命名为"轮船"，为了在"轮船"图层中绘制图形方便，不被其他图层中图形遮挡住，将除了"轮船"图层之外的所有图层都锁定，将"海浪"图层隐藏，如图 2-22 所示。

02 选择【矩形工具】 ，在【属性】面板中设置【笔触颜色】为黑色、【笔触粗细】的参数为"3"，【填充颜色】为蓝色（颜色值为"#FF9900"），然后在舞台底部右侧绘制一个蓝色的矩形，如图 2-23 所示。

图 2-22　【时间轴】面板中各个图层

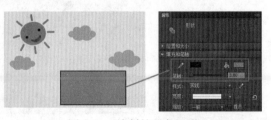

图 2-23　绘制的蓝色矩形

03 选择【选择工具】 ，将光标放置到矩形右上角位置，当光标变为下方为直角的形状时，将矩形右上角顶点向右水平拖曳一段距离，改变矩形右顶点的位置，如图 2-24 所示。

04 按照刚才的方法，将矩形左顶点向左平移，这样矩形变成了梯形形状，然后在【工具】面板中选择【直线工具】 ，使用【直线工具】 在梯形图形中间，水平画一条直线将梯形分割成上下两部分，如图 2-25 所示。

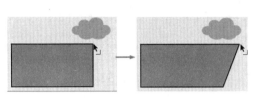

图 2-24　变形的矩形

图 2-25　绘制的梯形图形

05 选择【颜料桶工具】 ，设置填充颜色为白色，然后使用【颜料桶工具】 填充梯形上半部分颜色为白色，再将梯形中间的线段删除，并通过【修改】/【合并对象】/【联合】命令将绘制的梯形转换为对象绘制模式，如图 2-26 所示。

06 按照刚才的方法再绘制一个【笔触颜色】为黑色、【笔触粗细】参数为"3"、【填充颜色】为土黄色（颜色值为"#FFCC00"）的梯形，并将绘制的梯形转换为对象绘制模式，如图 2-27 所示。

图 2-26　填充白色的梯形

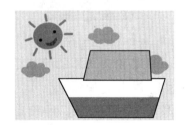

图 2-27　绘制的土黄色梯形

07 选择土黄色的梯形，单击菜单栏中的【修改】/【排列】/【移至底层】命令，将土黄色梯形排列到蓝白色梯形的下方，如图 2-28 所示。

08 继续绘制一个【笔触颜色】为黑色、【笔触粗细】参数为"3"、【填充颜色】为绿色（颜色值为"#99CC00"）的梯形，并将绘制的梯形转换为对象绘制模式，然后将其置于底层，如图 2-29 所示。

图 2-28　土黄色梯形排列至底层

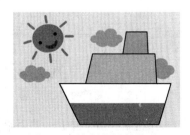

图 2-29　绘制的绿色梯形

这样轮船的主体绘制完成了，接下来为轮船画上窗户，让轮船变得更加漂亮。

09 使用【椭圆工具】◎在土黄色梯形上方绘制一个【笔触颜色】为粉色（颜色值为"#FF6699"）、【笔触粗细】的参数为"3"、【填充颜色】为青色（颜色值为"#66FFFF"）的小圆形，如图2-30所示。

10 使用【椭圆工具】◎绘制出两个白色的小椭圆图形，然后使用【任意变形工具】▦将两个白色小椭圆图形旋转，再放置在青色圆形的上方，这样就绘制出了轮船的一扇窗户，如图2-31所示。

图 2-30　绘制的圆形

11 将绘制的窗户图形选择，按住 Alt 键向右侧拖曳两次，复制出两个相同的窗户图形，并将这两个窗户图形与第一个窗户图形并排排列，这样就为轮船绘制出 3 扇窗户，如图 2-32 所示。

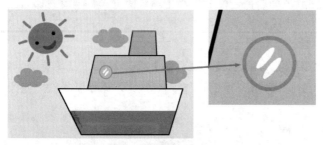

图 2-31　绘制的窗户图形

图 2-32　轮船的 3 扇窗户

完成轮船窗户图形的绘制后，再为轮船绘制"救生圈"，绘制救生圈时会使用到 Flash 图形合并的一些技巧。

12 选择【椭圆工具】◎，单击【工具】面板选项区域的【对象绘制】◙按钮，将对象绘制模式激活，在舞台蓝白色梯形右侧中心位置绘制一个【笔触颜色】为黑色、【笔触粗细】的参数为"2"、【填充颜色】为白色的圆形，如图 2-33 所示。

13 再继续使用【椭圆工具】◎在白色圆形中心位置上绘制一个比白色圆形小一些任意填充颜色的圆形，如图 2-34 所示。

图 2-33　绘制的白色圆形

图 2-34　绘制的略小些的圆形

14 选择绘制的两个圆形，单击菜单栏中的【修改】/【合并对象】/【打孔】命令，将图形组合成空心的圆形，如图 2-35 所示。

15 在【工具】面板中选择【墨水瓶工具】，在【工具】面板下方【笔触颜色】位置处选择黑色，然后使用【墨水瓶工具】在空心圆形上方单击，为其填充黑色的笔触颜色，如图 2-36 所示。

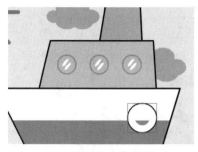

图 2-35　空心的圆形

图 2-36　为空心圆形填充笔触颜色

16 在【工具】面板中选择【线条工具】，使用【线条工具】在空心圆形上方绘制出几条线段将空心圆形分割出来，再将绘制的线段与空心圆形全部选择，通过【修改】/【合并对象】/【联合】命令将它们合并为同一个对象，如图 2-37 所示。

17 选择【颜料桶工具】，设置填充颜色为红色（颜色值为"#FF0000"），然后使用【颜料桶工具】为分割的空心圆形隔段填充红色，如图 2-38 所示。

图 2-37　为空心圆形绘制分割线段

18 选择绘制的救生圈图形，按键盘 Alt 键向左拖曳，再复制一个相同的救生圈图形，如图 2-39 所示。

图 2-38　为空心圆形填充的红色

图 2-39　复制的救生圈图形

绘制完救生圈后，再绘制轮船上的船锚，在船锚的绘制中使用到了【刷子工具】，【刷子工具】主要用于绘制一些比较粗并且不是很均匀的线条。

19 在【工具】面板中选择【刷子工具】，设置填充颜色为蓝色（颜色值为"#2D62CD"），设置【刷子形状】为圆形、【刷子大小】为最大的笔刷，然后使用【刷子工具】在蓝白色梯形上方绘制一个船锚形状的图形，如图 2-40 所示。

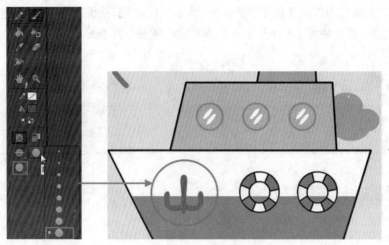

图 2-40　绘制船锚形状的图形

20 在【工具】面板中选择【多角星形工具】 ⬡，在【属性】面板中设置【笔触颜色】为无颜色填充、【填充颜色】为蓝色（颜色值为 "#2D62CD"），然后单击【工具设置】中的【选项】按钮，在弹出的【工具设置】对话框中设置【边数】参数值为 "3"，如图 2-41 所示。

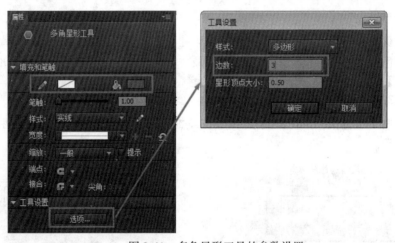

图 2-41　多角星形工具的参数设置

21 单击 确定 按钮，关闭【工具设置】对话框，然后使用【多角星形工具】 ⬡ 在船锚图形两边绘制两个大小相同的三角形，如图 2-42 所示。

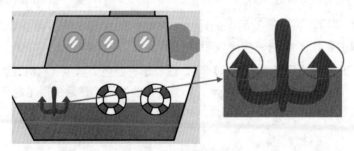

图 2-42　绘制的三角形

22 使用【椭圆工具】 在船锚上方绘制两个无笔触
颜色的圆形，小一点圆形的填充颜色为橙色（颜
色值为 "#FF9900"），大一点的圆形填充颜色为黄
色（颜色值为 "#FFCC33"），然后将这两个圆形组合，
放置到船锚图形的下方，如图 2-43 所示。

这样整体轮船图形全部绘制完毕，在轮船的绘
制过程中，使用到多个基本图形绘制工具，通过这
些基本图形的组合变形以及图形的合并就可以完成
一些简单图形的绘制。接下来再绘制轮船冒出的烟
雾图形。

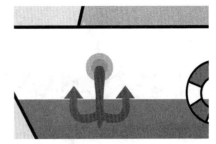

图 2-43　绘制组合的圆形

绘制轮船冒出的烟雾

01 在 "云朵" 图层之上创建新图层，将新图层的名称命名为 "烟雾"，再将 "轮船" 图层锁
定，"轮船" 图层设置为以轮廓线显示，同时取消 "海浪" 图层的隐藏，如图 2-44 所示。

02 使用【铅笔工具】 在烟雾图层中绘制出轮船冒出的浓烟形状，如图 2-45 所示。

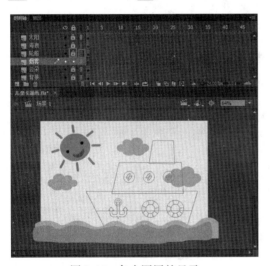

图 2-44　各个图层的显示

图 2-45　绘制的烟雾图形轮廓

提示：

对于绘制的轮廓线如果觉得不够平滑，可以选择绘制的轮廓线，然后单击【工具】面板
下方的【平滑】 按钮对其进行平滑处理。

03 选择【颜料桶工具】 ，设置填充颜色为深蓝色（颜色值为 "#1B7DAE"），为烟雾轮廓
线段填充深蓝色，然后将轮廓线段删除，如图 2-46 所示。

04 在 "太阳" 图层之上创建新图层，将新图层的名称命名为 "遮盖"，然后取消 "轮船" 图
层的轮廓线显示，最后在 "遮盖" 图层中按照绘制救生圈的方法绘制出一个黑色的镂空
矩形，镂空的区域正好是舞台区域，这样可以把舞台区域外的所有内容都遮挡住，如图
2-47 所示。

图 2-46　填充颜色后的烟雾图形

图 2-47　绘制的黑色镂空矩形

05 单击菜单栏中的【文件】/【保存】命令，将制作的"儿童卡通画 .fla"动画文件保存。

至此"儿童卡通画"图形全部绘制完成，是不是很简单啊！在这个实例中没有使用很复杂的技巧，都是基本图形工具的应用，这些工具的应用是 Flash 创作中基础的基础，希望读者反复练习，掌握它们的操作技巧。

实例 2

萝卜

图 2-48　萝卜

操作提示：

在这个实例中，主要讲解如何使用【宽度工具】和【选择工具】对绘制的图形进行细致调整，在实例中还可以学习到【转换锚点工具】、【线条工具】、【铅笔工具】、【刷子工具】绘制图形的技巧。

本实例将绘制一个"萝卜"的卡通形象，通过这个实例让我们体验下【宽度工具】的应用技巧，实例的最终效果如图 2-48 所示。

绘制萝卜图形的轮廓

01 启动 Flash CC，创建出一个 ActionScript 3.0 新的文档。设置文档舞台的【宽度】参数为"500 像素"、【高度】参数为"550 像素"、【背景颜色】为默认的白色，并将创建的文档保存为"萝卜 .fla"。

02 选择【椭圆工具】，设置【笔触颜色】为棕色（颜色值为"#7D002A"）、【笔触粗细】为"6"、

【填充颜色】为红色（颜色值为"#7D002A"），然后使用【椭圆工具】◉在舞台中绘制一个椭圆图形，并通过【任意变形工具】▦将其向右略微旋转，如图 2-49 所示。

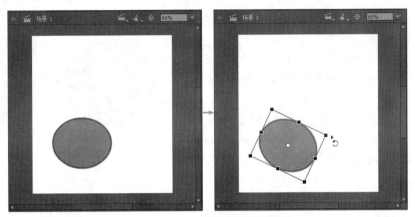

图 2-49　绘制的椭圆图形

03 单击【工具】面板中的【钢笔工具】✐一小段时间，在弹出列表中选择【转换锚点工具】▶，使用【转换锚点工具】▶在红色椭圆图形笔触线段上单击，显示出笔触线段的路径锚点，然后在椭圆图形底部中心位置的锚点上单击鼠标左键，将此平滑点转换为角点，如图 2-50 所示。

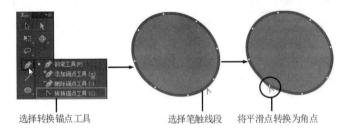

选择转换锚点工具　　　选择笔触线段　　将平滑点转换为角点

图 2-50　将椭圆图形底部平滑点转换为角点

提示：

当前锚点两端的线段都是圆滑的弧线，此时的锚点被称为平滑点；当前锚点两端的线段有一个是直线段，则此锚点被称为角点。

04 选择【选择工具】▶，将光标指向刚刚转换的角点位置，光标变为下方带直角的样式▶，然后向左下方拖动鼠标，将椭圆图形底部拖曳出一个向下的尖角。使用【选择工具】▶调整尖角两端的线段，让两端的线段变得平滑一些，如图 2-51 所示。

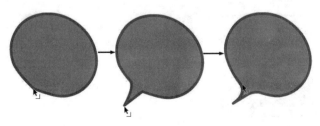

图 2-51　调整尖角图形的弧度

在手绘动漫形象时，绘制的笔触线段不可能是粗细均匀的，为了让萝卜形象更加接近手绘的风格，此时需要对笔触线段作调整，让其粗细有压感变化，感觉下笔重的时候线段会粗些，下笔轻的时候线段会细些，这时就要使用到【宽度工具】来进行调整。

05 选择【工具】面板中的【宽度工具】，在绘制图形的笔触线段上单击，然后向外拉伸鼠标，则此点两端的笔触线段将变粗，如图2-52所示。

06 使用【宽度工具】在绘制的图形笔触线段其他位置上单击，然后向内拉伸鼠标，则此点两端的笔触线段将变细，如图2-53所示。

图 2-52　调整笔触线段的宽度（一）

07 按照上述的方法使用【宽度工具】调整椭圆图形的笔触线段，最终的样式如图2-54所示。

图 2-53　调整笔触线段的宽度（二）

图 2-54　调整笔触宽度后的图形

到此萝卜图形的轮廓绘制完成，接下来再为萝卜图形绘制出高光和阴影部分，使其更加具有立体感，下面讲解。

绘制萝卜图形的高光和阴影

01 选择【工具】面板中的【线条工具】，在【属性】面板中设置【笔触颜色】为白色、【Alpha】透明度的参数值为"50%"、【笔触粗细】的参数为"12"，在【宽度】下拉列表中选择"宽度配置文件1"，然后在萝卜图形左上方绘制一个白色的直线段，如图2-55所示。

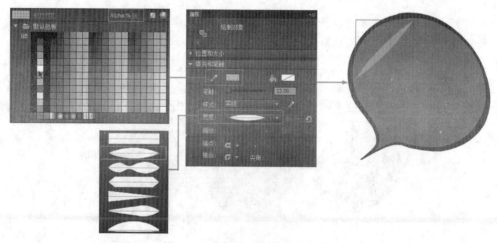

图 2-55　绘制的可变宽度的直线段

02 选择【选择工具】 ，将光标指向刚刚绘制的可变宽度直线段的左上中心位置，光标变为下方带圆弧的样式 ，然后向左上方拖动鼠标，将直线段调整为弧线的样式，如图 2-56 所示。

图 2-56 调整直线段为弧线

提示

当前线段为对象绘制模式时，此时调整其为弧线状态容易变为移动 线段的状态，为避免这种情况，可以双击此线段，进入到对象绘制编辑状态中进行图形调整，调整后再切换回当前场景的编辑状态。

03 选择绘制好的萝卜轮廓图形，按 Ctrl+C 键将其复制在系统中，再按 Ctrl+Shift+V 键将刚刚复制的图形粘贴到原来的位置上。

04 删除刚刚粘贴的轮廓图形的笔触线段，使用【颜料桶工具】 为粘贴的轮廓图形填充深红色（颜色值为"#D00013"），然后使用【选择工具】 将刚刚粘贴的深红色轮廓图形调整为萝卜图形阴影的样式，如图 2-57 所示。

图 2-57 调整图形的阴影

至此萝卜图形的高光和阴影全部绘制完成，接下来为萝卜绘制五官表情，使这个卡通形象更加生动。

绘制萝卜图形的五官

01 按照绘制高光的方法，先绘制两条设置了可变宽度的直线段，再使用【选择工具】 将这两条线段调整为弧线，最后设置线段的【笔触颜色】为深红色（颜色值为"#7D002A"），绘制的弧线作为萝卜图形的眉毛，如图 2-58 所示。

02 使用【线条工具】 绘制出两条直线段，这两条直线段作为萝卜图形的眼睛，线段的【笔触颜色】为深红色（颜色值为"#7D002A"），如图 2-59 所示。

03 选择【线条工具】 ，设置【笔触颜色】为深红色（颜色值为"#7D002A"），设置【宽度】选项为"宽度配置文件 1"，绘制一条可变宽度的线段作为萝卜图形的鼻子，如图 2-60 所示。

图 2-58 绘制的眉毛图形　　图 2-59 绘制的眼睛图形　　图 2-60 绘制的鼻子图形

04 选择【铅笔工具】在舞台空白区域绘制出一个嘴巴形状的轮廓线，设置【笔触颜色】为深红色（颜色值为“#7D002A”），并为其填充白色，如图 2-61 所示。

05 选择绘制的嘴巴图形，在【属性】面板中设置【笔触粗细】参数值为“7”、【宽度】选项为“宽度配置文件 2”，然后使用【宽度工具】对笔触线段做细致的调整，再将其进行合适的旋转缩放，放置到鼻子图形的下方，如图 2-62 所示。

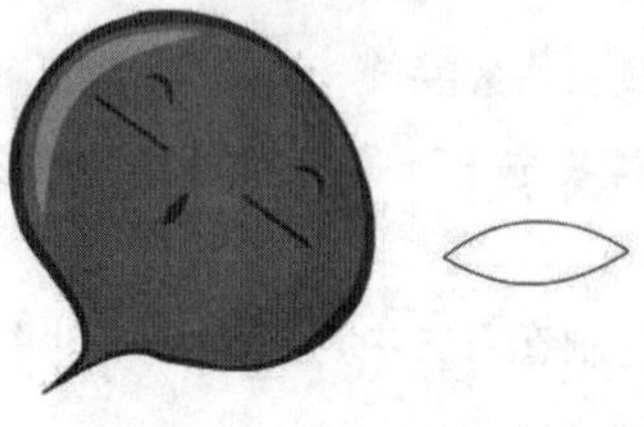

图 2-61　绘制的嘴巴轮廓线段

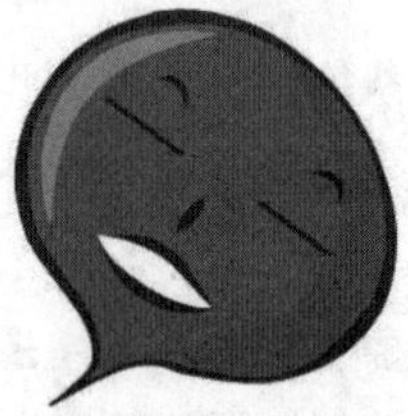

图 2-62　绘制的嘴巴图形

至此萝卜五官都绘制完成了，接下来要绘制萝卜长出来的叶子。

绘制萝卜图形的叶子

01 选择【刷子工具】，设置【填充颜色】为绿色（颜色值为“#34AD37”），然后使用【刷子工具】在萝卜图形上方绘制出萝卜的茎干，如图 2-63 所示。

02 选择【墨水瓶工具】，设置【笔触颜色】为深红色（颜色值为“#7D002A”），然后为绘制的萝卜茎干填充笔触颜色，再使用【宽度工具】对填充的笔触线段做出调整，如图 2-64 所示。

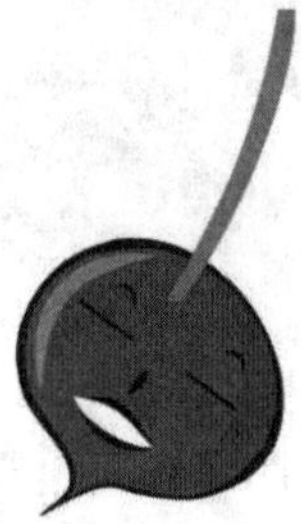

图 2-63　绘制的绿色茎干图形

03 选择【椭圆工具】，设置【笔触颜色】为无色、【填充颜色】为绿色（颜色值为“#34AD37”），然后使用【椭圆工具】绘制几个大小不同、互相交叉叠加的椭圆图形，如图 2-65 所示。

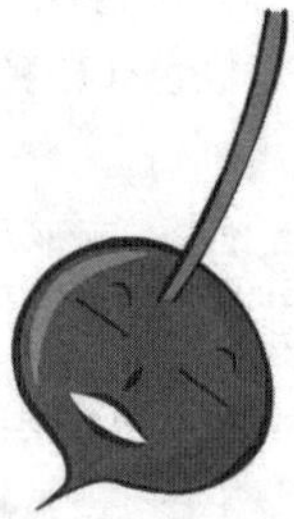

图 2-64　调整茎干填充的笔触颜色

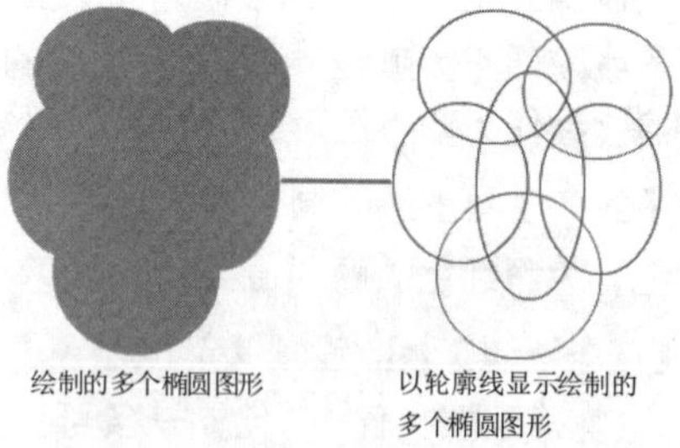

图 2-65　绘制的多个叠加的椭圆图形

04 将绘制的绿色椭圆图形全部选择，单击【修改】/【合并对象】/【联合】命令，将这些椭圆图形合并为一个整体，然后使用【选择工具】和【任意变形工具】调整合并的图形，并将其放置在茎干的上方，这样绘制出萝卜的叶子图形，如图 2-66 所示。

05 为绘制的叶子图形填充深红色（颜色值为“#7D002A”）的笔触颜色，并使用【宽度工具】对填充的笔触线段进行调整，如图 2-67 所示。

图 2-66　经过变形调整后的叶子图形　　　　　图 2-67　填充笔触颜色后的叶子图形

06 按照相同的方法再绘制出 3 个茎干与叶子图形，并将它们有序地排列起来，如图 2-68 所示。

07 使用【椭圆工具】 ◯ 在萝卜图形底部绘制一个无笔触颜色，填充颜色为浅灰色（颜色值为 "#DCDDDD"）的椭圆图形，作为萝卜图形的倒影，如图 2-69 所示。

绘制浅灰色椭圆

图 2-68　多个茎干叶子图形组合的效果　　　　图 2-69　绘制的萝卜倒影图形

08 单击菜单栏中的【文件】/【保存】命令，将制作的"萝卜.fla"动画文件保存。

　　至此"萝卜"的卡通图形全部绘制完成，在这个实例中主要应用了【宽度工具】 ▒ ，此工具用于对笔触宽度进行调整，是个很实用的工具，多多练习一下，这样会更好地掌握这个工具的创作技巧。

实例 3

大公鸡

图 2-70　大公鸡

操作提示：

　　在这个实例中，使用【钢笔工具】 ▒ 结合【时间轴】面板中绘图纸外观进行草图的描绘，再通过【颜料桶工具】 ▒ 填充图形。卡通形象的各个部分并不是表面看到的在一个图层中，而是将身体各个部分单独绘制出来，然后通过同层叠加来组合成完整的图像，这也是制作卡通动画中常用到的绘图技巧。

创建角色动画时可以先将草图绘制在纸上，然后扫描存为图像，也可以直接使用手写板在计算机中绘制好，输出成一张图片，然后将图像导入到 Flash，在 Flash 中通过描图的方式重新绘制矢量的图形。在这个实例中将讲解如何将导入的草图图像重新绘制矢量图像，实例的最终效果如图 2-70 所示。

设置绘图纸轮廓

01 启动 Flash CC，创建出一个 ActionScript 3.0 新的文档。设置文档舞台的【宽度】参数为"400像素"、【高度】参数为"400 像素"、【背景颜色】为默认的白色，并将创建的文档保存为"大公鸡 .fla"。

02 单击菜单栏中【文件】/【导入】/【导入到舞台】命令，在弹出的【导入】对话框中选择本书配套光盘"第二章 / 素材"目录下"大公鸡 .jpg"图像文件，将其导入到舞台中，并将"大公鸡 .jpg"图像文件放置在舞台中心，如图 2-71 所示。

03 将位图所在图层名称命名为"底图"，在"底图"图层第 2 帧位置处单击鼠标右键，在弹出菜单中选择【插入空白关键帧】命令，这样在"底图"图层第二帧创建出空白关键帧，如图 2-72 所示。

04 在【时间轴】面板的状态栏单击【修改标记】█ 按钮，在弹出菜单中选择"始终显示标记"命令，再单击【绘图纸外观】█ 按钮，这样在舞台中将以半透明的方式显示所有关键帧中的内容，如图 2-73 所示。

图 2-71　导入的位图

图 2-72　插入空白关键帧

图 2-73　设置绘图纸外观

绘制大公鸡图形

01 在"底图"图层上方创建名为"鸡身体"的图层，在"鸡身体"图层第 2 帧插入空白关键帧，然后将"鸡身体"图层拖曳到"底图"图层的下方，如图 2-74 所示。

02 在【工具】面板中选择【钢笔工具】 ，在【属性】面板中设置【笔触粗细】参数值为"5"，【笔触颜色】为黑色，在"鸡身体"图层第 2 帧中使用【钢笔工具】 按照"底图"图层中导入的位图描绘出鸡身体的图形路径，然后为绘制的路径填充黄色（颜色值为"#FFCC00"），这样就绘制出了公鸡的身体，如图 2-75 所示。

插入空白关键帧

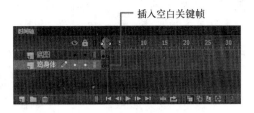

图 2-74　在"鸡身体"图层第 2 帧插入空白关键帧

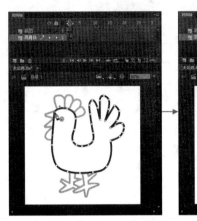

图 2-75　绘制的鸡身体图形

提示：

　　使用【钢笔工具】 描绘出鸡身体路径后，可以再通过【转换锚点工具】 与【部分选取工具】 对绘制的路径进行细节调整，直到调整到满意的图形效果。

03 在"鸡身体"图层上方创建名为"鸡眼睛"的图层，在"鸡眼睛"图层第 2 帧插入空白关键帧，然后使用【椭圆工具】 在鸡头位置处绘制一个小黑色圆形，绘制出公鸡的眼睛图形，如图 2-76 所示。

04 在"鸡眼睛"图层上方创建名为"鸡冠"的图层，在"鸡冠"图层第 2 帧插入空白关键帧，然后在"鸡冠"图层第 2 帧中使用【钢笔工具】 按照"底图"图层中导入的位图描绘出鸡冠图形路径，然后为绘制的路径填充红色（颜色值为"#FFCC00"），如图 2-77 所示。

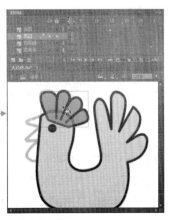

图 2-76　绘制公鸡的眼睛　　　　　　　　　　图 2-77　绘制的鸡冠图形

05 将"鸡冠"图层拖曳到"鸡身体"图层的下方,这样鸡冠图形将叠加到鸡身体图形的下方,如图 2-78 所示。

06 在"鸡眼睛"图层上方创建名为"鸡嘴"的图层,在"鸡嘴"图层第 2 帧插入空白关键帧,然后在"鸡嘴"图层第 2 帧中使用【钢笔工具】✎ 按照"底图"图层中导入的位图描绘出鸡嘴的图形路径,然后为绘制的路径填充黄色(颜色值为"#FFCC00"),如图 2-79 所示。

图 2-78　"鸡冠"图层的位置　　　　　　　　图 2-79　绘制的鸡嘴图形

07 将"鸡嘴"图层拖曳到"鸡冠"图层的下方,然后在"鸡眼睛"图层上方创建名为"鸡胡"的图层,在"鸡胡"图层第 2 帧插入空白关键帧,并在此关键帧中绘制出鸡胡图形,鸡胡图形的填充颜色为红色(颜色值为"#FFCC00"),如图 2-80 所示。

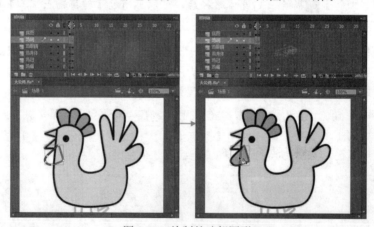

图 2-80　绘制的鸡胡图形

08 将"鸡胡"图层拖曳到"鸡嘴"图层的下方,然后在"鸡眼睛"图层上方创建名为"前爪"的图层,在"前爪"图层第 2 帧插入空白关键帧,并在此关键帧中绘制出大公鸡的前爪图形,为鸡前爪图形填充棕色(颜色值为"#990000"),如图 2-81 所示。

09 将"前爪"图层拖曳到"鸡身体"图层的下方,然后在"鸡眼睛"图层上方创建名为"后爪"的图层,在"后爪"图层第 2 帧插入空白关键帧,并在此关键帧中绘制出大公鸡的后爪图形,为鸡后爪图形填充棕色(颜色值为"##990000"),如图 2-82 所示。

图 2-81　绘制的鸡前爪图形

图 2-82　绘制的鸡后爪图形

此时公鸡图形就全部绘制出来，接下来需要将辅助绘制的"底图"图层删除，并将第 1 帧中空白的关键帧删除，这样舞台中就可以保留完整的公鸡图像。

10　将"后爪"图层拖曳到"鸡身体"图层的下方，然后选择"底图"图层，单击【时间轴】面板中的【删除】📖按钮，将"底图"图层删除，如图 2-83 所示。

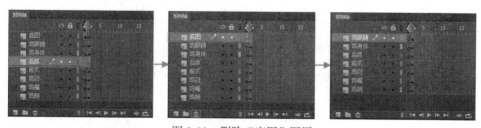

图 2-83　删除"底图"图层

11　在【时间轴】面板中选择"鸡眼睛"图层的第 1 帧，按 Shift 键选择"鸡胡"图层第 1 帧，这样将所有图层的第 1 帧全部选择，然后在选择的帧上方单击鼠标右键，在弹出菜单中选择"删除帧"命令，将这些所有图层第 1 帧删除掉。再次单击将【时间轴】面板状态栏中的【绘图纸外观】📖按钮，取消绘图纸的模式，如图 2-84 所示。

图 2-84 删除所有图层第 1 帧

12 单击菜单栏中的【文件】/【保存】命令，将制作的"大公鸡.fla"动画文件保存。

至此大公鸡图形全部绘制完成，读者可以试着导入一些自己喜欢的位图，对导入的位图重新进行描绘，从而练习 Flash 的绘图技巧。

实例 4

苹果图标

图 2-85 绘制的苹果图标

操作提示：

在这个实例中，主要讲解了使用【钢笔工具】结合【转换锚点工具】工具绘制图形路径的方法，还可以学习到使用【颜色】面板为图形填充线性渐变与径向渐变的技巧。

使用 Flash 的绘图工具可以绘制出矢量图形，矢量图形的特点是文件体积小，缩放图形不会产生失真，所以创作 Flash 动画时尽量使用矢量图形。但是在创作动画过程中经常会使用到位图素材，这些位图素材放大或缩小就会产生失真，不能完美表现动画，这时可以使用描图的方法，将位图导入到 Flash 中重新绘制成矢量图形。本节将讲解导入位图并使用路径工具和渐变颜色填充将其绘制成矢量图形的方法，实例的最终效果如图 2-85 所示。

绘制出苹果图标的轮廓

01 启动 Flash CC，创建出一个 ActionScript 3.0 新的文档。设置文档舞台的【宽度】与【高度】参数都为"400 像素"、【舞台颜色】为黑色，并将创建的文档名称保存为"苹果图标.fla"。

02 将本书配套光盘"第二章/素材"目录下"Apple.png"图像文件导入到当前文档中，如图 2-86 所示。

03 将导入位图的图层锁定，在其上创建一个新图层，在【工具】面板中选择【钢笔工具】，使用【钢笔工具】在苹果图标的轮廓上依次单击鼠标关键的点，这样绘制出封闭的直线段图形，如图 2-87 所示。

图 2-86　导入的"Apple.png"图像文件　　　　图 2-87　绘制的封闭直线段

　　绘制的封闭线段有 11 个锚点，构成苹果图形的形状最少也要有 11 个锚点，接下来对这 11 个锚点进行调整，通过细致的调整即可绘制出圆润的苹果图形。

04 在【工具】面板的【钢笔工具】位置处按住鼠标左键一小段时间，在弹出的工具列表中选择【转换锚点工具】，然后使用【转换锚点工具】在绘制路径最底端的锚点上单击并向两端拉伸鼠标，此处锚点即转换为了平滑点。对平滑点上的手柄进行调整，使得两边的曲线与导入的苹果图形贴合起来，如图 2-88 所示。

提示：

　　在调整锚点的时候，还需要结合【部分选取工具】对锚点的位置以及锚点两端曲线的弧度进行调整。

05 继续使用【转换锚点工具】与【部分选取工具】对刚刚调整锚点两边的锚点进行调整，如图 2-89 所示。

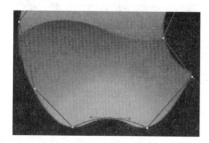

图 2-88　调节底部的锚点　　　　　　　　图 2-89　调整底部两端的锚点

06 继续使用【转换锚点工具】与【部分选取工具】对剩下的锚点进行调整，最终将封闭的线段调整为苹果形状，如图 2-90 所示。

07 选择【颜料桶工具】，选择任意一种填充颜色，为苹果图形填充上颜色，如图 2-91 所示。

图 2-90　调整的所有锚点

图 2-91　为苹果图形填充上颜色

08 用相同的方法再将苹果上方的叶子图形描绘出来，并为其填充颜色，如图 2-92 所示。

图 2-92　描绘的叶子图形

09 将导入"Apple.png"图像文件的图层删除，这样舞台中的位图被删除，只保留描绘的苹果图形，然后将舞台中绘制的图形选择，使用【任意变形工具】■■将其等比例放大，如图 2-93 所示。

图 2-93　将描绘的图形放大

至此苹果图标图形被描绘出来，接下来就需要为其上色，使其变得更加漂亮。

填充苹果图形的颜色

01 选择绘制的苹果图形，在【属性】面板中设置【笔触颜色】为深绿色（颜色值为"#003300"）、【笔触粗细】参数值为"2"，为苹果图形重新填充笔触颜色，如图 2-94 所示。

02 单击菜单栏中【窗口】/【颜色】命令打开【颜色】面板，在【颜色】面板中设置【填充颜色】■■■的颜色类型为"径向渐变"，并在【颜色面板】下方设置绿色到深绿色的渐变，如图 2-95 所示。

图 2-94 设置苹果图形的笔触

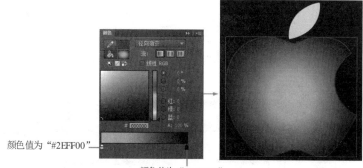

颜色值为 "#2EFF00"

颜色值为 "#045D02"

图 2-95 为苹果图形填充的径向渐变

03 使用【渐变变形工具】 对填充径向渐变颜色的苹果图形进行调整，让明亮的绿色居于苹果图形的底部，如图 2-96 所示。

04 选择苹果图形，按 Ctrl+C 键，再按 Ctrl+Shift+V 键，将复制的苹果图形粘贴到原来的位置上，然后单击菜单栏中的【修改】/【形状】/【扩展填充】命令，在弹出的【扩展填充】对话框中设置【距离】参数值为 "4 像素"、【方向】选择 "插入" 单选按钮，如图 2-97 所示。

图 2-96 调整苹果图形的径向渐变

图 2-97 【扩展填充】对话框

05 单击 确定 按钮关闭对话框，将粘贴的苹果图形向内收缩了 4 个像素，然后在【颜色】面板中设置【填充颜色】 的颜色类型为 "线性渐变"，并设置白色到白色透明的渐变，为粘贴的苹果图形填充白色透明渐变的颜色，如图 2-98 所示。

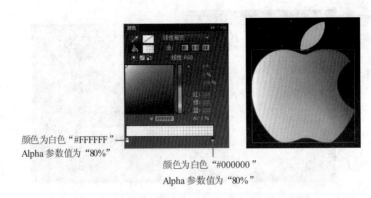

颜色为白色 "#FFFFFF"
Alpha 参数值为 "80%"

颜色为白色 "#000000"
Alpha 参数值为 "80%"

图 2-98　为粘贴的苹果图形填充白色线性透明渐变

06 使用【渐变变形工具】█对填充白色线性透明渐变颜色的苹果图形进行调整，让白色渐变变为由上至下进行渐变，如图 2-99 所示。

07 双击填充白色透明渐变的苹果图形，切换至白色苹果图形的绘制对象编辑窗口中，然后使用【钢笔工具】█在苹果图形中心绘制一条水平的曲线将苹果上下分割出来，如图 2-100 所示。

图 2-99　调整苹果图形的
　　　　　白色线性透明渐变

图 2-100　使用钢笔工具绘制的曲线

08 选择曲线下方的图形，按 Delete 键将选择的图形删除，然后再将绘制的曲线删除，只保留上方的白色图形，如图 2-101 所示。

图 2-101　删除白色渐变的下半部分

提示：
　　绘制的曲线如果为绘制对象模式，曲线与图形不能成为一个整体，需要将线段打散为可编辑图形，这样才能让曲线将苹果图形分割成两部分。

09 单击 ▦ 场景1 按钮，切换至场景中，按照相同的方法为叶子图形填充绿色到深绿色的径向渐变，然后再复制一个相同的叶子图形，填充白色线性渐变，并将白色渐变下半部分删除，只保留上半部分，如图 2-102 所示。

图 2-102　为叶子图形填充颜色

10 单击菜单栏中的【文件】/【保存】命令，将制作的"苹果图标 .fla"动画文件保存。

至此苹果图标全部绘制完成，为图形填充渐变颜色是 Flash 绘图中应用很多的技巧，使用它可以绘制出令人惊叹的 3D 效果，希望读者可以多加练习。

实例 5

导航条

操作提示:

　　在这个实例中，主要讲解的是对图形色彩的运用，如何将不同色彩的图形整体搭配在一起，而不显凌乱，再就是还可以学习文字在 Flash 中运用的技巧。

图 2-103　导航条

　　Flash 的应用范围很广阔，其中 Flash 网站也是 Flash 比较多的一个应用，制作网站必然离不开网站的导航。网站导航按钮通常都比较简洁，没有复杂的图像构成，通过清晰的颜色与网页进行整体搭配，再就是清晰的文字提示，让人可以快速地点击按钮，找到所需的网站内容，这样就算是好的导航。本实例将绘制一个彩色的 Flash 导航条，让读者了解如何绘制网站的导航条，其最终效果如图 2-103 所示。

绘制单个按钮

01 启动 Flash CC，创建出一个 ActionScript 3.0 新的文档。设置文档舞台的【宽度】参数为"810 像素"、【高度】参数为"42 像素"、【背景颜色】为黑色，并将创建的文档名称保存为"导航条 .fla"。

提示：

舞台的宽度与高度是事先计算好的，整个导航条有 6 个紧挨着的按钮，每个按钮的宽度都是 135 像素，高度都是 42 像素，所以整个导航条宽度为 810 像素，高度为 42 像素。

02 按 Ctrl+F8 键弹出【创建新元件】对话框，在此对话框【名称】输入栏中输入"按钮 1"，【类型】中选择"影片剪辑"，如图 2-104 所示。然后单击 ▇▇确定▇▇ 按钮，创建出名称为"按钮 1"的影片剪辑元件。

图 2-104 【创建新元件】对话框

03 在"按钮 1"影片剪辑元件编辑窗口，使用【矩形工具】▇绘制一个无笔触颜色、填充颜色为天蓝色（颜色值为"#6EC6E8"）的矩形，单击菜单栏中的【窗口】/【信息】命令，弹出【信息】面板。然后在【信息】面板中设置【宽】参数值为"135"、【高】参数值为"42"、【注册点 / 变形点】▇设置为以中心点为基准，然后再将【X】与【Y】参数值都设置为"0"，如图 2-105 所示。

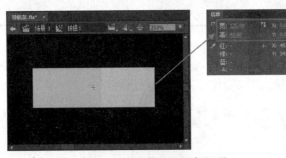

图 2-105 绘制的天蓝色矩形 　　　　图 2-106 "半截色"图层中粘贴的矩形

04 将当前图层命名为"底色"，并在"底色"图层上方创建新图层，设置新图层名称为"半截色"，然后选择"底色"图层中绘制的矩形，按 Ctrl+C 键将矩形复制，再选择"半截色"图层，按 Ctrl+Shift+V 键将"底色"图层中的矩形粘贴到"半截色"图层中，并保持原来的位置，如图 2-106 所示。

05 将"底色"图层锁定并隐藏，使用【选择工具】▇将"半截色"图层中矩形的上半部分选择，然后按 Delete 键，将选择的矩形上半部分部分删除，如图 2-107 所示。

图 2-107 "半截色"图层中删除一半后的矩形

提示：

如果"半截色"图层中的矩形为绘制对象模式，不能直接选取其一部分，只能选择整体，此时可以双击此矩形，进入到绘制对象编辑窗口中，再使用【选择工具】▇选择其上半部分。

06 取消"底色"图层的隐藏状态，然后选择"半截色"图层中的矩形，为其重新填充颜色略深一些的蓝色（颜色值"#5EB9E3"），如图 2-108 所示。

07 在"半截色"图层上方创建新图层，设置新图层名称为"下条"，然后按照刚刚叙述的方法，在矩形底部绘制一个颜色为蓝绿色（颜色值为"#248B9D"）的长条矩形，如图 2-109 所示。

图 2-108　为矩形重新填充颜色

08 在"下条"图层上方创建新图层，设置新图层名称为"文字"，然后在文字图层中输入白色的"HOME"文字，通过【属性】面板设置文字的相关属性，并将输入的文字放置在矩形中心的位置，如图 2-110 所示。

图 2-109　"下条"图层中的矩形　　　　　　　图 2-110　输入的"HOME"文字

这样其中的一个导航按钮就绘制完成了，其他的导航按钮绘制方法与其类似，只是颜色不同，这里就不一一讲解了。

09 单击 场景1 按钮，切换至舞台编辑窗口中，将当前图层名称命名为"导航条"，然后将【库】面板中的"按钮 1"影片剪辑元件拖曳到舞台中，并将其放置在舞台的最左侧，如图 2-111 所示。

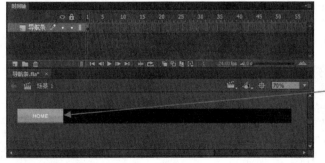

图 2-111　"按钮 1"影片剪辑实例在舞台中位置

10 按照相同的方法，创建按钮文字为"ABOUT"、"PRODUCTTS"、"CLENTS""NEWS"、"CONTACT"的"按钮 2"、"按钮 3"、"按钮 4"、"按钮 5"、"按钮 6"的影片剪辑元件，"按钮 2"、"按钮 3"、"按钮 4"、"按钮 5"、"按钮 6"影片剪辑颜色依次为"绿色"、"品红色"、"杏黄色"、"紫色"与"橙色"，将这些按钮依次排列到舞台中，这样就组成了网站的导航条，如图 2-112 所示。

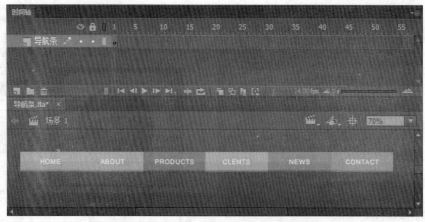

图 2-112　舞台中排列的按钮

11 单击菜单栏中的【文件】/【保存】命令，将制作的"导航条"动画文件保存。

　　至此导航条全部绘制完成，读者请将此实例好好保存，在后面章节中将讲解使用此导航条按钮进行互动的技巧。

实例 6

卡通兔子

图 2-113　卡通兔子

操作提示：

　　在这个实例中，卡通形象主要是通过【钢笔工具】 结合颜色填充工具完成，需要对路径绘制及路径调整熟练操作。同时为了制作动画的需要，卡通形象的各个部分都要分开绘制，不同的对象需要转换成不同的影片剪辑，方便日后的制作动画时进行多次调用。

　　前面的案例讲解了通过外部导入位图对其进行描绘来绘制图形的方法。如果对绘制的图形比较有把握，也可以直接在 Flash 中进行绘制，本实例将讲解如何从无到有绘制 Flash 图形，实例的最终效果如图 2-113 所示。

绘制兔子的脑袋

01 启动 Flash CC，创建一个 ActionScript 3.0 新的文档。设置文档舞台的【宽度】参数为"500 像素"、【高度】参数为"500 像素"、【背景颜色】为默认的白色，并将创建的文档名称保存为"卡通兔子 .fla"。

02 创建一个名为"兔子"的影片剪辑元件,并切换至"兔子"影片剪辑元件编辑窗口中,然后将当前图层名称命名为"头部",并在当前图层中绘制一个笔触粗细为"1"、笔触颜色为棕色(颜色值为"#60191F")、填充颜色为浅粉色(颜色值为"#F8DBE1")的圆形,如图 2-114 所示。

03 使用【钢笔工具】 在圆形中绘制出两个阴影图形,并为其填充灰粉色(颜色值为"#F4C7CD"),这样使得圆形产生出立体的效果,如图 2-115 所示。

04 使用【椭圆工具】 在圆形内部左右两侧绘制出两个填充颜色为棕色(颜色值为"#60191F")的圆形,作为兔子的眼睛。然后在圆形中间

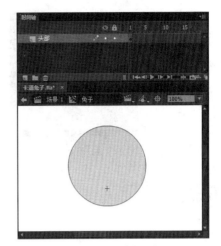

图 2-114 绘制的圆形

绘制一个棕色(颜色值为"#60191F")的三角形作为兔子的鼻子,如图 2-116 所示。

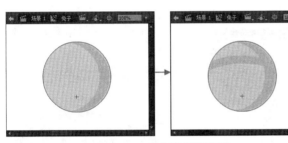

图 2-115 绘制的阴影图形

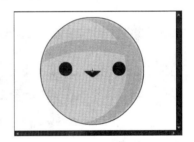

图 2-116 绘制的眼睛与鼻子图形

05 使用【钢笔工具】 绘制出兔子的嘴巴形状,并为绘制的嘴巴形状填充白色,再使用【钢笔工具】 绘制出兔子嘴巴与鼻子间的棕色(颜色值为"#60191F")的连接线段,如图 2-117 所示。

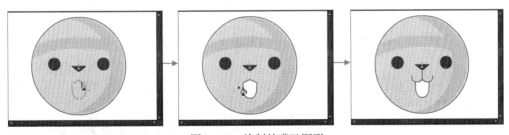

图 2-117 绘制的嘴巴图形

06 使用【椭圆工具】 在圆形底部两侧绘制两个无笔触颜色,填充颜色为粉色(颜色值为"#F0B1A9")的圆形,为兔子画上红脸蛋,使得卡通兔子更可爱一些,如图 2-118 所示。

07 将"头部"图层中绘制的图形全部选择,然后按 F8 键,在弹出的【转换为元件】对话框中设置【名称】为"头部"、【类型】为"图形",如图 2-119 所示。然后单击 确定 按钮将绘制的图形转换为名称为"头部"的图形元件。

图 2-118 绘制的红脸蛋　　　　　　　　图 2-119 【转换为元件】对话框

绘制兔子的帽子

01 在"头部"图层之上创建名为"帽子"的图层，然后使用【钢笔工具】▶与【部分选取工具】▶绘制出帽子的图形路径，并为其填充浅紫色（颜色值为"#FF99CC"）的填充颜色，如图 2-120 所示。

02 在帽子图形左上方绘制出帽子图形的白色高光，以及帽子的帽檐，帽檐图形的填充颜色为紫色（颜色值为"#D94390"），如图 2-121 所示。

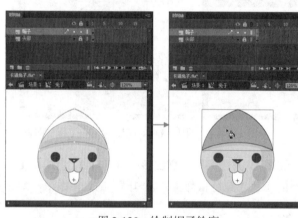

图 2-120 绘制帽子轮廓

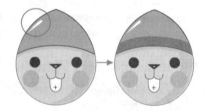

图 2-121 绘制帽子高光与帽檐

03 使用【钢笔工具】▶结合路径调整工具绘制出帽子的阴影，并为其填充深紫色（颜色值为"#E56BA5"），如图 2-122 所示。

04 使用【椭圆工具】◯在帽子图形上方绘制白色的圆形，并在白色圆形中绘制一个浅紫色（颜色值为"#EC9BC1"）的月牙图形，这样绘制出帽穗图形，如图 2-123 所示。

图 2-122 绘制的帽子阴影图形

图 2-123 绘制的帽穗图形

05 将"帽子"图层中绘制的图形全部选择,将其转换为名为"帽子"的图形元件。

绘制兔子的耳朵

01 在"帽子"图层之上创建名为"耳朵"的图层,然后使用【钢笔工具】 并结合路径调整工具绘制出耳朵图形的路径,并为其填充浅粉色(颜色值为"#F8DBE1")的填充颜色,如图 2-124 所示。

02 在耳朵图形中绘制出耳朵的阴影图形,为其填充粉色(颜色值为"#E56BA5"),然后在耳朵图形上方绘制一个白色的小圆形,如图 2-125 所示。

图 2-124 绘制的耳朵轮廓图形

图 2-125 绘制耳朵图形的阴影

03 选中绘制的耳朵图形,将其转换为名为"耳朵"的图形元件,再按键盘 Alt 键拖曳"耳朵"图形元件,复制出一个相同的"耳朵"图形实例。单击菜单栏中【修改】/【变形】/【水平翻转】命令将复制的"耳朵"图形实例水平翻转,并放置到帽子图形的右侧,与左侧的耳朵水平对称,如图 2-126 所示。

04 在【时间轴】面板中将"耳朵"图层拖曳到"头部"图层下方,这样舞台中的耳朵图形将位于头部图形的下方,如图 2-127 所示。

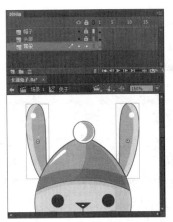

图 2-126 复制的"耳朵"图形实例　　　图 2-127 "耳朵"图层的位置

绘制兔子的衣服与围脖图形

01 在"帽子"图层之上创建名为"身体"的图层，使用【钢笔工具】 ✎ 绘制出卡通兔子的衣服图形路径，为其填充浅紫色（颜色值为"#B889BD"）的填充颜色；再绘制出衣服的阴影，为其填充紫色（颜色值为"#A35CA2"）的填充颜色；最后将绘制的衣服图形转换为名为"身体"的图形元件，如图 2-128 所示。

02 在"身体"图层之上创建名为"围巾"的图层，然后在"围巾"图层中绘制出脖子上的围巾图形，如图 2-129 所示。

图 2-128　绘制的衣服图形

图 2-129　绘制围巾图形

03 在围巾图形上方绘制出围巾的下摆，然后选择绘制的围巾下摆图形，单击菜单栏中【修改】/【排列】/【移至底层】命令，将其置于围巾图形的下方，如图 2-130 所示。

图 2-130　绘制的围巾的下摆

提示：

对于不同图层中的对象可以通过改变图层的上下位置来调整对象的叠加次序，但是在同一个图层中的对象则需要通过【修改】/【排列】菜单中的相关命令进行对象上下位置的排序。

04 选择"围巾"图层中绘制的图形，将其转换为名为"围巾"的图形元件，然后将"围巾"与"身体"图层拖曳到"头部"图层下方，这样围巾与衣服图形将置于头部图形的下方，如图 2-131 所示。

绘制兔子的手臂与手

01 在"帽子"图层之上创建名为"手臂"的图层，然后在"手臂"图层中绘制出手臂图形，再为手臂图形绘制出手臂的阴影，如图 2-132 所示。

填充颜色值为
"#B889BD"

填充颜色值为
"#A35CA2"

图 2-131 "围巾"与"身体"图层位置 　　　　图 2-132 绘制的手臂图形

02 在手臂图形下方绘制出袖子的白色袖口图形，然后将"手臂"图层中的图形全部选择，将选择的图形转换为名为"手臂"的图形元件，如图 2-133 所示。

03 按住键盘 Alt 键拖曳"手臂"图形实例,复制出一个相同的"手臂"图形实例，将复制的"手臂"图形实例水平翻转，将其放置在衣服图形的右侧，与左侧的"手臂"图形实例对称，如图 2-134 所示。

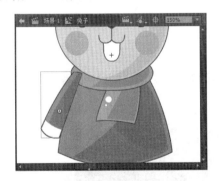

图 2-133 "手臂"图形元件 　　　　图 2-134 复制的"手臂"图形实例

04 在"手臂"图层之上创建名为"手"的图层，然后在"手"图层中绘制出兔子小手图形，并为小手图形绘制出手的阴影，如图 2-135 所示。

05 将绘制的手图形选择，将选择的图形转换为名为"手"的图形元件,按住键盘 Alt 键拖曳"手"图形实例，复制出一个相同"手"图形实例，将复制的"手"图形实例水平翻转，将其放置在右侧手臂图形的下方，如图 2-136 所示。

06 将"手"图层移至"手臂"图层下方，然后再将"手臂"与"手"图层放置到【时间轴】面板的最下方，如图 2-137 所示。

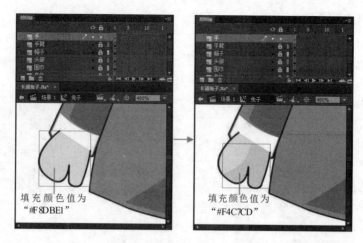

图 2-135　绘制兔子的手图形

图 2-136　复制的"手"图形实例

图 2-137　"手臂"与"手"图层的位置

绘制兔子的腿和脚

01 在"帽子"图层之上创建名为"腿"的图层，然后在"腿"图层中绘制出兔子的腿的图形，再为腿图形绘制出腿的阴影，如图 2-138 所示。

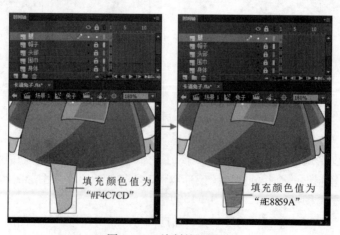

图 2-138　绘制的腿图形

02 在"腿"图形的下方绘制出兔子脚的图形，然后将"腿"图层中的图形全部选择，将选择的图形转换为名称为"腿"的图形元件，如图 2-139 所示。

03 按住 Alt 键拖曳"腿"图形实例，复制出一个相同的"腿"图形实例。将复制的"腿"图形实例水平翻转，将其放置在衣服图形下方的右侧，如图 2-140 所示。

04 将"腿"图层放置到【时间轴】面板的最下方，这样绘制的腿的图形置于衣服图形的下方，如图 2-141 所示。

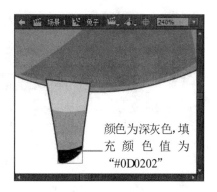

颜色为深灰色，填充颜色值为"#0D0202"

图 2-139　绘制的脚图形

图 2-140　复制的"腿"图形实例

图 2-141　"腿"图层的位置

这样兔子的卡通形象全部绘制完成，接下来需要将舞台布置好，这样制作的小兔子就可以登台表演了。

绘制场景中的辅助图形

01 单击 ![场景1] 按钮，切换至场景编辑窗口中，将场景中当前图层命名为"背景"，然后在"背景"图层中绘制出与舞台大小相同的淡粉色（颜色值为"#E9D2E6"）矩形，如图 2-142 所示。

02 在舞台中绘制出紫色（颜色值为"#C19FCB"）的小圆点，将小圆点水平方向复制多个，通过【对齐】面板中的排列按钮将复制的圆点排列整齐，然后选择所有的圆点，按 Ctrl+G 键将其组合成一个整体，如图 2-143 所示。

 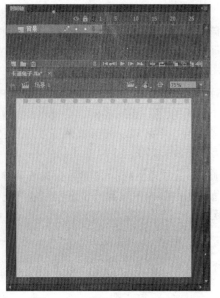

图 2-142　绘制的矩形图形　　　　　　　图 2-143　绘制的一行小圆点

03 将组合的小圆点向下复制一个,并将复制的图形向左移动一些距离,组成两行小圆点图形。再选择两行圆点图形,向下进行多次复制,最后通过【对齐】面板中的排列按钮将复制的圆点排列整齐,如图 2-144 所示。

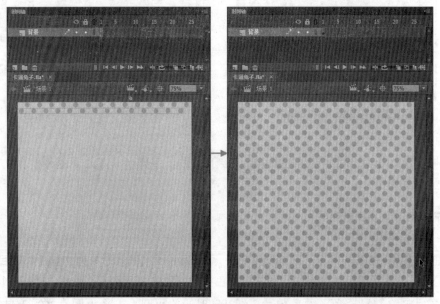

图 2-144　排列的小圆点图形

04 在"背景"图层之上创建名为"兔子"的图层,然后将【库】面板中的"兔子"影片剪辑实例拖曳到舞台中心位置,并缩放到合适的大小,如图 2-145 所示。

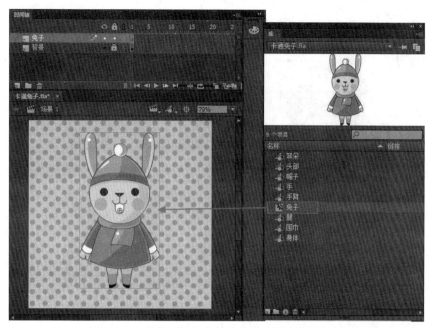

图 2-145 拖曳到舞台中的"兔子"影片剪辑实例

05 在"背景"图层之上创建名为"阴影"的图层，然后在阴影图层中绘制一个无笔触线段的椭圆图形，并为其填充深灰色半透明到深灰色透明的径向渐变，如图 2-146 所示。

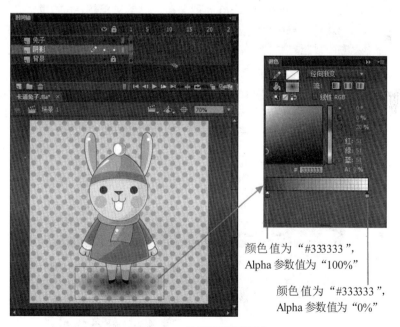

颜色值为"#333333"，
Alpha 参数值为"100%"

颜色值为"#333333"，
Alpha 参数值为"0%"

图 2-146 绘制的阴影图形

06 单击菜单栏中的【文件】/【保存】命令，将制作的"卡通兔子 .fla"动画文件保存。

　　至此卡通兔子图形全部绘制完成，读者可以为它绘制不同的场景，这样小兔子就可以在不同的舞台上进行表演了。

实例 7

质感按钮

操作提示：
　　在这个实例中，主要讲解如何为绘制的图形填充位图，以及如何对影片剪辑设置不同的滤镜效果。

图 2-147　质感按钮

　　接触过 3D 设计软件的朋友，不会对"材质"两字陌生，在 3D 软件中建好模的三维图形，需要为其打上灯光，附上材质才能更完美地表现物体的质感。Flash 中也可以为绘制的图形附上材质，方法很简单，只要为其填充相关材质的位图就可以。本实例将绘制一个附加材质的质感按钮，其最终效果如图 2-147 所示。

绘制木纹底座

01 启动 Flash CC，创建一个 ActionScript 3.0 新的文档。设置文档舞台的【宽度】参数为"500 像素"、【高度】参数为"500 像素"、【背景颜色】为默认的白色，并将创建的文档名称保存为"质感按钮 .fla"。

02 将当前图层名称命名为"木纹底"，使用【基本矩形工具】 在舞台上中心绘制任意一个矩形，再选择绘制的矩形，在【属性】面板中设置矩形的【宽】与【高】参数值都为"360 像素"、【笔触颜色】为"无色"、【填充颜色】任意设置一个颜色，在【矩形选项】中设置【矩形边角半径】为"50"，此时矩形变为圆角正方形，如图 2-148 所示。

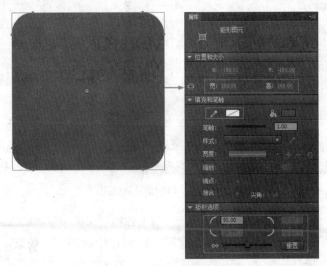

图 2-148　绘制的圆角正方形

03 将本书配套光盘"第二章 / 素材"目录下"木纹 .jpg"图像文件导入到当前文档中,然后选择刚刚绘制的圆角正方形,在【属性】面板【填充颜色】中选择刚刚导入的"木纹 .jpg"图像文件,这样为圆角正方形填充了"木纹 .jpg"的位图,如图 2-149 所示。

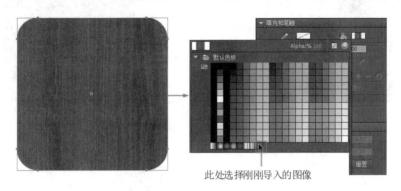

此处选择刚刚导入的图像

图 2-149　填充木纹纹理的圆角正方形

04 选择舞台中的圆角正方形,按 F8 键弹出【转换为元件】对话框,在【名称】输入框中输入"方形"、【类型】下拉列表中选择"影片剪辑",然后单击对话框中 确定 按钮,将选择的圆角正方形转换为名为"方形"的影片剪辑元件,如图 2-150 所示。

05 选择舞台中的"方形"影片剪辑实例,在【属性】面板【滤镜】选型中添加"发光"滤镜,然后设置"发光"滤镜中【模糊 X】与【模糊 Y】参数值都为"34 像素"、【强度】参数值为"140"、【颜色】填充土黄色(颜色值为"#C08E06")的阴影颜色、【内发光】复选框勾选,此时为"方形"影片剪辑实例设置了内发光的滤镜效果,如图 2-151 所示。

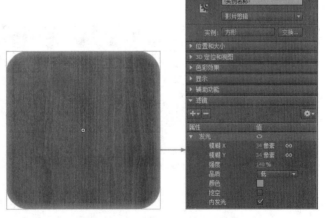

图 2-150　【转换为元件】对话框　　　　图 2-151　为"方形"圆角正方形设置内发光滤镜效果

06 按照上述的方法继续为"方形"影片剪辑实例添加"投影"滤镜效果,具体参数设置如图 2-152 所示。

07 继续为"方形"影片剪辑实例添加"斜角"滤镜效果,使其具有浮雕的感觉,具体参数设置如图 2-153 所示。

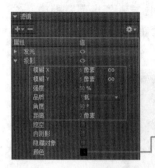

设置投影颜色为黑色

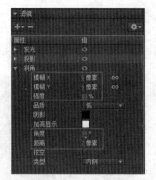

图 2-152　为"方形"圆角正方形设置投影滤镜效果　　图 2-153　为"方形"圆角正方形设置斜角滤镜效果

至此质感按钮的木纹底座制作完成，在木纹底座的绘制过程中使用到了位图填充以及影片剪辑的滤镜效果。接下来继续绘制木纹底座上方的金属质感按钮。

绘制金属底纹的按钮

01 在"木纹底"图层之上创建新图层，设置新图层名称为"黑色圆"，然后使用【椭圆工具】 ⬤ 在木纹底座上方绘制一个无笔触颜色的黑色圆形，如图 2-154 所示。

02 选择绘制的黑色圆形，将其转换为影片剪辑元件，然后依次为"黑色圆"的影片剪辑实例设置"外发光"、"内发光"、"斜角"的滤镜效果，如图 2-155 所示。

图 2-154　绘制的黑色圆形

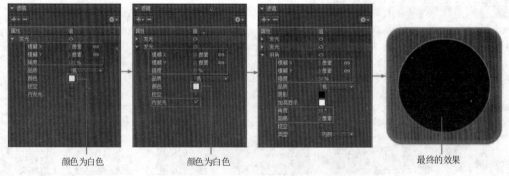

颜色为白色　　　　　　　　颜色为白色　　　　　　　　最终的效果

图 2-155　为"黑色圆"设置的滤镜效果

03 在"黑色圆"图层之上创建新图层，设置新图层名称为"金属底"，然后使用【椭圆工具】 ⬤ 在黑色圆形的上方绘制一个比黑色圆形略小一些的无笔触颜色的白色圆形，如图 2-156 所示。

04 将本书配套光盘"第二章 / 素材"目录下"金属纹理 .jpg"图像文件导入到当前文档中。选择刚刚绘制的白色圆形，在【属性】面板【填充颜色】中选择刚刚导入的"金属纹理 .jpg"图像文件，为白色圆形填充了"金属纹理 .jpg"的位图，如图 2-157 所示。

图 2-156　绘制的白色圆形

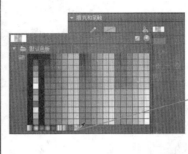

图 2-157　为白色圆形填充金属纹理

05 在"金属底"图层之上创建新图层，设置新图层名称为"播放"，然后使用【多角星形工具】绘制一个无笔触颜色、填充颜色为深灰色（颜色值为"#333333"）的三角形，将其放置在金属底纹圆形的上方，如图 2-158 所示。

06 选择绘制的深灰色三角形，将其转换为影片剪辑元件，然后依次为"播放"的影片剪辑设置"发光"与"投影"的滤镜效果，如图 2-159 所示。

图 2-158　绘制的深灰色三角形

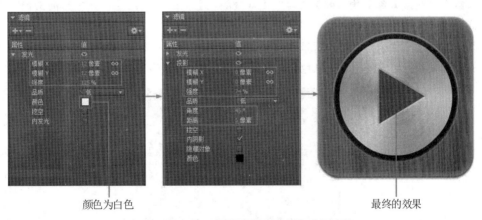

颜色为白色　　　　　　　　　最终的效果

图 2-159　为三角形图形设置滤镜后的效果

07 单击菜单栏中【文件】/【保存】命令，将制作的"质感按钮"动画文件保存。

　　到此质感按钮全部绘制完成，Flash 中不仅可以进行矢量图的编辑，还可以对位图进行编辑，这样为创作作品提供了更多的方法。

实例 8

城市

图 2-160　城市

操作提示：

在这个实例中，还是使用基本图形绘图工具绘制图形，包括【矩形工具】■、【基本矩形工具】▣、【椭圆工具】◯。主要技巧在于如何将这些图形有效地排列在一起组成复杂的图形，包括多个图形组合，多个图形的对齐、图层的叠加。在此实例中还可以学习到转换元件的方法，以及图层遮罩的应用。

城市给人的第一印象是高楼林立，车水马龙，对于绘制这样的图形少不了楼房和道路这两个主要元素，再辅助一些树木、花草以及白云。在本实例中将为大家讲解如何通过 Flash 的绘图功能完成这个宏大的工程，实例的最终效果如图 2-160 所示。

绘制道路与楼房

01 启动 Flash CC, 创建出一个 ActionScript 3.0 新的文档。设置文档舞台的【宽度】参数为"600 像素"、【高度】参数为"480 像素"、【背景颜色】为默认的白色，并将当前文档文件名称保存为"城市 .fla"。

02 将当前图层名称改为"城市背景"，然后在舞台中绘制一个与舞台大小相同，与舞台重合的矩形，并设置矩形的填充颜色为淡蓝色（颜色值为"#85DBD8"），如图 2-161 所示。

图 2-161　绘制的淡蓝色矩形

03 选择绘制的矩形,按 F8 键弹出【转换为元件】对话框,在此对话框中设置【名称】为"蓝色背景",【类型】选择"影片剪辑",然后单击 确定 按钮关闭对话框,将绘制的矩形转换为影片剪辑元件,如图 2-162 所示。

04 选择"蓝色背景"影片剪辑实例,再将其转换为影片剪辑元件,双击"城市背景"影片剪辑实例,切换至"城市背景"影片剪辑元件编辑窗口中,并将当前图层名称设置为"蓝色背景",如图 2-163 所示。

图 2-162 【转换为元件】对话框　　　图 2-163 "城市背景"影片剪辑元件编辑窗口

05 在"蓝色背景"图层之上创建新图层,设置新图层名称为"道路",然后在"蓝色背景"影片剪辑实例下方绘制一个无笔触颜色、填充颜色为灰绿色(颜色值为"#628264")的矩形,如图 2-164 所示。

06 在绘制的灰绿色矩形中间绘制一个白色的线段图形,将白色的线段图形和灰绿色图形全部选择,按 F8 键弹出【转换为元件】对话框,在此对话框中设置【名称】为"道路"、【类型】选择"图形",然后单击 确定 按钮关闭【转换为元件】对话框,将绘制的图形转换为名称为"道路"图形元件,如图 2-165 所示。

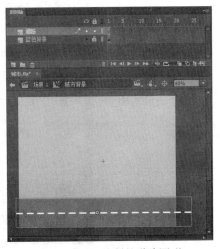

图 2-164 绘制的灰绿色矩形　　　　　　图 2-165 绘制的道路图形

07 在"蓝色背景"图层之上创建新图层，设置新图层名称为"楼房1"，然后在道路图形上方使用【基本矩形工具】■绘制一个无笔触颜色、填充颜色为浅棕色（颜色值为"#9F8E7E"）的圆角矩形，并在浅棕色圆角矩形上方绘制多个深灰色（颜色值为"#31302E"）的圆角矩形，如图 2-166 所示。

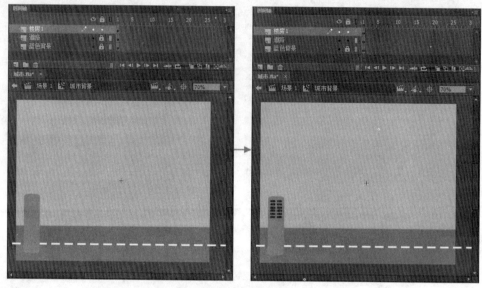

图 2-166　绘制的楼房图形

提示：

　　对于绘制的多个深灰色圆角矩形，可以通过【对齐】面板中相关的对齐与分布按钮将多个深灰色圆角矩形排列整齐。

08 在按照绘制"楼房1"影片剪辑元件的方法制作出多个楼房图形，并为不同的楼房图形设置不同的元件名称，如图 2-167 所示。

图 2-167　绘制的多个楼房图形

提示：

　　对于绘制的多个楼房图形，其中相似的楼房图形可以通过同一个影片剪辑实例进行复制变形；多个楼房图形的上下位置排列可以通过菜单栏中【修改】/【排列】中的相关命令完成。

绘制树木、草丛和白云

09 创建一个名为"大树 1"的图层，在"大树 1"的图层中绘制出树干与树枝图形，图形的颜色为深灰色（颜色值为"#2A1617"），如图 2-168 所示。

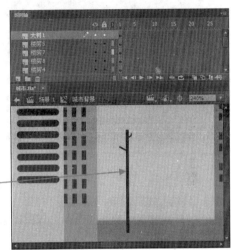

图 2-168　绘制的树干树枝图形

10 使用【椭圆工具】 在树枝图形上方绘制多个无笔触颜色、填充颜色为灰绿色（颜色值为"#219B9C"）的圆形作为树木的树叶，如图 2-169 所示。

11 选择绘制的树木图形，将其转换为影片剪辑元件，并将"大树 1"影片剪辑实例复制多个，放置到不同的位置处，如图 2-170 所示。

图 2-169　绘制的树叶图形　　　　图 2-170　绘制的多个树木图形

12 创建一个名称为"草丛 1"的图层，在"草丛 1"的图层中绘制出三个挨着的无笔触颜色，填充颜色为草绿色（颜色值为"#1CB57C"）的椭圆图形，如图 2-171 所示。

13 选择绘制的椭圆图形，将其转换为名称为"草丛 1"影片剪辑元件，并将"草丛 1"影片剪辑实例复制多个，放置到不同的位置处，如图 2-172 所示。

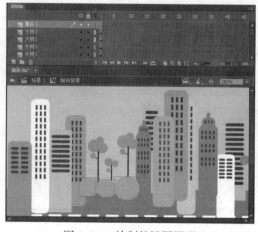

图 2-171　绘制的椭圆图形

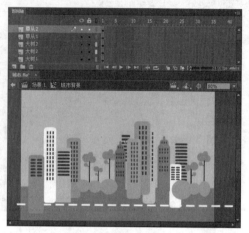

图 2-172　绘制的草丛图形

14 创建一个名为"白云"的图层，在"白云"的图层中使用【基本矩形工具】 与【椭圆工具】 绘制出白色的云朵图形，如图 2-173 所示。

15 选择绘制的白色云朵图形，将其转换为名称为"云朵"的影片剪辑元件，并将"云朵"影片剪辑实例复制多个，对不同的"云朵"影片剪辑实例设置不同的大小，并放置到不同的位置处，如图 2-174 所示。

图 2-173　绘制的白色云朵图形

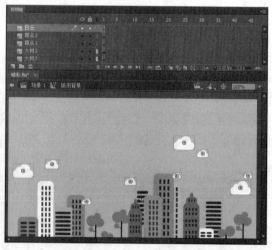

图 2-174　多个云朵图形

16 将"道路"图层置于所有图层的最上方，在"道路"图层之上创建名为"遮罩"的图层，然后选择"蓝色背景"中的蓝色矩形，按 Ctrl+C 键选择"遮罩"图层，冉按 Ctrl+Shift+V 键将蓝色矩形粘贴到"遮罩"图层中并保持原来的位置，如图 2-175 所示。

17 在"遮罩"图层名称处单击鼠标右键，在弹出菜单中选择"遮罩层"命令，将"遮罩"图层转换为遮罩层，下方的"道路"图层转换为被遮罩层，如图 2-176 所示。

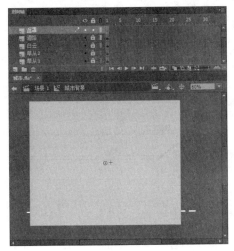

图 2-175　"遮罩"图层中粘贴的蓝色矩形

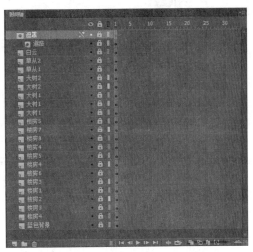

图 2-176　时间轴面板中的图层

18 选择"道路"图层下方除了"蓝色背景"图层外的所有图层，将选择的图层向"道路"图层拖曳，此时这些选择的图层也被转换为"遮罩"图层的被遮罩层，如图 2-177 所示。

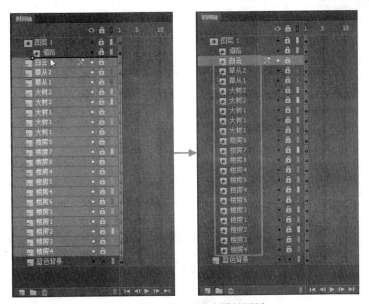

图 2-177　转换为被遮罩的图层

19 单击 **场景 1** 按钮，切换至场景编辑窗口中，按 Ctrl+S 键将制作的"城市 .fla"动画文件保存。

到此城市图形全部绘制完成，读者请将此实例好好保存，在后面章节中将使用此实例讲解动画制作的技巧。

实例 9

水晶按钮

操作提示:

  在这个实例中,主要讲解如何为绘制的图形填充线性渐变颜色与径向渐变颜色,以及对渐变颜色进行调整的方法。

图 2-178 水晶按钮

  在 Flash 里也可以绘制出晶莹剔透的图像,而且不差于在 Photoshop 制作的效果,只需要使用渐变颜色填充与调整工具即可完成。本实例中将绘制一个水晶按钮,通过这个实例可以掌握渐变颜色填充与调整的技巧。

绘制外部金色圆形

01 启动 Flash CC,创建出一个 ActionScript 3.0 新的文档。设置文档舞台的【宽度】与【高度】参数都为 "400 像素"、【舞台颜色】为深红色(颜色值为 "#750000")。并将当前文档文件名称保存为 "水晶按钮 .fla"。

02 选择【椭圆工具】 ◎,将【工具】面板下方选项区域的【对象绘制】 ◎ 模式激活,在【属性】面板中设置【笔触颜色】为深红色(颜色值为 "#550000")、【笔触粗细】参数为 "1"、【填充颜色】为任意颜色,然后在舞台中心位置绘制一个大圆形,如图 2-179 所示。

03 选择绘制的圆形,在【信息】面板中设置【宽】与【高】参数值为 "328 像素"、【注册点】为中心位置、【X】与【Y】轴坐标值都为 "200",这样圆形的宽度与高度都为 328 像素并位于舞台中心位置,【信息】面板参数设置如图 2-180 所示。

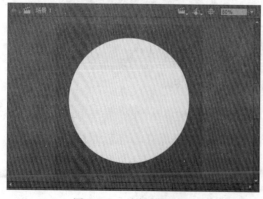

图 2-179 绘制的圆形

图 2-180 【信息】面板

04 选择绘制的圆形,在【颜色面板】中设置【填充颜色】 ![icon] 的【颜色类型】为"线性渐变",在【颜色面板】下方设置淡黄色到土黄色的渐变,如图 2-181 所示。

05 使用【渐变变形工具】 ![icon] 对填充渐变颜色的圆形略微进行渐变颜色的调整,如图 2-182 所示。

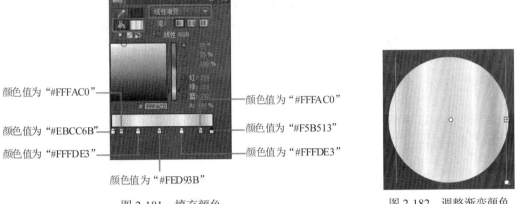

颜色值为 "#FFFAC0"　　　　颜色值为 "#FFFAC0"

颜色值为 "#EBCC6B"　　　　颜色值为 "#F5B513"

颜色值为 "#FFFDE3"　　　　颜色值为 "#FFFDE3"

颜色值为 "#FED93B"

图 2-181　填充颜色　　　　　图 2-182　调整渐变颜色

至此金色边框的圆形就全部绘制完成,在绘制此圆形时一定要记住将其放置在舞台的中心点,以后绘制的圆形都将以舞台中心点为中心,这样可以保证多个圆形中心重合,接下来继续进行绘制。

绘制按钮图形

01 使用【椭圆工具】 ![icon] 在舞台中心绘制一个无笔触颜色、填充颜色为棕色(颜色值为 "#4B0000")的圆形,然后设置圆形的【宽】与【高】参数值都为 "284 像素"、【X】与【Y】轴坐标值都为 "200",这样绘制圆形位于舞台正中心,如图 2-183 所示。

02 继续使用【椭圆工具】 ![icon] 在舞台中心绘制一个无笔触颜色,填充颜色为任意颜色的圆形,然后设置圆形的【宽】与【高】参数值都为 "278 像素"、【X】与【Y】轴坐标值都为 "200",这样绘制圆形位于舞台正中心,如图 2-184 所示。

图 2-183　绘制的棕色圆形　　　　图 2-184　绘制的任意颜色圆形

03 选择绘制的圆形,在【颜色面板】中设置【填充颜色】 ![icon] 的【颜色类型】为"径向渐变",然后在【颜色面板】下方设置浅红色到砖红色的渐变,如图 2-185 所示。

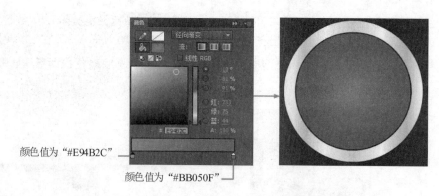

颜色值为 "#E94B2C"

颜色值为 "#BB050F"

图 2-185　为圆形填充径向渐变颜色

04 绘制一个与刚刚绘制的圆形大小一致也位于舞台中心的圆形,在【颜色面板】中设置【填充颜色】■■■的【颜色类型】为"径向渐变",然后【颜色面板】下方设置黄色到黄色透明的渐变,如图 2-186 所示。

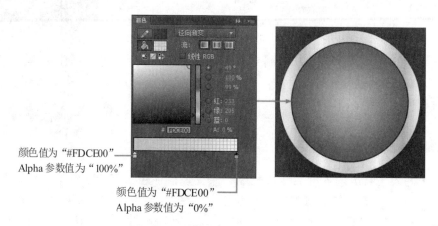

颜色值为 "#FDCE00"
Alpha 参数值为 "100%"

颜色值为 "#FDCE00"
Alpha 参数值为 "0%"

图 2-186　填充黄色透明渐变的圆形

05 使用【渐变变形工具】■对填充径向渐变颜色的圆形进行调整,让其作为按钮的底部光晕,如图 2-187 所示。

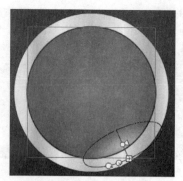

图 2-187　调整圆形的渐变

至此突起的圆形按钮就绘制出来了,再为它绘制上一些光照的效果,这样会使整个按钮看起来更加晶莹剔透,接下来进行绘制。

绘制按钮高光

01 使用【椭圆工具】⬭在圆形按钮上方绘制一个大一些的无笔触线段的椭圆图形,然后在【颜色面板】中设置【填充颜色】🖌⬜的【颜色类型】为"线性渐变",在【颜色面板】下方设置白色到粉色再到浅红色的渐变,如图 2-188 所示。

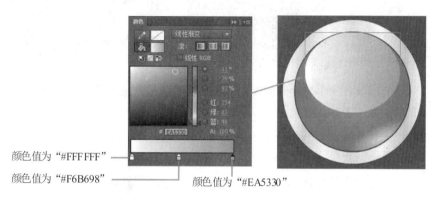

颜色值为"#FFF FFF"
颜色值为"#F6B698"
颜色值为"#EA5330"

图 2-188　线性渐变的椭圆图形

02 使用【渐变变形工具】▦对椭圆图形进行调整,调整填充的线性渐变为由上至下的渐变,如图 2-189 所示。

03 使用【椭圆工具】⬭在舞台中心绘制一个无笔触颜色、填充颜色为任意颜色的圆形,设置圆形的【宽】与【高】参数值都为"268 像素"、【X】与【Y】轴坐标值都为"200",然后在圆形旁边绘制一个略微小一些的其他填充颜色的椭圆图形,如图 2-190 所示。

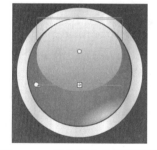

图 2-189　线性渐变的椭圆图形

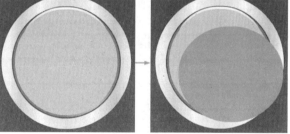

图 2-190　绘制的圆形与椭圆图形

04 选择绘制的圆形与椭圆图形,单击菜单栏中的【修改】/【合并对象】/【打孔】命令,将选择的图形合并为一个月牙形状的图形,如图 2-191 所示。

05 在月牙图形上方绘制一个略大些的椭圆图形,然后将月牙图形与椭圆图形全部选择,单击菜单栏中的【修改】/【合并对象】/【打孔】命令,将月牙图形剪切掉一部分,如图 2-192 所示。

06 双击合并后的图形,切换至此图形的绘制对象编辑模式中,在合并图形的中间绘制一条弧线段,单击菜单栏中的【修改】/【形状】/【将线条转为填充】命令,将线条转换为填充颜色,如图 2-193 所示。

图 2-191　合并后的月牙图形

图 2-192　执行打孔命令后的图形

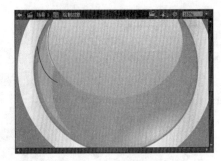

图 2-193　绘制的弧线

07 将绘制的弧线删除，这样将绘制的图形从弧线位置分割出来，然后单击 场景1 按钮，切换至场景中，如图 2-194 所示。

08 设置浅红色的线性渐变，并使用【渐变变形工具】 对图形进行调整，调整填充的线性渐变为由上至下的渐变，如图 2-195 所示。

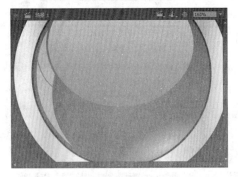

图 2-194　分割后的图形

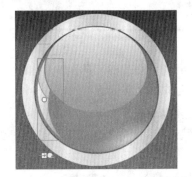

图 2-195　调整合并后图形的渐变颜色

09 单击菜单栏中的【文件】/【保存】命令，将制作的"水晶按钮"动画文件保存。

至此水晶按钮图形全部绘制完成，在这个实例中通过多个渐变颜色图形的叠加组合创造出晶莹剔透的效果。读者在绘制此类图形时应注意掌握好图形的光感与图形的透视角度，掌握好这两点再配合渐变颜色的渐变填充与调整即可绘制出各种水晶效果。

实例 10

荷花颂背景

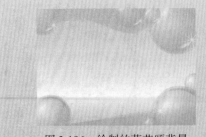

图 2-196　绘制的荷花颂背景

操作提示：

在这个实例中是对各种绘图技巧的综合应用，包括图形的绘制、图形渐变颜色的填充与调整以及对影片剪辑的滤镜设置与调整等。

　　一个好的动画需要有一个漂亮的背景来衬托，这些背景有些是直接导入的位图图像，有些需要通过 Flash 进行绘制，本实例将学习如何绘制贺卡的背景，实例的最终效果如图 2-196 所示。

绘制出背景底色

01 启动 Flash CC，创建出一个 ActionScript 3.0 新的文档。设置文档舞台的【宽度】参数为 "710 像素"、【高度】参数为 "500 像素"、【舞台颜色】为黑色，并将创建的文档名称保存为 "荷花颂 - 背景 .fla"。

02 将当前图层名称设置为 "背景"，在舞台中绘制一个无笔触颜色的矩形，然后设置矩形的宽度为 "710 像素"、高度为 "500 像素"，并设置矩形与舞台重合。

03 选择绘制的矩形，在【颜色】面板中设置【填充颜色】 的【颜色类型】为 "线性渐变"，在【颜色面板】下方设置浅青色到白色再到青色的渐变，然后通过【渐变变形工具】 对矩形的填充方向进行调整，将其调整为从上至下的填充方式，如图 2-197 所示。

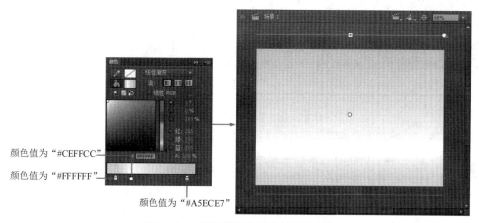

图 2-197　为矩形填充的线性渐变颜色

04 在 "背景" 图层之上创建新图层，设置新图层名称为 "背景弧线"，再使用【钢笔工具】 在舞台上方绘制一个封闭端曲线图形，并为封闭的曲线填充青色（颜色值 "#4FCDC5"），如图 2-198 所示。

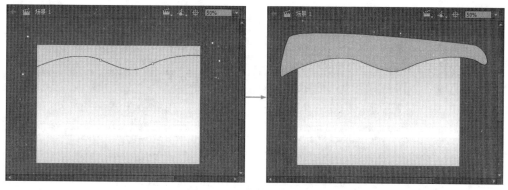

图 2-198　绘制的曲线图形

05 将封闭曲线的笔触线段删除，再选择封闭曲线图形，按 F8 键，在弹出【转换为元件】对话框中设置【名称】为"曲线"、【类型】为影片剪辑，如图 2-199 所示。

06 单击 **确定** 按钮将选择的图形转换为影片剪辑元件，选择转换的"曲线"影片剪辑实例，在【属性】面板的【色彩效果】列表的【样式】中选择"Alpha"选项，并设置"Alpha"参数值为"6%"，这样绘制的图形以透明的方式显示，如图 2-200 所示。

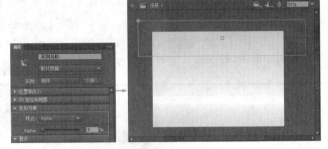

图 2-199 【转换为元件】对话框   图 2-200 设置影片剪辑的 Alpha 参数值

07 选择"曲线"影片剪辑实例，在【变形】面板中设置【旋转】参数为"0.5"，然后多次单击【变形】面板右下角的【重制选区和变形】 按钮，复制出多个相同的"曲线"影片剪辑实例，并且每个"曲线"影片剪辑实例相对之前的影片剪辑实例都旋转 0.5 度，这样多个图形叠加在一起，产生了羽化边缘的效果，如图 2-201 所示。

08 将所有的"曲线"影片剪辑实例都选择，按键盘 Ctrl+G 键，将选择的对象组合成一个对象，然后按住键盘 Alt 键并拖曳组合的图形将其复制，最后将复制的组合图形水平翻转，并略作旋转将其放置在舞台下方，如图 2-202 所示。

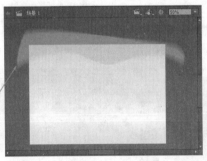
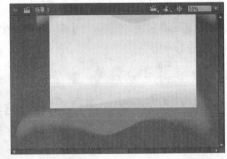

图 2-201 复制并应用变形的多个图形   图 2-202 复制的组合图形

至此背景底色就全部绘制完成，接下来为背景装饰上一些好看的球体与星星。

绘制出装饰的球体与星星

01 在"背景弧线"图层之上创建新图层,设置新图层名称为"圆球",然后单击菜单栏【插入】/【新建元件】命令,在弹出的【创建新元件】对话框中设置【名称】为"圆形",【类型】为"影片剪辑",如图 2-203 所示。

02 单击 确定 按钮,切换至"圆形"影片剪辑元件编辑窗口中,在此元件编辑窗口中绘制一个无笔触线段的圆形,并通过【颜色】面板为圆形填充白色到浅蓝色再到蓝色再到浅蓝色的径向渐变,如图 2-204 所示。

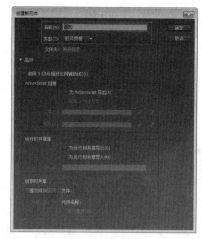

图 2-203 【创建新元件】对话框

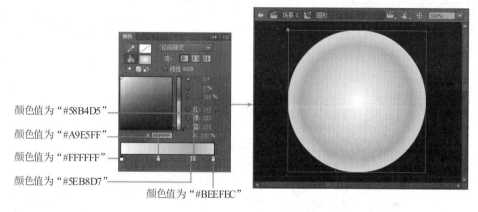

颜色值为"#58B4D5"
颜色值为"#A9E5FF"
颜色值为"#FFFFFF"
颜色值为"#5EB8D7"
颜色值为"#BEEFEC"

图 2-204 填充径向渐变的圆形

03 使用【渐变变形工具】 对绘制的圆形进行渐变颜色的调整,如图 2-205 所示。

04 再通过【插入】/【新建元件】命令创建一个名称为"透明圆球"的影片剪辑元件,然后在"透明圆球"影片剪辑元件编辑窗口中将【库】面板中的"圆形"影片剪辑元件拖曳到舞台中,如图 2-206 所示。

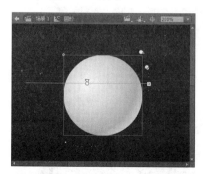

图 2-205 调整圆形的径向渐变

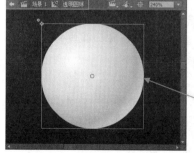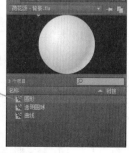

图 2-206 "透明圆球"影片剪辑元件

05 选择"圆形"影片剪辑实例,在【属性】面板的【色彩效果】列表的【样式】中选择"Alpha",

并设置"Alpha"参数值为"30%",然后选择"圆形"影片剪辑实例,按 Ctrl+C 键复制"圆形"影片剪辑实例,再按 Ctrl+Shift+V 键,将"圆形"影片剪辑实例粘贴到当前位置,并将其等比例放大一些,如图 2-207 所示。

06 将当前图层名称修改为"底部圆形",在其上创建名为"下反光"的图层,在"下反光"图层绘制一个无笔触的白色椭圆图形,并调整椭圆图形的形状与位置,如图 2-208 所示。

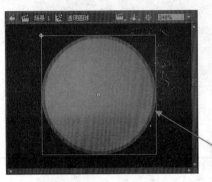

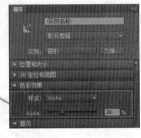

图 2-207 设置球体透明值并进行复制　　　　图 2-208 绘制的白色椭圆图形

07 选择绘制的椭圆图形,通过【颜色】面板为绘制的图形填充白色到白色透明的径向渐变,并通过【渐变变形工具】□调整渐变的方式,如图 2-209 所示。

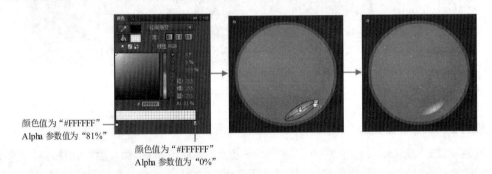

颜色值为"#FFFFFF"
Alpha 参数值为"81%"

颜色值为"#FFFFFF"
Alpha 参数值为"0%"

图 2-209 为白色椭圆图形填充白色透明径向渐变

08 在"下反光"图层之上创建名为"上高光"的图层,然后在"上高光"图层绘制一个无笔触的白色椭圆图形,将其旋转一定角度并放置在球形的左上方,如图 2-210 所示。

09 选择绘制的椭圆图形,通过【颜色】面板为绘制的图形填充白色到白色透明的径向渐变,并通过【渐变变形工具】□调整渐变的方式,如图 2-211 所示。

10 创建一个名称为"星光"的影片剪辑元件,在此影片剪辑元件窗口中绘制一个白色星形图形,如图 2-212 所示。

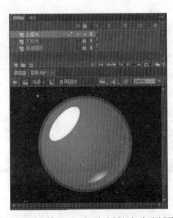

图 2-210 球体左上方绘制的白色椭圆图形

11 选择绘制的星形图形，在【变形】面板中设置【旋转】参数为"45"，然后单击【变形】面板右下角的【重制选区和变形】 按钮，复制出一个旋转 45 度的星形，如图 2-213 所示。

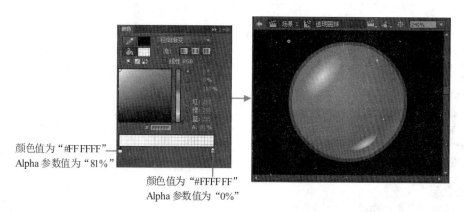

颜色值为"#FF FFFF"。
Alpha 参数值为"81%"

颜色值为"#FFFF FF"。
Alpha 参数值为"0%"

图 2-211　左上方椭圆图形的白色透明渐变

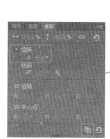

图 2-212　绘制的星形图形

图 2-213　复制旋转的星形

12 将星形图形全部选择，将其复制并旋转一定角度，并将复制的图形缩小一些，设置其填充颜色的 Alpha 参数值为"75%"，如图 2-214 所示。

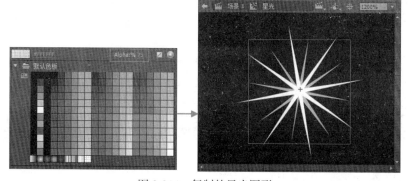

图 2-214　复制的星光图形

13 创建一个名称为"圆球星星"的影片剪辑元件，将【库】面板中"透明圆球"与"星光"影片剪辑元件拖曳到此元件中，然后将两个星形图形分别放置在透明圆球的左上方和右下方，如图 2-215 所示。

14 返回到场景编辑窗口中，在"背景弧线"图层之上创建名为"圆球"的图层，然后将【库】面板中的"圆球星星"影片剪辑元件拖曳到舞台中，并将舞台中"圆球星星"影片剪辑实例复制多个，将这些"圆球星星"影片剪辑实例变形为不同的大小，并将它们摆放到舞台的不同位置，如图 2-216 所示。

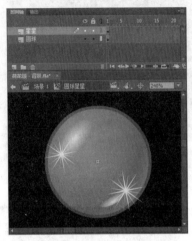 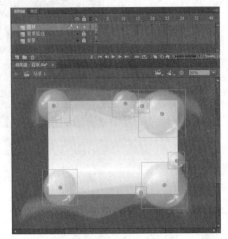

图 2-215 "圆球星星"影片剪辑元件中的对象 图 2-216 舞台中多个"圆球星星"影片剪辑实例

15 随机选择几个"圆球星星"影片剪辑实例，在【属性】面板的【滤镜】选项中选择"调整颜色"滤镜，在此滤镜属性中设置【色相】参数值为"-70"，改变这些"圆球星星"影片剪辑实例的颜色，如图 2-217 所示。

16 在"圆球"图层之上创建名称为"黑色镂空"的图层，在此图层中绘制一个大的黑色矩形，并将黑色矩形中间区域镂空，镂空的区域为舞台大小，这样图形可以把舞台外的内容全部遮挡住，如图 2-218 所示。

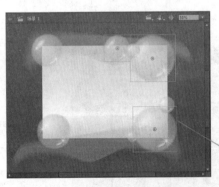  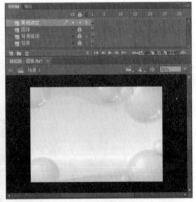

图 2-217 为选择的"圆球星星"影片剪辑实例设置滤镜效果 图 2-218 绘制的黑色镂空矩形

17 单击菜单栏中的【文件】/【保存】命令，将制作的"荷花颂 - 背景 .fla"动画文件保存。

　　至此荷花颂的背景图像全部绘制完成，整个绘制过程并没有使用到新的绘图技巧，还是之前讲解的各个绘图与颜色填充工具的综合应用，通过这个实例可以看出绘制复杂图形并不困难，只需将图形单独分解出来逐个地完成，最后再将它们组合起来即可。

实例 11

荷花颂

操作提示：

　　在这个实例中主要讲解复杂图形的绘制以及创建文字的方法。对于复杂的图形只需将其中构成的图形一个一个绘制出来，然后将这些图形叠加、变形，最后再进行组合。

图 2-219　绘制的荷花颂图形

　　在节日来临之际，为朋友献上自己亲手制作的贺卡，是很温馨的一件事情，Flash 为我们提供了丰富的工具，可以很容易地制作出令人耳目一新的贺卡。本例将继续上个实例中的制作，把贺卡中要表达元素制作出来，包括荷花图形与文字信息内容，最终效果如图 2-219 所示。

绘制荷花的花瓣

01 打开之前制作的"荷花颂 - 背景 .fla" Flash 文件，单击菜单栏中的【文件】/【另存为】命令，将其文件名称另存为"荷花颂 .fla"。

02 创建一个名称为"荷花 1"的影片剪辑元件，在此影片剪辑元件编辑窗口中使用【刷子工具】 绘制一个绿色（颜色值为"#59AC3D"）的花茎图形，并为其填充【笔触粗细】为"1"、【笔触颜色】为深绿色（颜色值为"#006600"）的笔触线段，如图 2-220 所示。

03 在花茎图形所在图层之上创建一个新图层，然后在此图层中使用【钢笔工具】 在花茎图形之上绘制一个无笔触颜色的花瓣的图形，为其填充任意颜色，如图 2-221 所示。

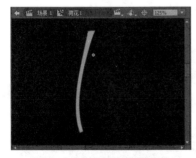

图 2-220　绘制的花茎图形

图 2-221　绘制的花瓣图形

04 选择绘制的图形，在【颜色】面板中设置【填充颜色】 的【颜色类型】为"线性渐变"，在【颜色面板】下方设置绿色到白色到浅粉色再到粉色的线性渐变，然后通过【渐变变形工具】■对图形的填充方向进行调整，将其调整为从上至下的填充方式，如图 2-222 所示。

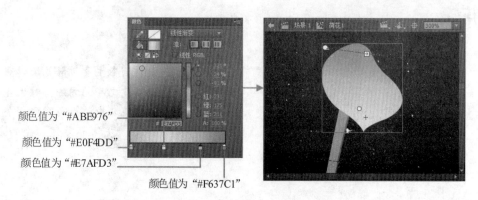

图 2-222　为花瓣图形填充线性渐变

05 使用【钢笔工具】✒️ 在花瓣图形上方绘制出花瓣的高光，然后为绘制的图形填充花瓣图形一样的线性渐变颜色，如图 2-223 所示。

06 将绘制的花瓣图形与高光图形全部选择，按 Ctrl+G 键将它们组合成一个整体，然后按照相同的方法绘制出花朵的其他花瓣图形，并将它们排列到一起组成花瓣图形，如图 2-224 所示。

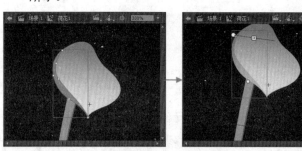

图 2-223　绘制的花瓣的高光　　　　　　　　　　图 2-224　绘制的花瓣图形

07 使用【铅笔工具】✏️ 绘制出花朵的土黄色（颜色值为 "#F9D529"）的花蕊图形，然后将花蕊图形放置到花朵图形中，并设置花蕊图形与花瓣图形的图层叠加次序，如图 2-225 所示。

图 2-225　绘制的花蕊图形

08 通过【钢笔工具】✒️ 与【颜色】面板再绘制出荷花的花蕊图形，如图 2-226 所示。

图 2-226 绘制花朵的花芯

09 切换回场景编辑窗口中，在"圆球"图层之上创建名为"荷花"的图层，然后将【库】面板中的"荷花 1"影片剪辑元件拖曳到舞台中，并复制出相同的两个荷花影片剪辑实例，对其进行变形。将三个"荷花 1"影片剪辑实例放置到舞台的左侧，如图 2-227 所示。

10 在"荷花"图层之上创建名为"文字"的图层，使用【文本工具】T在舞台中创建文本输入框，然后在文本输入框中输入"莲花"文字，在【属性】面板中设置文字的相关属性，如图 2-228 所示。

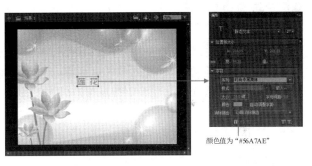

颜色值为"#56A7AE"

图 2-227 舞台中的荷花图形　　　　　　图 2-228 文字的属性

11 按照相同的方法输入其他的文字，并为其设置不同的文字大小，如图 2-229 所示。

12 单击【文件】/【保存】菜单命令，将制作的"荷花颂 .fla"动画文件保存。

　　至此贺卡中的荷花图形与贺卡文字就全部制作完成，在绘制荷花过程中一定要注意各个图形之间的叠加次序，再就是对于类似的元素，可以通过相同的图形进行变形完成，这样可以节省很多绘制工作。

图 2-229 输入的其他文字

实例 12

手机音乐播放器

图 2-230 手机音乐播放器

操作提示：

　　这个实例中没有绘制复杂的图形，都是使用基本图形完成，主要应用到影片剪辑的应用以及图层遮罩的应用，掌握这些技巧会为制作动画打下良好基础。

在本节将制作一个手机音乐播放器的界面，实例的最终效果如图 2-230 所示。

绘制出播放器背景界面

01 启动 Flash CC，在【新建文档】对话框中选择"AIR for Android"选项，此时舞台的【宽】为"800 像素"、【高】为"480 像素"、【背景颜色】设置为"黑色"，如图 2-231 所示。

02 单击 确定 按钮，创建出一个新的文档，并将创建的文档名称保存为"音乐播放器 .fla"，然后将本书配套光盘"第二章 / 素材"目录下的"播放器背景 .jpg"图像文件导入到舞台中，设置背景图像与舞台重合，并设置当前图层名称为"背景"，如图 2-232 所示。

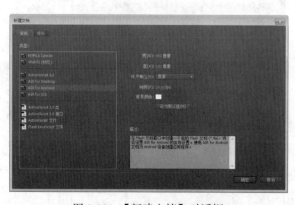

图 2-231 【新建文档】对话框

图 2-232 导入到舞台中的图像

03 在"背景"图层之上创建名称为"底色"的图层，然后在舞台中绘制一个【笔触颜色】为白色、笔触颜色 Alpha 参数值为"60%"、【笔触粗细】为"1"的圆角矩形，并为圆角矩形填充从上至下蓝色到紫色的线性渐变，如图 2-233 所示。

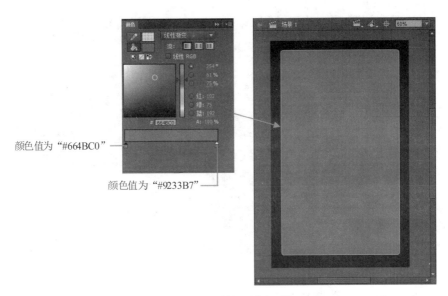

颜色值为 "#664BC0"

颜色值为 "#9233B7"

图 2-233　绘制的圆角矩形

04 选择绘制的圆角矩形，将其转换为影片剪辑元件，然后为其设置"投影"滤镜，如图 2-234 所示。

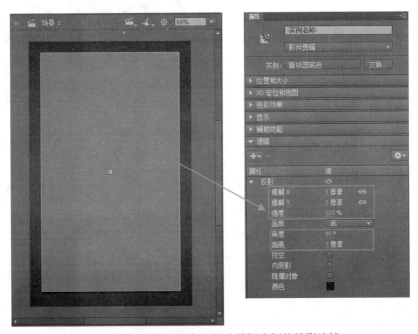

图 2-234　"播放器底色"影片剪辑实例的投影滤镜

05 在"底色"图层之上创建名称为"文字"的图层，在圆角矩形上方输入白色的"Mobile phone music player"英文文字，并在【属性】面板中设置文字的相关属性，如图 2-235 所示。

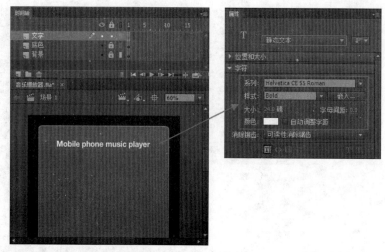

图 2-235　舞台中的文字

06 在"文字"图层之上创建名为"播放器背景"的图层，然后在圆角矩形下方绘制一个长条矩形，并为其填充灰色的线性渐变，如图 2-236 所示。

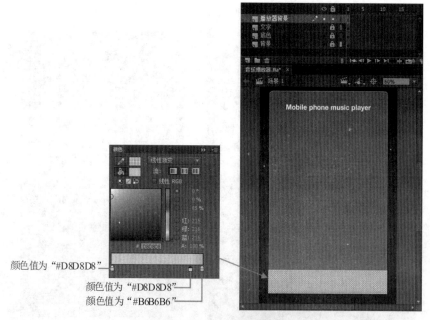

颜色值为"#D8D8D8"

颜色值为"#D8D8D8"
颜色值为"#B6B6B6"

图 2-236　灰色渐变的圆角矩形

07 在"播放器背景"图层之上创建名为"播放器背景遮罩"的图层，选择"底色"图层中的圆角矩形，按 Ctrl+C 键将其复制，然后选择"播放器背景遮罩"图层，再按键盘 Ctrl+Shift+V 键，将"底色"图层中的圆角矩形粘贴到"播放器背景遮罩"图层中并保持原来的位置。

08 选择"播放器背景遮罩"图层名称处，单击鼠标右键，在弹出菜单中选择"遮罩层"命令，将"播放器背景遮罩"图层转换为遮罩层、"播放器背景"图层转换为被遮罩层，这样"播放器背景"图层中灰色渐变矩形被"播放器背景遮罩"图层中图形遮住，如图 2-237 所示。

图 2-237　遮罩图层中图形

图 2-238　输入的白色英文文字

09 在"文字"图层之上创建名为"下方文字"的图层，然后在圆角矩形下方输入白色的略小些的"www.51-site.com"英文文字，如图 2-238 所示。

10 在白色文字下方绘制一个略小些的深紫色（颜色值为"#3C0751"）圆角矩形，然后将其转换为名为"圆角矩形"的影片剪辑元件，并设置其 Alpha 参数值为"30%"，如图 2-239 所示。

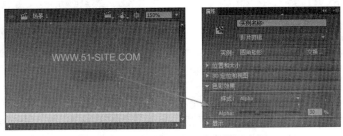

图 2-239　"圆角矩形"影片剪辑实例

11 在绘制的圆角矩形上方输入白色的"MY MUSIC"文字，并设置文字颜色的 Alpha 参数值为"54%"，如图 2-240 所示。

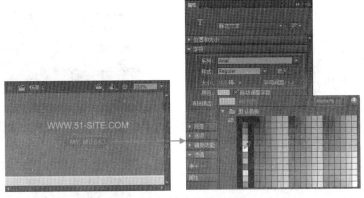

图 2-240　输入的白色文字

这样播放器的背景就绘制完成了，接下来继续绘制播放器中的动画元素，为将来制作动画打好基础，下面讲解。

绘制出 cd 机封面

01 在"文字"图层之上创建名为"cd"的图层，然后在舞台中心位置绘制一个无笔触颜色的圆形，并将其转换为影片剪辑元件，如图 2-241 所示。

02 双击舞台中的"唱片"影片剪辑实例，切换至"唱片"影片剪辑元件编辑窗口中，在此元件编辑窗口中，将圆形所在的图层名称改为"圆形遮罩"，并将圆形中心镂空一个小一些的圆形，如图 2-242 所示。

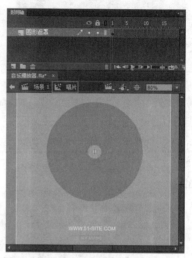

图 2-241 绘制的圆形　　　　　　　　　　　图 2-242 镂空的圆形

03 在"圆形遮罩"图层之上创建名为"唱片图"的图层，然后将"唱片图"图层拖曳到"圆形遮罩"图层的下方，并在"唱片图"图层中导入本书配套光盘"第二章 / 素材"目录下"唱片图 .jpg"图像文件，将导入的"唱片图 .jpg"图像文件放置于圆形的下方，如图 2-243 所示。

04 选择"圆形遮罩"图层名称处，单击鼠标右键，在弹出菜单中选择"遮罩层"命令，将"圆形遮罩"图层转换为遮罩层，将"唱片图"图层转换为被遮罩层，这样"唱片图"图层中的图像文件被"圆形遮罩"图层中图形遮住，如图 2-244 所示。

图 2-243 导入的"唱片图 .jpg"图像　　　　　图 2-244 遮罩的图形

05 单击 ![场景1]按钮，切换至场景舞台编辑窗口中，选择舞台中"唱片"影片剪辑实例，再将其转换为名称为"cd 机"的影片剪辑元件，双击舞台"cd 机"影片剪辑实例，切换至"cd 机"影片剪辑元件编辑窗口中。

06 在"cd 机"影片剪辑元件编辑窗口中将"唱片"影片剪辑实例所在图层名称改为"唱片封面"，然后在"唱片封面"图层之上创建名称为"cd 装饰"的图层，并在"cd 装饰"图层中绘制白色的笔触线段圆形，刚好可以将下方的"唱片"影片剪辑实例覆盖，如图 2-245 所示。

07 在舞台中心绘制一个白色的镂空圆形，镂空的大小和"唱片"影片剪辑实例镂空的大小相同，并为镂空的白色圆形填充棕色（颜色值为"#58381F"）的笔触线段，如图 2-246 所示。

图 2-245　绘制的白色笔触线段

图 2-246　绘制的白色镂空圆形

08 单击 ![场景1]按钮，切换至场景编辑窗口中，按 Ctrl+S 键将制作的文件保存。

　　至此手机音乐播放器的界面就全部制作完成，读者请将此实例好好保存，在后面章节中将使用此实例讲解动画制作与 ActionScript 脚本命令应用的技巧。

第3章

动画篇
——常用动画及镜头表现

欢迎来到第 3 章，从这一章开始将带领读者进入 Flash 动画的大门。

前面章节的学习只不过是 Flash 动画制作前的准备，本章将通过多个小的实例学习 Flash 中基本动画的制作方法与技巧，包括逐帧动画、传统补间动画、补间动画以及补间形状动画。

实例 13

可爱鲸鱼动画

图 3-1 "可爱鲸鱼"动画效果

操作提示：

在这个实例中，主要讲解如何通过导入外部图像创建简单的逐帧动画，以及编辑在时间轴中编辑帧的技巧。

动画的原理是通过多个静态的图像连续快速地播放造成人的视觉暂留，从而形成了动画，这些不同的图像可以是外部导入的，也可以是在 Flash 中绘制的。本例制作一个最简单的动画，通过导入外部图像创建动画，最终动画效果如图 3-1 所示。

制作"可爱鲸鱼"动画

01 启动 Flash CC，打开本书配套光盘"第三章 / 素材"目录下的"海边 .fla"文件，如图 3-2 所示。

02 在"大海"图层之上创建名为"鲸鱼"的新图层，然后将本书配套光盘中"第三章 / 素材"目录下的"鲸鱼 1.png"图像文件导入，如图 3-3 所示。

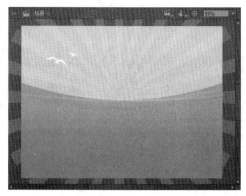

图 3-2　打开的"海边 .fla"文件

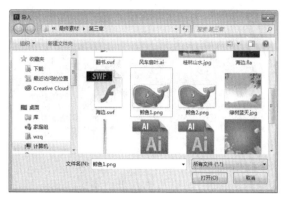

图 3-3　【导入】对话框

03 单击 打开(O) 按钮，此时会弹出一个是否导入图像序列的提示框，如图 3-4 所示。

图 3-4　是否导入图像序列的提示框

提示：

在 Flash 中导入的图像，如果导入图像的同级目录中有名称相同但名称后面的数字不同的图像序列，则会弹出导入图像序列的提示框，询问用户是否把这些图像序列全部导入到 Flash 文档中。如果导入的图像没有相同的图像序列，则只导入当前选择的图像。

04 单击提示框中的选择 是(Y) 按钮，将"鲸鱼 1.png"和"鲸鱼 2.png"依次导入到舞台中，导入的两张图像在舞台中的位置相同，并且每一个图像自动生成一个关键帧，同时存放在【库】面板中，如图 3-5 所示。

图 3-5　导入 png 图像后的生成的关键帧

05 在【时间轴】面板中单击选择"大海"图层第 10 帧，然后按 F5 键在该帧处插入普通帧，从而设置动画的播放时间为 10 帧。

到此我们完成了导入图像序列的操作，按 Ctrl+Enter 键测试影片，在影片测试窗口中可以看到鲸鱼在蓝天碧海间游动的动画效果，只是游动的速度非常快，此时需要通过添加普通帧来减慢鲸鱼游动动画的速度。

06 选择【时间轴】面板中"鲸鱼"图层的第 1 帧，单击菜单栏中的【插入】/【时间轴】/【帧】命令四次，或者按 F5 键四次，在第 1 帧后面插入四个普通帧，这样第一个关键帧的时间就延续到第 5 帧，如图 3-6 所示。

07 按照上述方法在另一个关键帧后面插入四个普通帧，将该关键帧延续到第 10 帧，如图 3-7 所示。

图 3-6 "鲸鱼"图层的第 1 帧后插入的 4 个帧　　图 3-7 "鲸鱼"图层的第 6 帧后插入的 4 个帧

08 按 Ctrl+Enter 键对影片进行测试，在弹出的影片测试窗口中可以观察到蓝天碧海间鲸鱼游动的动画效果。

09 如果影片测试无误，单击菜单栏中的【文件】/【另存为】命令，将文件另存为"可爱鲸鱼 .fla"的 Flash 文件。

　　至此"可爱鲸鱼"的动画全部制作完成，逐帧动画是最简单的动画，没什么特殊的技巧，但很实用，很多造型复杂的动画都是通过逐帧动画完成的。

实例 14

旋转的风车动画

操作提示：

　　在这个实例中，主要讲解创建旋转的补间动画的方法，以及如何通过动画编辑器编辑动画缓动参数的技巧。

图 3-8 "旋转的风车"动画效果

　　Flash 动画以其简单易学，生成文件容量很小等诸多优势，在互联网中得到广泛应用，接下来我们来制作一个风车动画，作为一个简单的 Flash 动画，实例的最终动画效果如图 3-8 所示。

制作"旋转的风车"动画

01 启动 Flash CC，新建一个 ActionScript 3.0 的空白文档，设置舞台大小的【宽】为"600 像素"、【高】为"490 像素"、【背景颜色】为默认的白色，并将创建的文档名称保存为"旋转的风车 .fla"动画文件。

02 在【时间轴】面板中将"图层 1"图层名称命名为"风景"。

03 导入本书配套光盘"第三章／素材"目录下"农场风光 .jpg"图像文件，然后在【信息】面板中设置其左顶点【X】轴与【Y】轴坐标值都为"0"，这样导入的图像刚好覆盖住舞台区域，如图 3-9 所示。

04 在"风景"图层之上创建名为"风车"新图层,然后单击菜单栏中的【插入】/【新建元件】命令，在【创建新元件】对话框中设置【名称】为"风车"、【类型】为"影片剪辑"，如图 3-10 所示。

图 3-9　导入的"农场风光 .jpg"图像文件

图 3-10　【创建新元件】对话框

05 单击 确定 按钮，当前编辑窗口切换至"风车"影片剪辑元件编辑窗口。导入本书配套光盘"第三章／素材"目录下"风车扇叶 .ai"文件到当前文档中，并将风车扇叶的中心点拖曳到元件的注册点处，如图 3-11 所示。

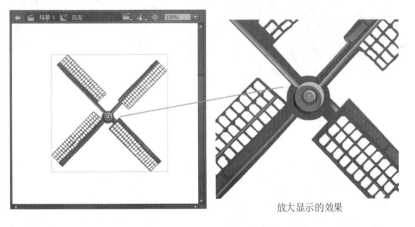

放大显示的效果

图 3-11　导入并调整"风车扇叶 .ai"图形

提示：

在图 3-11 中，为了便于读者朋友们观察，右图为将元件注册点放大显示的图形效果，在调整时，注意注册点位置与导入图形的小圆形中心点重合。

06 单击 场景 1 按钮,将当前编辑窗口切换到场景的编辑窗口中,然后将【库】面板中"风车"影片剪辑元件拖曳到房顶图形位置处，如图 3-12 所示。

图 3-12 "风车"影片剪辑实例的位置

07 在舞台中选择"风车"影片剪辑实例，在其上单击鼠标右键，在弹出菜单中选择【创建补间动画】命令，为其创建补间动画。

提示：

由于当前文档的"帧频"为"24"fps，因此创建补间动画的范围长度也是 24 帧。

08 在【时间轴】面板中将鼠标放置在"风车"图层最后一帧处，当显示为↔双向箭头时，按住鼠标不放将其向右拖曳至第 80 帧，从而创建补间动画的范围长度也是 80 帧，如图 3-13 所示。

图 3-13 "风车"图层中帧拖曳到第 80 帧

09 在【时间轴】面板"风景"图层第 80 帧处单击鼠标右键，在弹出菜单中选择【插入帧】命令，在"风景"图层第 80 帧处插入帧，如图 3-14 所示。

图 3-14 "风景"图层第 80 帧处插入帧

10 在【时间轴】面板中选择"风车"图层的补间范围，在【属性】面板的【旋转】选项中设置【旋转】为"1"次，【方向】为"逆时针"，如图 3-15 所示，从而创建出"风车"影片剪辑实例由右向左逆时针旋转的补间动画。

11 在【时间轴】面板中双击"风车"图层的补间范围，在下方单击 添加锚 按钮，在弹出的下拉菜单中选择【停止和启动】/【最快】命令，如图 3-16 所示，为其创建由快到慢不断变化的动画。

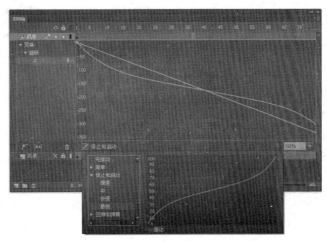

图 3-15　创建补间动画后的【时间轴】面板　　　　图 3-16　【时间轴】面板

12 单击菜单栏中的【控制】/【测试】命令，对影片进行测试，在弹出的影片测试窗口中可以看到在一片美丽的自然风景中风车逆时针慢慢旋转的动画效果。

13 如果影片测试无误，单击菜单栏中的【文件】/【保存】命令，将文件保存。

至此"旋转的风车"的动画全部制作完成，这个动画使用到补间动画的技巧。补间动画是 Flash 中最常用也是最基础的动画创作方法，通过补间动画可以创建出丰富的动画效果，在后面实例中将会持续地讲解。

实例 15

小画班动画

操作提示：
　　在这个实例中，主要讲解应用【动画预设】面板中内置的动画创建动画方法。

图 3-17　"小画班"动画效果

在 Flash 中制作动画是很容易的事，不仅可以通过时间轴面板创建动画，还可以通过 Flash 提供的动画预设功能，将 Flash 中内置的动画效果应用到动画对象上，快速地创建出生动的动画效果，本实例将讲解一个应用动画预设的实例，动画效果如图 3-17 所示。

制作"小画班"动画

01 启动 Flash CC，打开本书配套光盘"第三章 / 素材"目录下的"小画班 .fla"文件，如图 3-18 所示。

图 3-18　打开的"小画班 .fla"文件

02 在"背景"图层之上创建名为"文字"的新图层,在舞台中输入蓝色(颜色值为"#0099FF")的"苹果小画班欢迎你"文字,如图 3-19 所示。

图 3-19　输入文字后的效果

03 选择舞台中的"苹果小画班欢迎你"文字,然后单击菜单栏中的【窗口】/【动画预设】命令,在【动画预设】面板中选择"默认设置"中的"脉搏"选项,如图 3-20 所示。

04 单击【动画预设】面板最下方的 **应用** 按钮进行,将选择的动画预设应用于选择文字,此时的【时间轴】面板如图 3-21 所示。

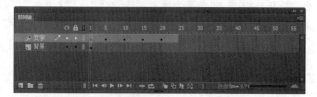

图 3-20　【动画预设】面板　　　　图 3-21　添加动画预设后的【时间轴】面板

05 在【时间轴】面板中单击选择"背景"图层的第 24 帧,然后按键盘中的 F5 键,在该帧处插入普通帧,设置动画的播放时间为 24 帧。

06 至此该动画制作完成，单击菜单栏中的【控制】/【测试】命令，对影片进行测试，在弹出的影片测试窗口中可以看到蓝色的"苹果小画班欢迎你"文字由小到大不断变化的类似脉搏跳动的动画效果。

07 如果影片测试无误，单击菜单栏中的【文件】/【保存】命令，将文件进行保存。

　　应用动画预设功能创建动画非常方便，简单的几步操作就可以完成平时需要很多步骤才能完成的动画，对于自己做得比较好的动画效果，也可以通过动画预设将其存储起来，方便日后的反复调用。

实例 16

秋千动画

图 3-22　"秋千"动画效果

操作提示：

　　在这个实例中，主要讲解应用【3D 旋转工具】创建补间动画方法，通过这个实例还可以学习插入属性关键帧以及编辑属性关键帧的技巧。

　　Flash 补间动画可以针对动画对象的位移、倾斜、缩放、旋转、颜色的变化而创建动画效果，作用的对象必须是影片剪辑或者文字，本实例将讲解一个应用 3D 旋转的补间动画实例，实例的最终动画效果如图 3-22 所示。

制作荡秋千的动画

01 启动 Flash CC，新建一个 ActionScript 3.0 的空白文档，设置舞台大小的【宽】为"500 像素"、【高】为"445 像素"、【背景颜色】为默认的白色，并将创建的文档名称保存为"秋千 .fla"动画文件。

02 在【时间轴】面板中将"图层 1"图层名称命名为"背景"。

03 导入本书配套光盘"第三章 / 素材"目录下"绿树蓝天 .jpg"图像文件，然后在【信息】面板中设置其左顶点【X】轴与【Y】轴坐标值都为"0"，这样导入的图像刚好覆盖住舞台区域，如图 3-23 所示。

04 在"背景"图层之上创建名为"秋千动画"的新图层，然后创建出名为"秋千"的影片剪辑元件。

05 导入本书配套光盘"第三章 / 素材"目录下的"秋千女孩 .ai"文件，然后将图形的顶部中心位置拖曳到元件的注册点处，如图 3-24 所示。

图 3-23　导入并调整位置后的图像效果

图 3-24　"秋千"影片剪辑元件中导入的图像

06 单击 场景1 按钮，将当前编辑窗口切换到场景的编辑窗口中，将【库】面板中的"秋千"影片剪辑元件拖曳到舞台中心靠上的位置，如图 3-25 所示。

07 在【工具】面板中选择【3D 旋转工具】 ，使用此工具将舞台中"秋千"影片剪辑实例沿 X 轴方向向右旋转一定角度，如图 3-26 所示。

图 3-25　舞台中"秋千"影片剪辑实例的位置

图 3-26　"秋千"影片剪辑实例 3D 旋转的角度

08 在舞台中选择转换后的"秋千"影片剪辑实例，单击鼠标右键，在弹出的菜单中选择【创建补间动画】命令，为"秋千"影片剪辑实例创建补间动画，然后将"秋千"图层中创建的帧拖曳到第 50 帧位置，在"背景"图层第 50 帧插入帧，如图 3-27 所示。

图 3-27　时间轴面板中的帧

09 分别在"秋千"图层第 25 帧与第 50 帧处单击鼠标右键,在弹出菜单中选择【插入关键帧】/【全部】命令，在"秋千"图层第 25 帧与第 50 帧处插入属性关键帧，如图 3-28 所示。

图 3-28　"秋千"图层中插入的关键帧

10 按 Ctrl 键选择"秋千"图层的第 25 帧，然后使用【3D 旋转工具】 ⬤ 将"秋千"影片剪辑实例沿 X 轴方向向左旋转一定角度，如图 3-29 所示。

11 选择舞台中的"秋千"影片剪辑实例，在【属性】面板为其设置"投影"的滤镜效果，如图 3-30 所示。

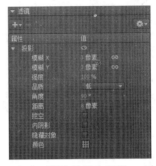

图 3-29 "秋千"影片剪辑实例的"投影"滤镜效果　图 3-30 "秋千"影片剪辑实例沿 X 轴向左旋转

12 按 Ctrl+Enter 键对影片进行测试，在弹出的影片测试窗口中可以观察小女孩荡秋千的动画效果。然后关闭影片测试窗口，单击菜单栏中的【文件】/【保存】命令，将文件进行保存。

　　至此，"秋千"的动画全部制作完成。应用 Flash 中的 3D 工具可以制作出纵深于画面的动画效果，这是一个非常实用的工具。

实例 17

蝴蝶

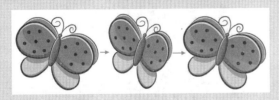

图 3-31 "蝴蝶"动画效果

操作提示：

　　在这个实例中，讲解了传统补间动画的制作方法，传统补间动画和之前的补间动画略有不同，传统补间动画是针对关键帧来进行动画的创作，补间动画是针对动画对象来进行动画的创作。相对来说补间动画比传统补间动画更加直观，应用场合也更多些。

　　针对蝴蝶飞舞的动画往往需要将蝴蝶的几个关键画面都绘制出来，然后将这些画面连续的播放构成蝴蝶飞舞的特效。在 Flash 中可以通过其他的方法完成类似的动画效果，那就是补间动画，通过将几个关键帧中的蝴蝶图形进行变形，然后为这些关键帧设置补间，从而完成动画的效果。通过这种方法可以省却很多的绘画工作，只需绘制出单幅的蝴蝶画面即可。本实例将讲解这种蝴蝶飞舞动画的制作方法，实例的最终动画效果如图 3-31 所示。

制作蝴蝶扇动翅膀动画

01 启动 Flash CC，打开本书配套光盘"第三章 / 素材"目录下的"蝴蝶 .fla"Flash 文件，在打开的文件中可以看到舞台中有一个蝴蝶图形，如图 3-32 所示。

在打开的"蝴蝶 .fla"文件中可以看到在舞台中有一副静态的蝴蝶图形，我们要将这个静态的图形制作成蝴蝶扇动翅膀的动画，为了以后可以继续使用这个动画，需要将动画制作到影片剪辑当中，方便日后调用，接下来进行动画制作的介绍。

02 将舞台中的蝴蝶图形全部选择，按键盘 F8 键，弹出【转换为元件】对话框，在此对话框【名称】输入栏中输入"蝴蝶"，【类型】选项中选择"影片剪辑"，如图 3-33 所示。

图 3-32　打开的"蝴蝶 .fla"文件

03 单击对话框中的 确定 按钮，将选择的图形转换为名称为"蝴蝶"的影片剪辑，此元件被保存在【库】中，双击舞台中转换的"蝴蝶"影片剪辑实例，当前编辑窗口由舞台切换至"蝴蝶"影片剪辑元件的编辑窗口，如图 3-34 所示。

图 3-33　【转换为元件】对话框

04 选择蝴蝶图形中的触须图形，按 Ctrl+X 键将选择的图形剪切，然后在"图层 1"图层上方创建名为"触须"的新图层，按 Ctrl+Shift+V 键将剪切的图形粘贴到"触须"图层中并保持原来的位置，如图 3-35 所示。

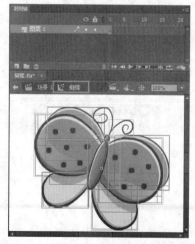

图 3-34　"蝴蝶"影片剪辑元件编辑窗口

图 3-35　"触须"图层中粘贴的图形

05 将蝴蝶图形左侧的翅膀图形全部选择，按 F8 键，在弹出的【转换为元件】对话框中设置名称为"左侧翅膀"、【类型】为"影片剪辑"，然后单击对话框中的 ▇▇确定▇▇ 按钮将选择的图形转换为名为"左侧翅膀"的影片剪辑。

06 按照同样的方法将蝴蝶图形右侧的翅膀图形全部选择，然后将其转换为名为"右侧翅膀"的影片剪辑。

07 在"图层 1"图层上方创建名称为"右翅膀"与"左翅膀"的新图层，并将"图层 1"图层的名称改为"蝴蝶身体"，然后将"右翅膀"与"左翅膀"图层拖曳到"蝴蝶身体"的下方，如图 3-36 所示。

08 选择"左侧翅膀"影片剪辑实例，按 Ctrl+X 键将选择的图形剪切，然后选择"左翅膀"图层，再按 Ctrl+Shift+V 键将剪切的图形粘贴到"左翅膀"图层中。

09 按照同样的方法，将"右侧翅膀"影片剪辑实例剪切到"右翅膀"图层中。

10 在"触须"与"蝴蝶身体"图层第 11 帧位置处单击鼠标右键，在弹出菜单中选择【插入帧】命令，在这两个图层的第 11 帧插入普通帧，如图 3-37 所示。

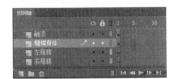 

图 3-36　各个图层的名称　　　　　　　图 3-37　插入的普通帧

11 使用【任意变形工具】▇▇将"左侧翅膀"影片剪辑实例的中心点移至蝴蝶身体左侧中心位置处，将"右侧翅膀"影片剪辑实例的中心点移至蝴蝶身体右侧中心位置处，如图 3-38 所示。

12 在"左翅膀"与"右翅膀"图层第 6 帧位置处单击鼠标右键，在弹出菜单中选择【插入关键帧】命令，在这两个图层第 6 帧插入了关键帧，接着再在这两个图层第 11 帧也插入关键帧，如图 3-39 所示。

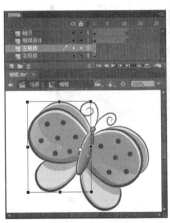 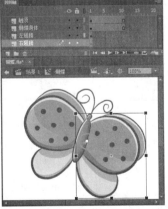

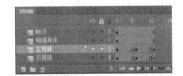

图 3-38　改变"左侧翅膀"与"右侧翅膀"中心点的位置　　　　图 3-39　插入的关键帧

13 选择第 6 帧处的"左翅膀"影片剪辑实例，使用【任意变形工具】▇▇将此帧处的"左侧翅膀"影片剪辑实例进行水平缩小与倾斜的变形，如图 3-40 所示。

14 选择第 6 帧处的"右翅膀"影片剪辑实例,使用【任意变形工具】■将此帧处的"右侧翅膀"影片剪辑实例进行水平缩小与倾斜的变形,如图 3-41 所示。

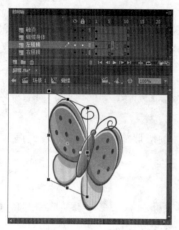 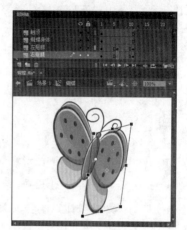

图 3-40　第 60 帧处的"兔子"影片剪辑实例　　图 3-41　设置"兔子"影片剪辑实例的 Alpha 参数值

15 在"左翅膀"图层第 1 帧与第 6 帧、第 6 帧与第 11 帧之间单击鼠标右键,在弹出菜单中选择【创建传统补间】动画命令,在"左翅膀"图层中创建出传统补间动画,如图 3-42 所示。

16 同样的方法在"右翅膀"图层第 1 帧与第 6 帧、第 6 帧与第 11 帧之间创建出传统补间动画,如图 3-43 所示。

 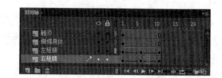

图 3-42　"左翅膀"图层中创建的传统补间动画　　图 3-43　"右翅膀"图层中创建的传统补间动画

17 按 Ctrl+Enter 键测试影片,在弹出的影片测试窗口中可以观察蝴蝶扇动翅膀的动画效果。关闭影片测试窗口,单击【文件】/【保存】菜单命令,将文件进行保存。

　　至此"蝴蝶"的动画全部制作完成。在画面中再添加上花丛,为蝴蝶加上移动的路径,就可以让蝴蝶在花丛中飞舞了,读者可以试着完善。

实例 18

奇趣蛋动画

图 3-44　"奇趣蛋"动画效果

操作提示:
　　在这个实例中讲解了在 Flash 中创建逐帧动画的方法,与之前的可爱鲸鱼动画不同,这个逐帧动画中的对象都是在 Flash 中手工绘制完成的。

　　Flash 是一个神奇的软件，可以把平凡的东西变成生动有趣的动画，只需加上一点点创意与想象就可以完成这个创举。本实例将制作一个有趣的动画，这个动画将普通的鸡蛋变成了活泼可爱的奇趣蛋动画，实例的最终动画效果如图 3-44 所示。

制作奇趣蛋动画

01 启动 Flash CC，新建一个 ActionScript 3.0 的空白文档，设置舞台大小的【宽】为"400 像素"、【高】为"280 像素"、【背景颜色】为默认的白色，并将创建的文档名称保存为"奇趣蛋 .fla"动画文件。

02 在【时间轴】面板中将"图层 1"图层命名为"鸡蛋"，然后将本书配套光盘"第三章 / 素材"目录下的"鸡蛋 .ai"图像文件导入到此图层中，并将导入的图像缩放到合适大小放置到舞台中心位置，如图 3-45 所示。

03 在"鸡蛋"图层第 45 帧处单击鼠标右键，在弹出菜单中选择【插入帧】命令，在此图层第 45 帧插入普通帧，如图 3-46 所示。

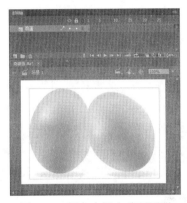

图 3-45　舞台中导入鸡蛋图形　　　　　　　图 3-46　"鸡蛋"图层第 45 帧处插入帧

04 在"鸡蛋"图层上方创建名为"表情 1"的新图层，在此图层中左侧鸡蛋上方绘制出眉毛、眼睛、嘴巴的图形，如图 3-47 所示。

05 在"表情 1"图层第 3 帧单击鼠标右键，在弹出菜单中选择【插入关键帧】命令，在此帧处插入关键帧，然后将此帧处的眉毛、眼睛图形略微向下调整，如图 3-48 所示。

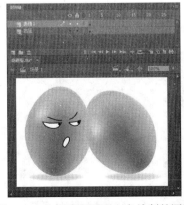

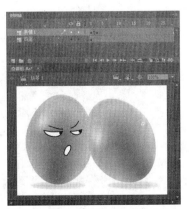

图 3-47　左侧鸡蛋图形上方绘制的图形　　　　图 3-48　调整"表情 1"图层第 3 帧处图形

06 在"表情 1"图层第 5 帧插入关键帧，然后将此帧处的眼睛调整为合上的状态，如图 3-49 所示。

07 在"表情 1"图层第 3 帧处绘制的图形，按 Ctrl+C 键将其复制，然后在"表情 1"图层第 7 帧单击鼠标右键，在弹出菜单中选择【插入空白关键帧】命令，再按 Ctrl+Shift+V 键将复制的图形粘贴到此帧中，并保持原来的位置，如图 3-50 所示。

图 3-49　调整"表情 1"图层第 5 帧处图形

图 3-50　"表情 1"图层第 7 帧处图形

08 按照相同的方法将"表情 1"图层第 1 帧处的图形粘贴到"表情 1"图层第 9 帧中，如图 3-51 所示。

09 按照相同的方法将"表情 1"图层中三种表情图形分别粘贴到"表情 1"图层第 31 帧、第 34 帧、第 37 帧、第 40 帧、第 43 帧中，如图 3-52 所示。

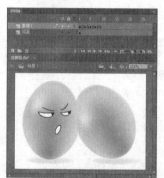
图 3-51　"表情 1"图层第 9 帧处图形

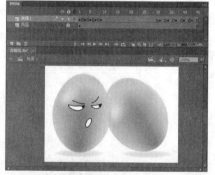
图 3-52　"表情 1"图层其他帧中粘贴的图形

10 在"表情 1"图层上方创建名为"表情 2"的新图层，在此图层第 1 帧、第 3 帧、第 6 帧中绘制出右侧鸡蛋的三种表情图形，如图 3-53 所示。

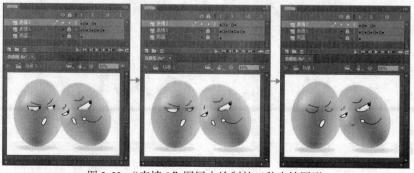
图 3-53　"表情 2"图层中绘制的三种表情图形

11 按照"表情 1"图层中的方法，在"表情 2"图层的其他帧中将前三种表情图形粘贴到这些帧中，如图 3-54 所示。

12 按 Ctrl+Enter 键测试影片，在弹出的影片测试窗口中可以观察到两个鸡蛋人说悄悄话的动画效果。关闭影片测试窗口，单击【文件】/【保存】菜单命令，将文件保存。

　　至此"奇趣蛋"的动画全部制作完成。在制作类似的逐帧动画时，没有必要将每个关键帧中的对象都一一绘制，可以把相同的画面应用到多个帧中，减少绘画的工作量。

图 3-54　"表情 2"图层中插入的关键帧

实例 19

画轴展开动画

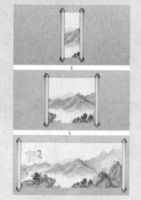

图 3-55　"画轴展开"动画效果

操作提示：

　　在这个实例中的动画可分为两部分，一是两个画轴向外位移的动画，再就是画面出现的遮罩动画，为了制作动画方便，制作动画时还使用到一些辅助动画的功能，包括标尺以及辅助线，通过标尺与辅助线可以更加精准地定位动画元素。

　　在电视中常常会看到这样的画面，随着画轴的展开，逐渐显示出精美的画面，将人带进古香古色的意境中。这样的效果在 Flash 中也可以轻松地实现，本实例将制作这样一个动画，动画最终效果如图 3-55 所示。

制作动画元素

01 启动 Flash CC，新建一个 ActionScript 3.0 的空白文档，设置舞台大小的【宽】为"800 像素"、【高】为"400 像素"、【背景颜色】为默认的白色，并将创建的文档名称保存为"画轴展开 .fla"动画文件。

02 在【时间轴】面板中将"图层 1"图层名称命名为"纸张"。

03 单击菜单栏中的【文件】/【导入】/【导入到舞台】命令，导入本书配套光盘"第三章 /
素材"目录下的"纸张 .jpg"图像文件，将导入的图像覆盖住舞台区域，如图 3-56 所示。

04 在"纸张"图层上方创建名称为"背景遮罩"的新图层，然后在此图层中绘制一个矩形，
通过【信息】面板设置【宽】为"800 像素"、【高】为"400 像素"、左顶点【X】轴坐标
值为"0"、【Y】轴坐标值为"0"，这样绘制的矩形刚好可以覆盖住舞台区域，如图 3-57 所示。

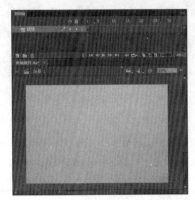

图 3-56　舞台中导入的"纸张 .jpg"图像

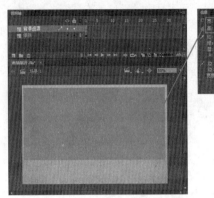

图 3-57　绘制的矩形

05 在"背景遮罩"图层名称处单击鼠标右键，在弹出菜单中选择【遮罩层】命令，将"背景遮罩"
图层转换为遮罩层，再将其下方的"纸张"图层转换为被遮罩层，如图 3-58 所示。

06 在"背景遮罩"图层上方创建名称为"画卷"的新图层，导入本书配套光盘"第三章 / 素材"
目录下的"国画 .jpg"图像文件，然后在【信息】面板中设置其左顶点【X】与【Y】轴
坐标值都为"50"，如图 3-59 所示。

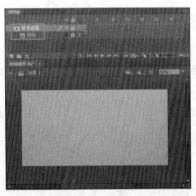

图 3-58　转换的遮罩层与被遮罩层

图 3-59　导入的"国画 .jpg"图像

07 选择导入的"国画 .jpg"图像文件，单击菜单栏
中的【修改】/【转换为元件】命令，弹出【转
换为元件】对话框，设置【名称】为"画"、【类
型】为"影片剪辑"，如图 3-60 所示。

08 单击【转换为元件】对话框中 确定 按钮，将
选择的图像转换为影片剪辑元件，然后在【属
性】面板中为其设置"发光"的滤镜效果，如
图 3-61 所示。

图 3-60　【转换为元件】对话框

图 3-61　设置"画"影片剪辑实例的滤镜效果

制作画轴展开动画

01 选择所有图层第 180 帧，在这些图层第 180 帧处单击鼠标右键，在弹出菜单中选择【插入帧】命令，为所有图层第 180 帧插入普通帧，如图 3-62 所示。

图 3-62　所有图层 180 帧插入帧

02 在"画卷"图层上方创建名为"画卷遮罩"的新图层，在此图层中绘制一个窄一些的矩形，此矩形高度高于国画图形，并将此矩形放置在舞台中心位置，如图 3-63 所示。

03 选择绘制的矩形，按 F8 键，弹出【转换为元件】对话框，在此对话框【名称】输入栏中输入"矩形"，在【类型】选项中选择"影片剪辑"，然后单击 确定 按钮，将选择的矩形转换为名称为"矩形"的影片剪辑元件。

04 单击菜单栏中的【视图】/【标尺】命令，在工作区域显示出标尺，按住鼠标左键从左侧标尺向右拖曳出一条辅助线至舞台中心位置，再从上方标尺位置拖曳出两条辅助线至国画图形的上下两个边缘位置，如图 3-64 所示。

图 3-63　绘制的矩形

图 3-64　拖曳出的辅助线

提示：

通过辅助线可以更好地对动画对象进行定位，它是制作 Flash 动画常用的工具，接下来制作的动画对象可以通过辅助线进行精确的定位。

05 在"矩形"影片剪辑实例上方单击鼠标右键，在弹出菜单中选择"创建补间动画"命令，为"矩形"影片剪辑实例添加补间动画。

06 在"画卷遮罩"图层第 100 帧位置处单击鼠标右键，在弹出菜单中选择【插入关键帧】/【全部】命令，在"画卷遮罩"图层第 100 帧插入属性关键帧，然后将此帧处的"矩形"影片剪辑实例进行水平方向拉伸，以覆盖住国画图形，如图 3-65 所示。

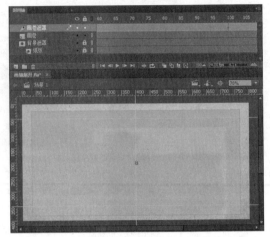

07 单击菜单栏中的【插入】/【新建元件】命令，弹出【创建新元件】对话框，在此对话框【名称】栏输入栏输入"画轴"，【类型】选项中选择"影片剪辑"，然后单击 确定 按钮，创建出名为"画卷"的影片剪辑元件，当前窗口切换至"画卷"影片剪辑元件编辑窗口。

图 3-65　100 帧处的"矩形"影片剪辑实例

08 单击菜单栏中的【文件】/【导入】/【导入到舞台】命令，导入本书配套光盘"第三章 / 素材"目录下"画轴 .png"文件，然后将导入的图像放置在注册点中心位置，如图 3-66 所示。

09 在"图层 1"图层上方创建新图层，默认名称为"图层 2"，然后在"图层 2"图层中绘制出一个与画轴图形等高的黑色到黑色透明线性渐变的矩形，如图 3-67 所示。

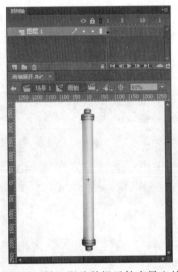

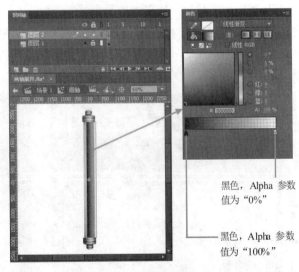

黑色，Alpha 参数
值为"0%"

黑色，Alpha 参数
值为"100%"

图 3-66　"画轴"影片剪辑元件中导入的图像　　　　图 3-67　创建的引导层

10 将"图层 2"图层拖曳到"图层 1"图层的下方，"图层 2"中黑色透明渐变的矩形作为画轴的阴影，如图 3-68 所示。

11 单击 场景1 按钮，将当前编辑窗口切换到场景编辑窗口中，在"画卷遮罩"图层上方创建名称为"左侧画轴"的新图层，在此图层中将【库】面板中的"画轴"影片剪辑元件拖曳到中心辅助线的左侧，如图 3-69 所示。

图 3-68　改变图层的位置　　　　图 3-69　"左侧画轴"图层中"画轴"影片剪辑实例

12 在"左侧画轴"图层上方创建名为"右侧画轴"的新图层，在此图层中将【库】面板中的"画轴"影片剪辑元件拖曳到中心辅助线的右侧，然后通过菜单栏中的【修改】/【变形】/【水平翻转】命令将"画轴"影片剪辑实例水平翻转，如图 3-70 所示。

13 分别在"左侧画轴"与"右侧画轴"图层中"画轴"影片剪辑实例上方单击鼠标右键，在弹出菜单中选择【创建补间动画】命令，为这两个图层中"画轴"影片剪辑实例添加补间动画。

14 分别在"左侧画轴"与"右侧画轴"图层第 100 帧处单击鼠标右键，在弹出菜单中选择【插入关键帧】/【全部】命令，然后将"左侧画轴"与"右侧画轴"图层中的"画轴"影片剪辑实例拖曳到拉伸的矩形的左侧与右侧，如图 3-71 所示。

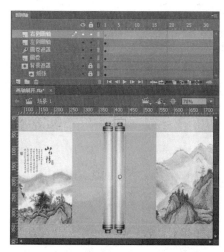

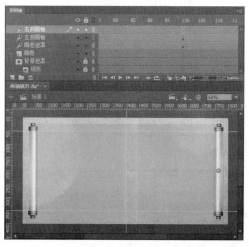

图 3-70　"右侧画轴"图层中"画轴"　　　图 3-71　第 100 帧处两个"画轴"
　　　　影片剪辑实例　　　　　　　　　　　影片剪辑实例的位置

15 选择"画卷遮罩"、"左侧画轴"、"右侧画轴"图层第 1 帧与第 100 帧之间的任意一帧,在【属性】面板中设置【缓动】参数为"100%",如图 3-72 所示。

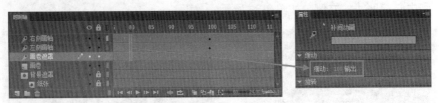

图 3-72　设置补间动画的缓动参数

16 在"画卷遮罩"图层名称处单击鼠标右键,在弹出菜单中选择"遮罩层"命令,将"画卷遮罩"图层转换为遮罩层,其下方的"画卷"图层转换为被遮罩层,如图 3-73 所示。

图 3-73　转换的遮罩层与被遮罩层

17 按 Ctrl+Enter 键对影片进行测试,在弹出的影片测试窗口中可以观察到随着画轴展开国画逐渐显示的动画效果。关闭影片测试窗口,单击菜单栏中的【文件】/【保存】命令,将文件进行保存。

至此"画轴展开"的动画全部制作完成。在制作这个动画时需要注意两个动画要同步起来,否则会出现画轴打开画面还没展开,或者画轴没打开画面已经展示出来的效果。

实例 20

彩虹滑梯动画

图 3-74　"彩虹滑梯"动画效果

操作提示:

在这个实例中将讲解运动引导线动画的制作方法。运动引导线动画,需要由两个图层来配合完成,一个是动画对象所在的图层,另外一个是运动轨迹所在的图层,运动轨迹所在的图层为运动引导层,运动对象所在的图层为被引导层。制作运动引导线动画需要注意的是动画对象的中心点必须吸附到运动引导线上,否则动画对象不会沿着运动引导线进行运动。

物体移动的时候并不都是按照直线运动的，会有一定的运动轨迹，在制作动画时也一样，对于一些运动的动画要将其运动轨迹制作出来，这就是运动引导线动画，本实例将讲解运动引导线动画，实例的最终动画效果如图 3-74 所示。

制作彩虹滑梯动画

01 启动 Flash CC，新建一个 ActionScript 3.0 的空白文档，设置舞台大小的【宽】为"512 像素"、【高】为"490 像素"、【背景颜色】为默认的白色，并将创建的文档保存为"彩虹滑梯 .fla"动画文件。

02 在【时间轴】面板中将"图层 1"图层名称命名为"彩虹"。

03 导入本书配套光盘"第三章 / 素材"目录下的"彩虹 .jpg"图像文件，在【信息】面板中设置其左顶点【X】轴与【Y】轴坐标值都为"0"，这样导入的图像刚好覆盖住舞台区域，如图 3-75 所示。

04 在"彩虹"图层第 70 帧插入帧，设置动画播放时间为 70 帧，如图 3-76 所示。

图 3-75　舞台中导入的"彩虹 .jpg" 图像

05 在"彩虹"图层之上创建名为"兔子"的新图层，然后单击菜单栏中的【插入】/【新建元件】命令，弹出【创建新元件】对话框，在此对话框【文件】输入框中输入"兔子"，在【类型】选项中选择"影片剪辑"，如图 3-77 所示。

图 3-76　"彩虹"图层插入的帧　　　　图 3-77　【创建新元件】对话框

06 单击 确定 按钮，创建名为"兔子"的影片剪辑元件，在此元件中导入本书配套光盘"第三章 / 素材"目录下的"小兔子 .ai"文件，将导入的图像放置到元件中心位置，如图 3-78 所示。

07 单击 场景 1 按钮，将当前编辑窗口切换到场景的编辑窗口中，将【库】面板中的"兔子"影片剪辑元件拖曳到舞台中。

08 在"彩虹"图层之上创建名称为"运动路径"的新图层，在此图层中沿着彩虹的方向绘制一条曲线，如图 3-79 所示。

09 在"运动路径"图层名称上方单击鼠标右键，在弹出菜单中选择【引导层】命令，将"运动路径"图层转换为引导层，如图 3-80 所示。

图 3-78　"兔子"影片剪辑元件

图 3-79 绘制的运动路径

图 3-80 创建的引导层

10 将"兔子"图层向"运动路径"图层上拖曳，松开鼠标后，将"兔子"图层转换为"运动路径"图层的被引导层，如图 3-81 所示。

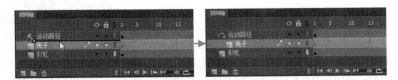

图 3-81 转换的被引导层

11 将"兔子"图层中的"兔子"影片剪辑实例缩小并旋转一定角度，将其放置在运动引导线的左上方，使"兔子"影片剪辑实例中心点贴紧到运动引导线上，如图 3-82 所示。

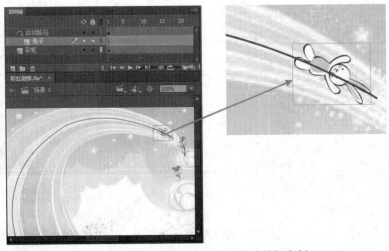

图 3-82 第 1 帧处的"兔子"影片剪辑实例

12 在"兔子"图层第 60 帧插入关键帧，将第 60 帧处"兔子"影片剪辑实例放大，将其放置在运动引导线的右下方，旋转一定角度使其与运动引导线相切，如图 3-83 所示。

13 在【属性】面板中设置第 1 帧处 "兔子" 影片剪辑实例的【Alpha】参数值为 "0%"，如图 3-84 所示。

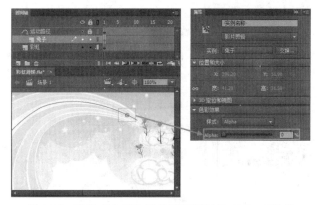

图 3-83　第 60 帧处的 "兔子"　　　　图 3-84　设置 "兔子" 影片剪辑实例的 Alpha 参数值
　　　　　影片剪辑实例

14 在 "兔子" 图层第 1 帧与第 60 帧之间单击鼠标右键，在弹出菜单中选择【创建传统补间】命令，在 "兔子" 图层第 1 帧与第 60 帧之间创建出传统补间动画，如图 3-85 所示。

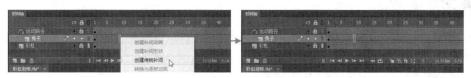

图 3-85　在 "兔子" 图层中创建在传统补间动画

15 在 "兔子" 图层第 15 帧处单击鼠标右键，在弹出菜单中选择【插入关键帧】命令，在 "兔子" 图层第 15 帧插入关键帧，然后将第 15 帧处 "兔子" 影片剪辑实例的【Alpha】参数值设为 "100%"，如图 3-86 所示。

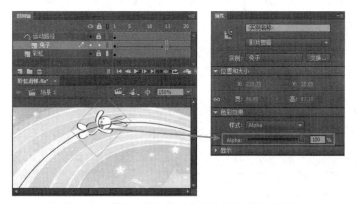

图 3-86　第 15 帧出的 "兔子" 影片剪辑实例

16 按 Ctrl+Enter 键测试影片，在弹出的影片测试窗口中可以观察小兔子沿着彩虹滑落的动画效果。关闭影片测试窗口，单击【文件】/【保存】菜单命令，将文件保存。

至此 "彩虹滑梯" 动画全部制作完成。制作此类运动引导线动画一定要注意将 Flash 中的贴紧至对象功能打开，这样可以将动画对象自动吸附到运动引导线上。

实例 21

放大镜动画

图 3-87 "放大镜"动画效果

操作提示：

　　在这个实例中放大镜的效果是通过遮罩动画来实现，制作此类动画需要两个背景图像，一个是实际显示的图像，另一个是放大的图像，通过对放大图像进行遮罩从而实现图像放大的动画效果。

　　在一副画面上有个放大镜经过，放大镜经过的地方图像会被放大，实例的最终效果如图 3-87 所示

制作放大镜动画

01 启动 Flash CC，新建一个 ActionScript 3.0 的空白文档，设置舞台大小的【宽】为"500 像素"、【高】为"500 像素"、【背景颜色】为蓝色（颜色值为"#000066"），并将创建的文档名称保存为"放大镜 .fla"动画文件。

02 在【时间轴】面板中将"图层 1"图层命名为"背景"，然后将本书配套光盘"第三章 / 素材"目录下"仙人掌 .jpg"图像文件导入到此图层中，并设置导入的图像与舞台重合，如图 3-88 所示。

03 在"背景"图层第 120 帧处插入帧，设置动画播放时间为 120 帧时间，如图 3-89 所示。

图 3-88　舞台中导入的"仙人掌 .jpg"图像

图 3-89　"背景"图层第 120 帧处插入帧

04 选择"背景"图层中的"仙人掌 .jpg"图像文件，按 Ctrl+C 键将选择的图形复制。

05 在"背景"图层之上创建名称为"放大的背景"的新图层，按 Ctrl+Shift+V 键将复制的"仙人掌 .jpg"图像文件粘贴到"放大的背景"图层中，并保持原来的位置。

06 通过【变形】面板将"放大的背景"图层中"仙人掌 .jpg"图像文件等比例放大 122%，如图 3-90 所示。

图 3-90　放大的"仙人掌 .jpg"图像文件

07 在"放大的背景"图层之上创建名为"放大镜"的新图层，然后将本书配套光盘"第三章 / 素材"目录下的"放大镜 .ai"图像文件导入到此图层中，并将其转换为影片剪辑元件，如图 3-91 所示。

08 在【库】面板中双击"放大镜"影片剪辑元件，切换至"放大镜"影片剪辑元件编辑窗口中，在"放大镜"影片剪辑元件编辑窗口为放大镜图形绘制出白色透明的镜片，如图 3-92 所示。

图 3-91　导入的放大镜图形　　　　图 3-92　"放大镜"影片剪辑元件

09 单击 场景 1 按钮，将当前编辑窗口切换到场景编辑窗口中，在"放大镜"影片剪辑实例上方单击鼠标右键，在弹出菜单中选择【创建补间动画】命令，为"放大镜"影片剪辑实例创建出动作补间动画。

10 在"放大镜"图层第 120 帧处单击鼠标右键，在弹出菜单中选择【插入关键帧】/【全部】命令，在"放大镜"图层 120 帧处插入关键帧，如图 3-93 所示。

11 将第 120 帧处的"放大镜"影片剪辑实例向右下方拖曳一小段距离，如图 3-94 所示。

图 3-93　第 120 帧处插入属性关键帧　　　　　图 3-94　第 120 帧处的"放大镜"影片剪辑实例

12 将【时间轴】面板上播放头指针拖曳到第 60 帧，然后将第 60 帧处"放大镜"影片剪辑
实例向右上方拖曳，再将运动路径调整为圆形，如图 3-95 所示。

  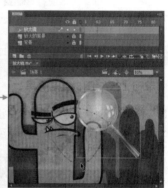

图 3-95　第 60 帧处"放大镜"影片剪辑实例

13 在"放大镜"图层上方绘制一个与放
大镜图形同样大小的圆形，然后将其
转换为名称为"圆形"的影片剪辑元件，
如图 3-96 所示。

14 选择"放大镜"影片剪辑实例，在"放
大镜"影片剪辑实例上方单击鼠标右
键，在弹出菜单中选择【复制动画】
命令，然后选择"圆形"影片剪辑实例，
在"圆形"影片剪辑实例上方单击鼠
标右键，在弹出菜单中选择【粘贴动画】
命令，将"放大镜"影片剪辑实例制
作的动画粘贴到"圆形"影片剪辑实
例上，如图 3-97 所示。

图 3-96　"圆形"影片剪辑实例

15 将"圆形"图层拖曳到"放大镜"图层的下方，然后在"圆形"图层名称上方单击鼠标右键在弹出菜单中选择【遮罩层】命令，将"圆形"图层转换为遮罩层，其下方的"放大的背景"图层转换为被遮罩层，如图 3-98 所示。

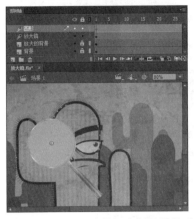

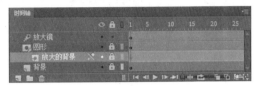

图 3-97　"圆形"影片剪辑实例粘贴的动画　　　　图 3-98　转换的遮罩层与被遮罩层

16 按 Ctrl+Enter 键测试影片，在弹出的影片测试窗口中可以观察到随着放大镜移动，其下方的图形放大的动画效果。关闭影片测试窗口，单击【文件】/【保存】菜单命令，将文件进行保存。

至此"放大镜"的动画全部制作完成。遮罩动画是一个很神奇的动画特效，通过对遮罩动画的灵活应用可以制作出很多令人惊叹的动画效果。

实例 22

开车动画

图 3-99　"开车"动画效果

操作提示：
　　本实例动画包括两部分，城市背景中高楼大厦的位移动画以及汽车前进时车轮的旋转动画。高楼大厦的位移动画和车轮旋转动画都是在影片剪辑中制作的，最后将两个影片剪辑在舞台中进行合成从而完成最终的动画效果。

　　汽车作为一种现代交通工具，在人们的日常生活中已经日益普及。接下来我们便来学习制作一个开车的 Flash 动画，最终动画效果如图 3-99 所示。

制作城市背景的位移动画

01 启动 Flash CC，打开本书配套光盘"第三章 / 素材"目录下的"城市 .fla"文件，如图 3-100 所示。

图 3-100 打开的 "城市 .fla" 文件

提示:

　　细心的朋友也许会发现,打开的"城市.fla"文件是第二章中我们所绘制的高楼大厦文件,没错。

02 选择舞台中的"城市背景"影片剪辑实例,单击【修改】/【转换为元件】菜单命令,将其转换为名称为"背景动画"影片剪辑元件。

03 在舞台中双击"背景动画"影片剪辑实例,进入到该元件的编辑窗口中,然后按住 Alt 键同时水平向左拖曳鼠标,向左复制出一个相同的图形,其位置如图 3-101 所示。

水平向左复制的实例效果

图 3-101 复制 "城市背景" 影片剪辑实例的位置

04 将舞台中两个"城市背景"影片剪辑实例全部选择,单击【修改】/【转换为元件】菜单命令,将其转换为名为"背景"的影片剪辑元件。

05 在舞台中选择"背景"影片剪辑实例,单击鼠标右键,在弹出的菜单中选择【创建补间动画】命令,从而为其创建补间动画。

06 在【时间轴】面板中选择"图层 1"图层第 80 帧,然后单击鼠标右键,在弹出菜单中选择【插入关键帧】/【位置】命令,在该帧处插入属性关键帧,以小菱形显示,如图 3-102 所示。

图 3-102　第 80 帧插入属性关键帧

07 确认【时间轴】面板播放头处于第 80 帧处，在舞台中水平向右移动"背景"影片剪辑实例，正好使左侧的图形填满舞台区域，如图 3-103 所示。

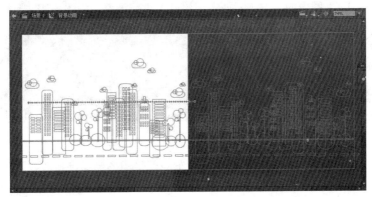

图 3-103　第 80 帧处的"背景"影片剪辑实例

提示：

　　在图 3-103 中为了便于观察第 80 帧处的"背景"影片剪辑实例的位置，我们在此将该层以轮廓的形式进行显示。

08 单击 场景 按钮，将当前编辑窗口切换到场景的编辑窗口中。

　　到此，城市背景高楼大厦的位移动画制作完成，接下来为其添加一个汽车行驶的动画，主要通过制作汽车前进时车轮的旋转动画来完成。

制作汽画开动的动画

01 在"城市背景"图层之上创建名为"汽车"的新图层，然后创建出名为"汽车"的影片剪辑元件，将当前的舞台编辑窗口由"场景 1"切换到"汽车"影片剪辑元件编辑窗口中。

02 导入本书配套光盘"第三章 / 素材"目录下"汽车 .ai"图形文件，如图 3-104 所示。

图 3-104　导入的"汽车"图形

提示：

在上图中可以看到导入的"汽车"图形共分为汽车与阴影两大部分，接下来为了便于动画的操作，我们将不同的对象放置在不同的图层中。

03 在舞台中选择汽车阴影，然后单击【编辑】/【剪切】菜单命令，将选择的图形剪切到剪贴板中。

04 在"图层 1"图层之上创建新层"图层 2"，单击【编辑】/【粘贴到当前位置】菜单命令，将刚才剪切的阴影图形粘贴到"图层 2"图层舞台中原来的位置，然后将"图层 2"图层拖曳到"图层 1"图层的下方，对两个图层顺序进行调整，如图 3-105 所示。

图 3-105　调整图层顺序后【时间轴】面板

05 在"汽车"影片剪辑元件编辑窗口中将汽车的前轮图形全部选择，如图 3-106 所示，通过菜单栏中的【修改】/【转换为元件】命令，将其转换为名为"车轮"的影片剪辑元件。

06 选择转换后的"车轮"影片剪辑实例，将其转换为"车轮转动"影片剪辑元件，并在舞台中双击"车轮转动"影片剪辑实例，进入到该元件的编辑窗口中。

07 在"车轮转动"影片剪辑元件编辑窗口中选择"车轮"影片剪辑实例，然后单击鼠标右键，在弹出菜单中选择【创建补间动画】命令，从而为其创建补间动画。

08 在【时间轴】面板中将鼠标放置在"图层 1"图层最后一帧处，当显示为↔双向箭头时，按住鼠标不放将其向左拖曳至第 10 帧，从而将补间动画的帧数改为 10 帧，如图 3-107 所示。

图 3-106　选择的汽车前轮图形

图 3-107　调整补间动画的帧数

09 在【时间轴】面板中选择"图层 1"图层已经创建的补间范围，然后在【属性】面板的【旋转】选项中设置【旋转】参数为"1"次、【方向】为"逆时针"，从而创建出"车轮"影片剪辑实例逆时针旋转的补间动画，如图 3-108 所示。

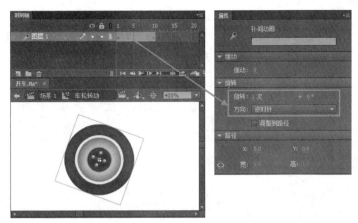

图 3-108　设置补间动画的旋转参数

10 单击 汽车 按钮，将当前编辑窗口切换到"汽车"元件的编辑窗口中，在舞台中将汽车的后轮图形删除，选择左侧的"车轮"影片剪辑实例，然后按住 Alt 的同时水平向右拖曳鼠标，将其复制到右侧删除的车轮位置处，如图 3-109 所示。

复制实例
的位置

图 3-109　复制实例的位置

11 单击 场景 1 按钮，将当前编辑窗口切换到场景的编辑窗口中，将【库】面板中的"汽车"影片剪辑元件拖曳到舞台中，调整其大小及位置，如图 3-110 所示。

图 3-110　"汽车"影片剪辑实例的大小及位置

12 按 Ctrl+Enter 键对影片进行测试，在弹出的影片测试窗口中可以观察到一辆绿色的汽车沿道路向前行驶的动画效果。关闭影片测试窗口，单击【文件】/【保存】菜单命令，将文件进行保存。

至此，"开车"的动画全部制作完成。在这个实例中应用了电影镜头的表现方法，在动画中为了表现出汽车运动的效果，使用到相对运动的方式，让动画背景进行快速地移动，汽车在原地转动，造成汽车再向前开动的视觉效果。

实例 23

瀑布动画

图 3-111 "瀑布"动画效果

操作提示：

　　本实例讲解的还是遮罩动画的应用技巧。先放置一副底图，在底图上方放置一副与底图有些细节差异的图像，通过对此图像进行遮罩的动画，从而创建出瀑布流下的动画效果。

在环境优美的山林中，欣赏瀑布飞流直下三千尺的壮丽景色是多么惬意的事情，这一切在 Flash 中就可以实现，通过 Flash 可以把拍摄的瀑布图像变成动画效果。本实例将制作这样一个瀑布动画，最终动画效果如图 3-111 所示。

制作瀑布流水下落的动画

01 启动 Flash CC，新建一个 ActionScript 3.0 的空白文档，设置舞台大小的【宽】为"600 像素"、【高】为"389 像素"、【背景颜色】为默认的白色，并将创建的文档名称保存为"瀑布 .fla"动画文件。

02 在【时间轴】面板中将"图层 1"图层名称命名为"底图"。

03 导入本书配套光盘"第三章 / 素材"目录下"风景 28.jpg"图像文件，然后在【信息】面板中设置其左顶点【X】轴与【Y】轴坐标值都为"0"，这样导入的图像刚好覆盖住舞台区域，如图 3-112 所示。

图 3-112 舞台中导入的"风景 28.jpg"图像

04 在"底图"图层上方创建名为"瀑布抠图"的新图层，单击【文件】/【导入】/【导入到舞台】菜单命令，导入本书配套光盘"第三章 / 素材"目录下"瀑布 .png"图像文件，然后在【信息】面板中设置其左顶点【X】轴与【Y】轴坐标值都为"0"，这样导入的图像刚好覆盖住舞台区域，如图 3-113 所示。

提示：

导入的"瀑布 .png"图像是将"风景 28.jpg"图像进行抠图后的图形，其大小与"风景 28.jpg"图像相同，所以导入的"瀑布 .png"图像设置与舞台相同后会与"风景 28.jpg"图像重叠起来，为了显示方便，暂时将"底图"图层隐藏起来，这样可以更好地观察导入的图像。

05 在"瀑布抠图"图层之上创建名称为"横条"的新图层，然后在此图层中绘制出黑色条纹间隔的图形，如图 3-114 所示。

图 3-113　舞台中导入的"瀑布 .png"图像　　　　图 3-114　绘制黑色条纹图形

06 选择绘制的黑色条纹图形，将其转换为名称为"横条"的影片剪辑元件。

07 在所有图层第 100 帧处插入帧，设置动画播放时间为 100 帧时间，如图 3-115 所示。

08 选择"瀑布抠图"图层中"瀑布 .png"图像文件，按键盘的向下方向键两下，使得"瀑布 .png"图像文件向下平移两个像素，如图 3-116 所示。

图 3-115　所有图层第 100 帧插入帧　　　　图 3-116　向下平移两个像素的"瀑布 .png"图像

09 在"横条"影片剪辑实例上方单击鼠标右键，在弹出菜单中选择【创建补间动画】命令，为"横条"影片剪辑实例创建出补间动画。

10 在"横条"图层第 100 帧处单击鼠标右键,在弹出菜单中选择【插入关键帧】/【全部】命令,在"横条"图层第 100 帧插入属性关键帧,然后将此帧处的"横条"影片剪辑实例向下平移一小段距离,如图 3-117 所示。

11 在"横条"图层名称处单击鼠标右键,在弹出菜单中选择【遮罩层】命令,将"横条"图层转换为遮罩层,其下方的"瀑布抠图"图层转换为被遮罩层,如图 3-118 所示。

图 3-117　向下平移的"横条"影片剪辑实例

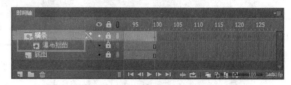

图 3-118　创建的遮罩层与被遮罩层

12 按 Ctrl+Enter 键测试影片,在弹出的影片测试窗口中可以观察到瀑布向下流动的动画效果。然后关闭影片测试窗口,单击菜单栏中的【文件】/【保存】命令,将文件进行保存。

至此"瀑布"的动画全部制作完成。在这个实例中需要注意,进行遮罩的瀑布图像移动的位置不能太大,否则做出来的动画效果不太真实。

实例 24

焰火动画

操作提示:
在本实例中可以学习到补间动画的创作技巧,以及将多个相同的影片剪辑进行编辑产生不同变化的应用技巧。

图 3-119　"焰火"动画效果

焰火是各地庆祝必不可少的项目之一,也是最传统的祈福仪式,千余年来一直陪伴在人们的生活中,成为不可或缺的文化符号。接下来我们便来学习制作一个焰火动画,最终动画效果如图 3-119 所示。

制作焰火动画

01 启动 Flash CC，新建一个 ActionScript 3.0 的空白文档，设置舞台大小的【宽】为 "455 像素"、【高】为 "700 像素"、【背景颜色】为默认的白色，并将创建的文档名称保存为 "焰火 .fla" 动画文件。

02 在【时间轴】面板中将 "图层 1" 图层名称命名为 "背景"，导入本书配套光盘 "第三章 / 素材" 目录下 "稻田 .jpg" 图像文件，然后在【信息】面板中设置其左顶点【X】轴与【Y】轴坐标值都为 "0"，这样导入的图像刚好覆盖住舞台区域，如图 3-120 所示。

03 在 "背景" 图层第 120 帧插入帧，设置动画播放时间为 120 帧时间，然后在 "背景" 图层上方创建一个新的图层。

图 3-120　舞台中导入的 "稻田 .jpg" 图像

04 通过菜单栏中【插入】/【新建元件】命令，创建出名称为 "烟雾线" 的影片剪辑元件，并在 "烟雾线" 的影片剪辑元件中绘制一个如图 3-121 所示的黄色（颜色值为 "#FFCC00"）图形。

05 通过菜单栏中【插入】/【新建元件】命令，创建出名称为 "礼花" 的影片剪辑元件，在 "礼花" 影片剪辑编辑窗口中导入本书配套光盘 "第三章 / 素材" 目录下 "烟花 .ai" 图形文件，如图 3-122 所示。

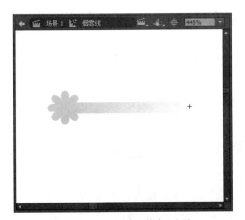

图 3-121　绘制的黄色图形

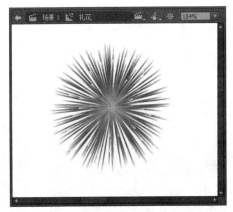

图 3-122　导入的 "烟花 .ai" 图形

06 ![场景1] 按钮，将当前编辑窗口切换到场景的编辑窗口中，将【库】面板中的 "烟雾线" 影片剪辑元件拖曳到舞台中，对其进行旋转操作，并调整其大小，如图 3-123 所示。

07 选择调整后的 "烟雾线" 影片剪辑实例，单击菜单栏中的【修改】/【转换为元件】命令，将其转换为 "礼花绽放" 的影片剪辑，然后在舞台中双击该影片剪辑实例，进入到该元件的编辑窗口中。

08 在"礼花绽放"影片剪辑元件编辑窗口中将"图层 1"图层名称命名为"礼花弹",在舞台中选择"烟雾线"影片剪辑实例,单击鼠标右键,在弹出右键菜单中选择【创建补间动画】命令,为其创建补间动画。

09 在【时间轴】面板中将鼠标放置在"礼花弹"图层最后一帧拖曳到第 15 帧,然后将第 15 帧处"烟雾线"影片剪辑实例移动到如图 3-124 所示的位置处。

第 15 帧移动的位置

放大显示的效果

图 3-123　旋转并调整大小后的"烟雾线"影片剪辑实例　　　图 3-124　调整位置后的实例效果

10 在"礼花弹"图层之上创建名为"礼花"的新图层,并在该层第 15 帧处插入关键帧,并将【库】面板中的"礼花"影片剪辑元件拖曳到第 15 帧"烟雾线"影片剪辑实例位置处,如图 3-125 所示。

11 在舞台中选择"礼花"影片剪辑实例,单击鼠标右键,在弹出菜单中选择【创建补间动画】命令,为其创建补间动画。

12 在"礼花"图层第 24 帧处单击鼠标右键,在弹出菜单中选择【插入关键帧】/【缩放】命令,在该帧处插入属性关键帧。

13 确认【时间轴】面板播放头处于第 15 帧处,在舞台中将"礼花"影片剪辑实例等比例缩小,如图 3-126 所示。

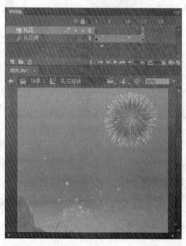

图 3-125　第 15 帧处的"礼花"影片剪辑实例　　　图 3-126　等比例所辖的"礼花"影片剪辑实例

14 在"礼花"图层第 55 帧处单击鼠标右键,选择弹出菜单中的【插入关键帧】/【全部】命令,在该帧处插入属性关键帧,通过【变形】面板设置该帧处"礼花"影片剪辑实例的【缩放宽度】与【缩放高度】参数值都为"135%",如图 3-127 所示。

15 在选择"礼花"图层第 55 帧处的"礼花"影片剪辑实例,在【属性】面板中"色彩效果"选项中单击【样式】右侧的  按钮,在弹出菜单中选择【Alpha】选项,并设置其参数为"0%",使得此帧处"礼花"影片剪辑实例透明显示,如图 3-128 所示。

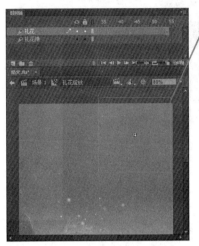

图 3-127 "礼花"影片剪辑实例的缩放参数　　图 3-128 "礼花"影片剪辑实例的 Alpha 参数值

16 单击 场景 1 按钮,将当前编辑窗口切换到场景编辑窗口中,将【库】面板中的"礼花绽放"影片剪辑元件拖曳到舞台中并复制多个,并对各个"礼花绽放"影片剪辑实例进行适当的水平翻转和缩放调整,如图 3-129 所示。

17 通过【属性】面板为舞台中的不同"礼花绽放"影片剪辑实例设置不同的"调整颜色"滤镜效果,改变各个"礼花绽放"影片剪辑实例的颜色,如图 3-130 所示。

"礼花绽放"影片剪辑实例的形态及位置

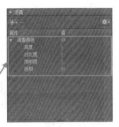

图 3-129 舞台中多个"礼花绽放"影片剪辑实例　图 3-130 "礼花绽放"影片剪辑实例的滤镜效果

18 选择舞台中所有的"礼花绽放"影片剪辑实例,单击菜单栏中的【修改】/【时间轴】/【分散到图层】命令,将各个"礼花绽放"影片剪辑实例放置到不同的图层中,并将各个"礼花绽放"图层第一帧拖曳到不同的帧位置,如图 3-131 所示。

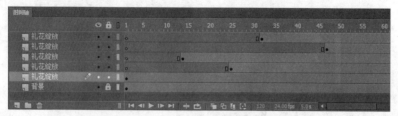

图 3-131　分散的各个"礼花绽放"图层

19 按 Ctrl+Enter 键测试影片,在弹出的影片测试窗口中可以观察到礼花弹弹射并爆炸的动画效果。然后关闭影片测试窗口,单击菜单栏中的【文件】/【保存】命令,将文件进行保存。

至此"焰火"动画全部制作完成。如果在焰火燃放的时候给配礼花爆炸的声音,动画效果会更好,读者可以自己试着加上配音。

实例 25

南瓜灯

图 3-132　"南瓜灯"动画效果

操作提示:

本实例中用到了遮罩动画的技巧,首先对南瓜图形进行描绘为其绘制上形象的眼睛嘴巴图形,在对眼睛嘴巴图形创建遮罩动画,这样一闪一闪的南瓜灯就做好了。

南瓜灯是万圣节的标志性道具,人们头戴面具打扮成鬼怪、点燃烛火,尽情狂欢。下面我们通过一个动画实例来制作一个闪闪发亮的"南瓜灯",其最终效果如图 3-132 所示。

绘制画面背景

01 启动 Flash CC,新建一个 ActionScript 3.0 的空白文档,设置文档舞台的【宽度】和【高度】参数全部为"600 像素"、【背景颜色】为默认的白色,并将创建的文档名称保存为"南瓜灯 .fla"动画文件。

02 将"图层 1"图层名称命名为"背景",导入本书配套光盘"第三章 / 素材"目录下"万圣节 .jpg"图像文件,在【信息】面板中设置其左顶点【X】轴与【Y】轴坐标值都为"0",这样导入的图像刚好覆盖住舞台区域,如图 3-133 所示。

03 在"背景"图层之上创建新层"眼睛嘴巴底层",然后绘制出橘黄色(颜色值为"#FF9900")的嘴巴与眼睛图形,如图 3-134 所示。

图 3-133 导入的"万圣节 .jpg"图像　　　　图 3-134 绘制的橘黄色嘴巴眼睛图形

04 选择"眼睛嘴巴"图层中绘制的图形,按 Ctrl+C 键将选择的图形复制,然后在"眼睛嘴巴底层"图层之上创建名为"眼睛嘴巴"新图层,按 Ctrl+Shift+V 键将复制的图形粘贴到"眼睛嘴巴"图层中,并保持原来的位置。

05 选择"眼睛嘴巴"图层中粘贴的图形,单击【修改】/【图形】/【扩展填充】菜单命令,弹出【扩展填充】对话框,在此对话框中设置【距离】参数为"2 像素"、【方向】选项为"插入",如图 3-135 所示。

06 单击【扩展填充】对话框中 确定 按钮,将"眼睛嘴巴"图层中图形向内收缩 2 个像素,然后将"眼睛嘴巴"图层中图形颜色调整为黑色,如图 3-136 所示。

图 3-135 【扩展填充】对话框　　　　　图 3-136 "眼睛嘴巴"图层中的图形

制作闪闪发光的南瓜灯动画

01 在【时间轴】面板中选择"眼睛嘴巴"图层,然后单击鼠标右键,选择弹出菜单中的【拷贝图层】命令,将该图层拷贝。

02 在【时间轴】面板中的"眼睛嘴巴"图层之上新建一个图层，然后选择新图层，单击鼠标右键，选择弹出菜单中的【粘帖图层】命令，将刚才拷贝的图层粘帖到该层，并自动命名为"眼睛嘴巴"。

03 将刚刚粘贴的"眼睛嘴巴"图层名称命名为"镂空眼睛嘴巴"。

04 在"眼睛嘴巴"图层之上创建新层"发光"，然后绘制一个由白色到黄色的径向渐变的圆形，其大小以遮住下方的眼睛嘴巴图形为准，如图 3-137 所示。

05 选择绘制的圆形，单击【修改】/【转换为元件】菜单命令，将其转换为"灯光闪烁"影片剪辑元件。

06 双击舞台中的"灯光闪烁"影片剪辑实例，进入到该元件编辑窗口中。

07 在"灯光闪烁"影片剪辑元件编辑窗口中选择绘制的圆形，单击【修改】/【转换为元件】菜单命令，将其转换为"灯光"图形元件。

08 选择"图层 1"图层第 1 帧处的"灯光"图形实例，在【属性】面板中"色彩效果"选项中单击【样式】右侧的 无 按钮，在弹出菜单中选择【Alpha】选项，并设置其参数为"80%"，此时的"灯光"图形实例效果如图 3-138 所示。

图 3-137　绘制圆形的大小及位置

图 3-138　设置"Alpha"参数值后的实例效果

09 分别在"图层 1"图层第 20 帧和第 40 帧处插入关键帧。

10 选择"图层 1"图层第 20 帧处的"灯光"图形实例，按 Ctrl+T 键，展开【变形】面板，设置缩放比例为"240%"，如图 3-139 所示。

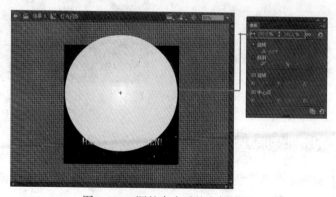

图 3-139　调整大小后的实例效果

11 选择"图层 1"图层第 20 帧处的"灯光"图形实例，在【属性】面板中"色彩效果"选项中单击【样式】右侧的 无 按钮，在弹出菜单中选择【Alpha】选项，并设置其参数为"0%"，此时的"灯光"图形实例效果如图 3-140 所示。

图 3-140 第 20 帧处的"灯光"图形实例的 Alpha 参数值

12 在【时间轴】面板中分别选择"图层 1"图层第 1 帧至第 20 帧、第 20 帧至 40 帧间的任意一帧，然后依次单击菜单栏中的【插入】/【创建传统补间】命令，从而创建出"灯光"图形实例由小到大的淡入淡出的传统补间动画，如图 3-141 所示。

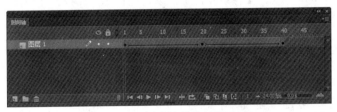

图 3-141 创建的传统补间动画

13 单击 场景 1 按钮，将当前编辑窗口切换到场景的编辑窗口中，然后在"镂空眼睛嘴巴"图层名称处单击鼠标右键，在弹出菜单中选择【遮罩层】命令，这样"镂空眼睛嘴巴"图层设置为遮罩层，"发光"图层设置为被遮罩层，从而创建出遮罩动画，如图 3-142 所示。

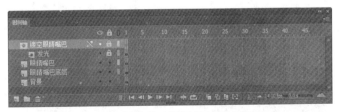

图 3-142 创建的遮罩图层与被遮罩图层

14 按 Ctrl+Enter 键测试影片，在弹出的影片测试窗口中可以观察到南瓜灯一明一暗发光的动画效果。关闭影片测试窗口，单击菜单栏中的【文件】/【保存】命令，将文件保存。

至此"南瓜灯"的动画全部制作完成。到了万圣节，把制作的南瓜灯动画做成贺卡送给朋友是不是会很有面子啊。

实例 26

精美相册

图 3-143 "精美相册"动画效果

操作提示：

　　本实例中主要讲解多个图层的补间动画相互叠加与编辑的技巧，同时还可以学习到将制作的动画应用到其他对象上的方法。

　　相册是 Flash 中很广泛的一个应用，相册由多个图像构成，它们在固定的场景中轮流显示，在图像切换的时候为其添加过渡的场景效果，让图像切换的时候自然流畅，在本实例中将制作一个简单的相册动画，其最终效果如图 3-143 所示。

制作精美相册动画

01 启动 Flash CC，新建一个 ActionScript 3.0 的空白文档，设置舞台大小的【宽】为"485 像素"、【高】为"340 像素"、【背景颜色】为默认的白色，并将创建的文档名称保存为"精美相册 .fla"动画文件。

02 在【时间轴】面板中将"图层 1"图层名称命名为"相册底图"，导入本书配套光盘"第三章 / 素材"目录下"相册底图 .jpg"图像文件，然后将导入的图像刚好覆盖住舞台区域，如图 3-144 所示。

03 在"相册底图"图层上方创建新的图层，然后导入本书配套光盘"第三章 / 素材"目录下的"相册图 1.jpg"、"相册图 2.jpg"、"相册图 3.jpg"图像文件，如图 3-145 所示。

图 3-144　导入的"相册底图 .jpg"图像文件

图 3-145　导入的多个图像文件

04 将导入的"相册图 1.jpg"、"相册图 2.jpg"、"相册图 3.jpg"图像文件选中，单击菜单栏中的【修改】/【时间轴】/【分散到图层】命令，将导入的图像分散到各个独立的图层中，分散的图层名称与导入图像的名称相同，如图 3-146 所示。

05 选择"相册图 1.jpg"图层中"相册图 1.jpg"图像文件，单击菜单栏中的【修改】/【转换为元件】命令，将选择的图像转换为名称为"pic1"的影片剪辑元件。

06 按照相同的方法将"相册图 2.jpg"图像文件与"相册图 3.jpg"图像文件转换为名称为"pic2"与"pic3"的影片剪辑元件。

07 选择舞台中"pic1"影片剪辑实例，在其上方单击鼠标右键，在弹出菜单中选择【创建补间动画】命令，为"pic1"影片剪辑实例创建出补间动画，如图 3-147 所示。

图 3-146　分散的图层

图 3-147　创建的补间动画

08 将【时间轴】中播放头拖曳到第 1 帧，然后选择舞台中"pic1"影片剪辑实例，在【属性】面板中设置【色彩】选项为"高级"，并设置【高级】中【Alpha】参数值为"0%"，【R】、【G】、【B】的参数值分别为"255"，如图 3-148 所示。

09 在"相册图 1.jpg"图层第 150 帧单击鼠标右键，在弹出菜单中选择【插入关键帧】/【颜色】命令，在"相册图 1.jpg"图层第 150 帧插入属性关键帧，如图 3-149 所示。

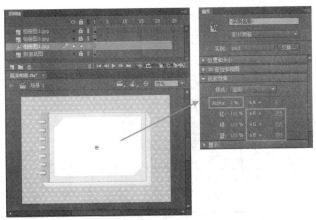

图 3-148　设置第 1 帧处"pic1"影片剪辑
实例的【高级】选项

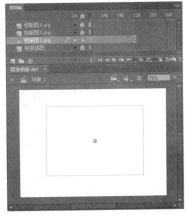

图 3-149　"相册图 1.jpg"图层第 150
帧插入属性关键帧

10 按照相同的方法在"相册图 1.jpg"图层第 30 帧、第 121 帧处分别插入属性关键帧，并通过【属性】面板设置这两帧处"pic1"影片剪辑实例的【高级】中【Alpha】参数值为"100%"，【R】、【G】、【B】的参数值分别为"0"，如图 3-150 所示。

11 在"pic1"影片剪辑实例上方单击鼠标右键，在弹出菜单中选择【复制动画】命令，然后在"pic2"影片剪辑实例上方单击鼠标右键，在弹出菜单中选择【粘贴动画】命令。将为"pic1"影片剪辑实例制作的动作补间动画粘贴到"pic2"影片剪辑实例上，同样也为"pic3"影片剪辑实例粘贴同样的补间动画，如图 3-151 所示。

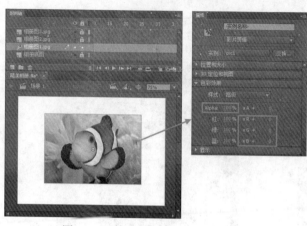 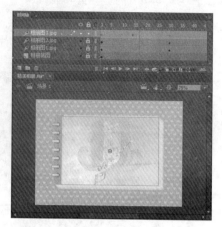

图 3-150　第 30 帧处 "pic1" 影片
剪辑实例的【高级】选项

图 3-151　"pic2"、"pic3" 影片剪辑
中粘贴的补间动画

12 将"相册图 2.jpg"图层中第 1 帧至第 150 帧之间所有帧全部选择，然后将选择的帧拖曳到第 121 帧的位置，如图 3-152 所示。

图 3-152　"相册图 2.jpg"图层中帧的位置

13 将"相册图 3.jpg"图层中第 1 帧至第 150 帧之间所有帧全部选择，然后将选择的帧拖曳到第 241 帧的位置，如图 3-153 所示。

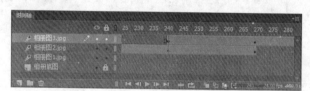

图 3-153　"相册图 3.jpg"图层中帧的位置

14 选择"相册底图"图层第 390 帧，在此帧处单击鼠标右键，在弹出菜单中选择【插入帧】命令，在"相册底图"图层第 390 帧插入普通帧，如图 3-154 所示。

图 3-154　"相册底图"图层第 390 帧插入的帧

15 在"相册图 3.jpg"图层之上创建名为"相片遮罩"图层，在此图层中绘制出相册镂空位置的图形，如图 3-155 所示。

16 在"相片遮罩"图层名称处单击鼠标右键,在弹出菜单中选择"遮罩层"命令,将"相片遮罩"图层转换为遮罩层，其下方的"相册图 3.jpg"图层转换为被遮罩层，如图 3-156 所示。

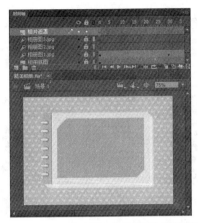

图 3-155　"相片遮罩"图层中绘制的图形

图 3-156　转换的遮罩层与被遮罩层

17 选择"相册图 2.jpg"与"相册图 1.jpg"图层，将其拖曳到"相册图 3.jpg"图层下方，将这两个图层也转换为"相片遮罩"图层的被遮罩层，如图 3-157 所示。

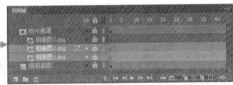

图 3-157　转换的被遮罩层

18 按 Ctrl+Enter 键测试影片，在弹出的影片测试窗口中可以观察到三张图像自动切换的动画效果。关闭影片测试窗口，单击菜单栏中的【文件】/【保存】命令将文件保存。

至此"精美相册"的动画全部制作完成。通过这个实例学习，读者可以自己试着把自己的照片做成一个相册，保存到电脑或手机中随时观赏。

实例 27

水滴落下

图 2-158　"水滴落下"动画效果

操作提示:

本实例主要学习传统补间动画综合应用的技巧。在实例中有影片剪辑创建的动画，也有场景中创建的动画，通过灵活地搭配这些动画，创建出我们想要的动画效果。

水滴从树叶上落下，落入到水面中，在水中荡起片片涟漪，在本实例中我们将这个场景用动画的形式模拟出来，其最终动画效果如图 3-158 所示。

制作动画素材

01 启动 Flash CC，新建一个 ActionScript 3.0 的空白文档，设置舞台大小的【宽】为"500 像素"、【高】为"484 像素"、【背景颜色】为黑色，并将创建的文档名称保存为"水滴落下 .fla"动画文件。

02 在【时间轴】面板中将"图层 1"图层名称命名为"背景"，导入本书配套光盘"第三章 / 素材"目录下"水面 .jpg"图像文件，然后将导入的图像刚好覆盖住舞台区域，如图 3-159 所示。

03 创建一个名为"水滴"的影片剪辑元件，在此元件编辑窗口中绘制一个椭圆图形，然后通过【颜色】面板为其添加白色到黑色再到灰色的径向渐变，如图 3-160 所示。

图 3-159　导入的"水面 .jpg"图像文件

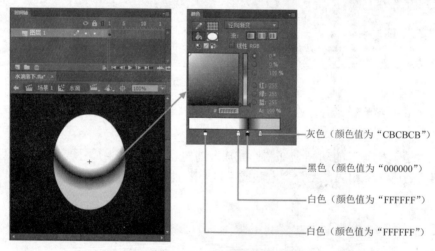

灰色（颜色值为"CBCBCB"）

黑色（颜色值为"000000"）

白色（颜色值为"FFFFFF"）

白色（颜色值为"FFFFFF"）

图 3-160　绘制的椭圆图形

04 在"图层 1"图层上方创建新图层，默认名称为"图层 2"，在"图层 2"图层中绘制一个与"图层 1"中同样大小的椭圆图形，其位置与"图层 1"图层中椭圆图形相同，并通过【颜色】面板为其填充白色透明到灰色半透明的径向渐变，如图 3-161 所示。

05 创建一个名为"波纹"的影片剪辑元件，在此元件编辑窗口中绘制一个圆形图形，然后通过【颜色】面板为其添加白色透明到灰色半透明再到白色透明的径向渐变，如图 3-162 所示。

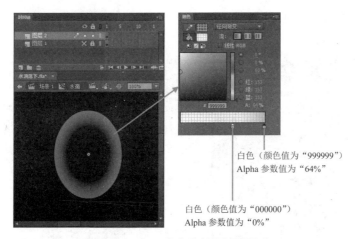

白色（颜色值为"999999"）
Alpha 参数值为"64%"

白色（颜色值为"000000"）
Alpha 参数值为"0%"

图 3-161　新图层中绘制的椭圆图形

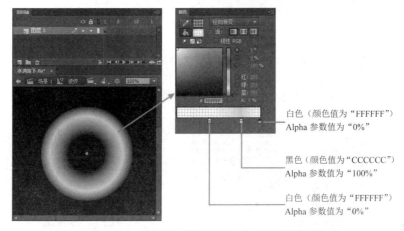

白色（颜色值为"FFFFFF"）
Alpha 参数值为"0%"

黑色（颜色值为"CCCCCC"）
Alpha 参数值为"100%"

白色（颜色值为"FFFFFF"）
Alpha 参数值为"0%"

图 3-162　"波纹"影片剪辑元件中绘制的圆形

06 创建一个名为"波纹动画"的影片剪辑元件，在此元件编辑窗口中将【库】面板中"波纹"影片剪辑元件拖曳到编辑窗口中心位置，并通过【变形】面板将其等比例缩小，如图 3-163 所示。

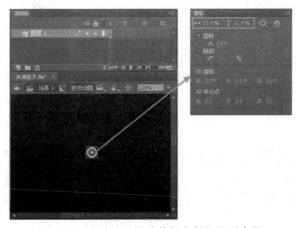

图 3-163　"波纹"影片剪辑实例的变形参数

07 在"图层 1"图层第 60 帧插入关键帧，然后将此帧处的"波纹"影片剪辑实例等比例放大，并在【属性】面板中设置其【Alpha】参数值为"0%"，如图 3-164 所示。

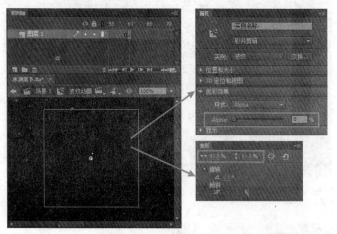

图 3-164　第 60 帧处"波纹"影片剪辑实例

08 在"图层 1"图层第 1 帧至第 60 帧之间任意一帧处单击鼠标右键，在弹出菜单中选择【创建传统补间】命令，创建出传统补间动画。然后在第 50 帧插入关键帧，将此帧处的"波纹"影片剪辑实例进行等比例缩放和【Alpha】参数值设置，如图 3-165 所示。

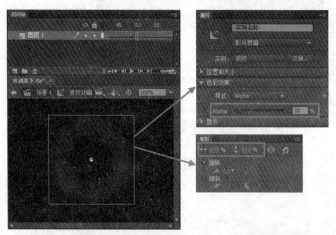

图 3-165　第 50 帧处"波纹"影片剪辑实例

09 选择"图层 1"图层第 1 帧至第 60 帧之间所有帧，在这些帧上方单击鼠标右键，在弹出菜单中选择"复制帧"命令。

10 在"图层 1"图层上方创建新的图层，在新图层上单击鼠标右键，在弹出菜单中选择"粘贴帧"命令，将复制的帧粘贴到新图层中，如图 3-166 所示。

图 3-166　新图层中粘贴的帧

11 按照相同的方法，继续创建 3 个新的图层并在新图层中粘贴帧，并将各个图层名称依次进行更改，并将 60 帧后的普通帧全部删除，如图 3-167 所示。

图 3-167　新图层中粘贴的帧

12 将"图层 4"、"图层 3"、"图层 2"与"图层 1"图层中各个帧依次向后拖曳，使得各个图层中的帧可以依次播放，如图 3-168 所示。

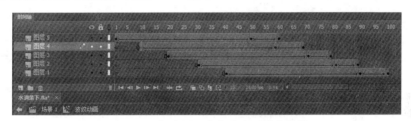

图 3-168　各个图层中依次向后拖曳的帧

制作水珠下落的动画

01 单击 场景 1 按钮，将当前编辑窗口切换到场景编辑窗口中，在"背景"图层第 110 帧插入帧，然后在"背景"图层上方创建名称为"水滴"的新图层，将【库】面板中"水滴"影片剪辑元件拖曳到舞台中，将其缩放至合适大小，放置在叶子图形下方，如图 3-169 所示。

02 在"水滴"图层第 17 帧插入关键帧，将此帧处"水滴"影片剪辑实例垂直向下拖曳到水面位置，并将此帧处"水滴"影片剪辑实例的【Alpha】参数值设置为"60%"，如图 3-170 所示。

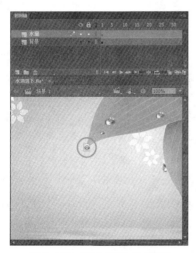

图 3-169　第 1 帧处"水滴"
影片剪辑实例的位置

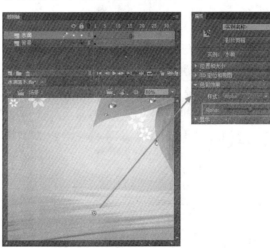

图 3-170　第 17 帧处的"水滴"影片剪辑实例

03 在"水滴"图层第 19 帧插入关键帧,将此帧处"水滴"影片剪辑实例再向下拖曳一小段距离,并将此帧处"水滴"影片剪辑实例的【Alpha】参数值设置为"0%",如图 3-171 所示。

04 在"水滴"图层第 1 帧与第 17 帧,第 17 帧与第 19 帧之间创建传统补间动画,如图 3-172 所示。

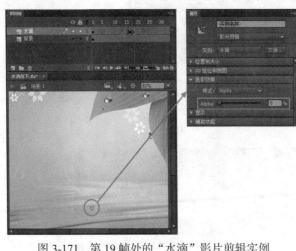

图 3-171　第 19 帧处的"水滴"影片剪辑实例　　　图 3-172　"水滴"图层中创建传统补间动画

05 在"背景"图层上方创建名为"水滴倒影"的新图层,将【库】面板中"水滴"影片剪辑元件拖曳到舞台底部向下一段距离,并设置其与"水滴"图层中"水滴"影片剪辑实例正好垂直相对,如图 3-173 所示。

图 3-173　"水滴倒影"图层中　　　图 3-174　第 17 帧与第 19 帧中"水滴"影片剪辑实例
　　　"水滴"影片剪辑实例

06 在"水滴倒影"图层第 17 帧、第 19 帧分别插入关键帧,将第 17 帧中"水滴"影片剪辑实例向上垂直拖曳,使其与"水滴"图层中"水滴"影片剪辑实例正好对应,然后设置第 19 帧中"水滴"影片剪辑实例与"水滴"图层中"水滴"影片剪辑实例位置相同,如图 3-174 所示。

07 将"水滴倒影"图层第 1 帧、第 17 帧、第 19 帧处"水滴"影片剪辑实例的【Alpha】参数值分别设为"0%"、"14%"、"0%"。

08 在"水滴"图层第 1 帧与第 17 帧，第 17 帧与第 19 帧之间创建传统补间动画，如图 3-175 所示。

09 在"背景"图层之上创建名为"水波纹"的新图层，然后在"水波纹"图层第 20 帧插入关键帧，将【库】面板中"波纹动画"影片剪辑实例拖曳到水滴落下消失的位置，如图 3-176 所示。

图 3-175 "水滴倒影"图层中创建的传统补间动画　　图 3-176 第 20 帧处"波纹动画"影片剪辑实例

10 按 Ctrl+Enter 键测试影片，在弹出的影片测试窗口中可以观察到水滴从叶尖落入水面出现水波纹的动画效果。关闭影片测试窗口，单击菜单栏中的【文件】/【保存】命令将文件保存。

　　至此"水滴落下"的动画全部制作完成。在生活中我们多注意观察，会发现很多自然现象都可以在 Flash 中进行模拟实现。

实例 28

流星动画

图 3-177 "流星"动画效果

操作提示：

　　本实例中动画都是在影片剪辑中完成的，并对各个影片剪辑动画进行了多层套用，通过影片剪辑的多层套用可以创建出细节丰富的动画效果。

　　在寂静的夜空，道道流星划过天际，构成了美丽的画面。本实例将制作这样一个特效动画，最终动画效果如图 3-177 所示。

制作流星动画

01 启动 Flash CC，新建一个 ActionScript 3.0 的空白文档，设置舞台大小的【宽】为"600 像素"、【高】为"300 像素"、【背景颜色】为黑色，并将创建的文档名称保存为"流星 .fla"动画文件。

02 在【时间轴】面板中将"图层 1"图层命名为"星空"，然后将本书配套光盘"第三章 / 素材"目录下的"雪夜 .jpg"图像文件导入到此图层中，并设置导入的图像与舞台重合，如图 3-178 所示。

03 单击菜单栏中的【插入】/【新建元件】命令，在弹出的【创建新元件】对话框的【名称】输入栏中输入"流星光晕"，【类型】选择"图形"，创建出一个名称为"流星光晕"的图形元件，并且当前编辑窗口切换至"流星光晕"图形元件编辑窗口中。

04 在"流星光晕"图形元件编辑窗口注册点的右侧绘制一个白色到白色透明的径向渐变的条状图形，如图 3-179 所示。

图 3-178 舞台中导入的"雪夜 .jpg"图像   图 3-179 绘制的白色透明渐变的条状图形

05 创建一个名为"流星"的影片剪辑元件，然后将【库】面板中"流星光晕"图形元件拖曳到"流星"影片剪辑元件编辑窗口的注册点右侧，如图 3-180 所示。

06 选择注册点右侧的"流星光晕"图形实例，通过【变形】面板设置其【缩放高度】为"300%"，并在【属性】面板中设置其【Alpha】参数值"25%"，如图 3-181 所示。

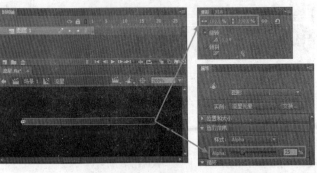

图 3-180 "流星"影片剪辑元件   图 3-181 "流星光晕"图形实例的参数设置

07 在"图层 1"图层之上创建新图层,默认名称为"图层 2",再将【库】面板中的"流星光晕"图形实例放置到注册点右侧,然后通过【变形】面板设置其【缩放宽度】为"95%",如图 3-182 所示。

08 在"图层 1"图层第 2 帧插入帧,在"图层 2"图层第 2 帧插入关键帧,然后通过【变形】面板将"图层 2"图层第 2 帧中"流星光晕"图形实例的【缩放宽度】设置为"115%",如图 3-183 所示。

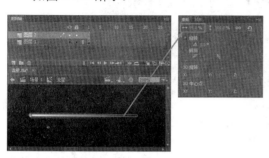
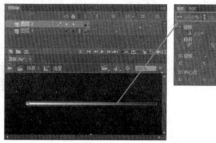

图 3-182 "图层 2"图层中的"流星光晕" 图 3-183 "图层 2"图层第 2 帧中的"流星

图形实例 光晕"图形实例

09 创建一个名为"流星动画"的影片剪辑元件,将【库】面板中"流星"影片剪辑元件拖曳到注册点的右侧,如图 3-184 所示。

10 在"流星动画"影片剪辑元件编辑窗口"图层 1"图层第 200 帧插入帧,然后在"图层 1"图层第 120 帧插入关键帧,将此帧处的"流星"影片剪辑实例向左移动一段距离,如图 3-185 所示。

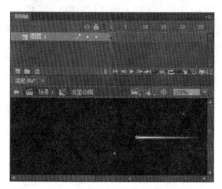
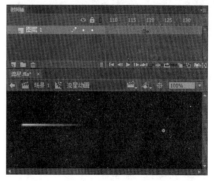

图 3-184 "流星"影片剪辑实例的位置 图 3-185 120 帧处的"流星"影片剪辑实例

11 在"图层 1"图层第 1 帧与第 120 帧之间单击鼠标右键,在弹出菜单中选择【创建传统补间】命令,创建出传统补间动画,然后在"图层 1"图层第 95 帧插入关键帧,如图 3-186 所示。

图 3-186 创建的传统补间动画

12 选择第 120 帧处的"流星"影片剪辑实例，在【属性】面板中设置其【Alpha】参数值为"0%"，使得此帧处"流星"影片剪辑实例完全透明显示，如图 3-187 所示。

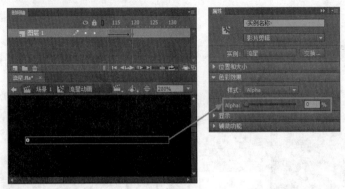

图 3-187 "流星"影片剪辑实例的 Alpha 参数值

13 单击 场景 1 按钮，将当前编辑窗口切换到场景编辑窗口中，在"星空"图层之上创建新图层，然后将【库】面板中的"流星动画"影片剪辑元件拖曳到舞台右上方，并将其进行旋转，如图 3-188 所示。

14 将舞台中"流星动画"影片剪辑实例复制多个，将它们进行不同的缩放，放置到舞台上方不同的位置，并通过【属性】面板为它们设置不同的 Alpha 参数值，如图 3-189 所示。

图 3-188 舞台中"流星动画"影片剪辑实例　　图 3-189 多个"流星动画"影片剪辑实例

15 选择所有的"流星动画"影片剪辑实例，单击菜单栏中的【修改】/【时间轴】/【分散到图层】命令，将多个"流星动画"影片剪辑实例放置到不同的图层中。

16 选择所有图层，在所有图层第 240 帧插入帧，然后将各个"流星动画"图层中第一个关键帧拖曳到不同的帧上，使得各个"流星动画"图层中的"流星动画"影片剪辑实例不会同时播放，如图 3-190 所示。

图 3-190 各个图层中的帧

17 按 Ctrl+Enter 键测试影片，在弹出的影片测试窗口中可以观察到流星雨划过天空的动画效果。关闭影片测试窗口，单击菜单栏中的【文件】/【保存】命令，将文件保存。

至此"流星"的动画全部制作完成。Flash 中影片剪辑的多层套用与多次调用是很基础的动画技巧，希望读者可以好好掌握它们的应用技巧。

实例 29

翻书动画

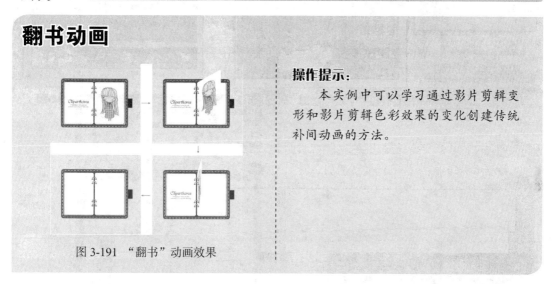

图 3-191　"翻书"动画效果

操作提示：
本实例中可以学习通过影片剪辑变形和影片剪辑色彩效果的变化创建传统补间动画的方法。

拿起一本书，一页一页地翻动，每一页都有令人心动的内容。在 Flash 中也可以实现这样的效果，本实例将制作一个翻书的动画，动画的最终效果如图 3-191 所示。

制作翻书的动画

01 启动 Flash CC，打开本书配套光盘"第三章 / 素材"目录下的"翻书 .fla"文件，如图 3-192 所示。

02 选择"翻页"图层中的小女孩图形，单击菜单栏中的【修改】/【转换为元件】命令，将选择的图形转换为名称为"内容页"的影片剪辑元件。

03 双击"内容页"影片剪辑实例切换至"内容页"影片剪辑元件编辑窗口，将小女孩所在图层名称命名为"女孩"，然后在"女孩"图层下方创建名为"纸张"的图层，在此图层中绘制出与图书纸张同样大小的圆角矩形，如图 3-193 所示。

04 单击 场景1 按钮，当前编辑窗口切换到场景的编辑窗口中，选择所有图层第 100 帧，单击鼠标右键在弹出菜单中选择【插入帧】命令，在所有图层的第 100 帧插入帧，如图 3-194 所示。

05 在"翻页"图层第 11 帧、第 16 帧插入关键帧，使用【任意变形工具】 将第 16 帧处的"内容页"影片剪辑进行变形，如图 3-195 所示。

图 3-192 打开的"翻书.fla"文件

图 3-193 "内容页"影片剪辑元件

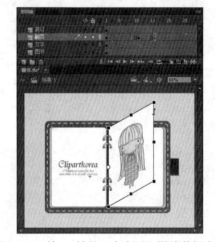

图 3-194 所有图层第 100 帧插入帧

图 3-195 第 16 帧处"内容页"影片剪辑实例

06 在"翻页"图层第 21 帧、第 28 帧插入关键帧，使用【任意变形工具】▦将第 21 帧、第 28 帧处的"内容页"影片剪辑进行变形，如图 3-196 所示。

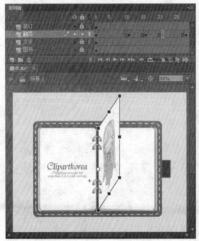 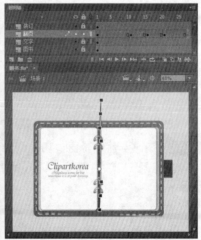

图 3-196 第 21 帧、第 28 帧处"内容页"影片剪辑实例

07 在"翻页"图层第 32 帧插入关键帧，使用【任意变形工具】■将第 32 帧处的"内容页"影片剪辑进行变形，并在【属性】面板【色彩效果】选项中选择【高级】，在其中设置【红】、【绿】、【蓝】参数值全部为"0%"，【Alpha】参数值为"80%"，如图 3-197 所示。

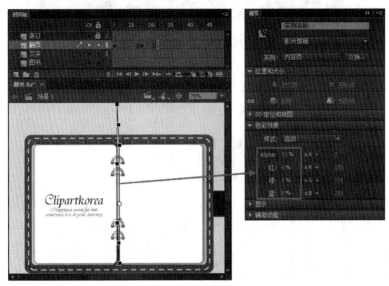

图 3-197　第 32 帧处"内容页"影片剪辑实例

08 在"翻页"图层第 39 帧、第 43 帧插入关键帧，使用【任意变形工具】■将第 39 帧、第 43 帧处的"内容页"影片剪辑进行变形，如图 3-198 所示。

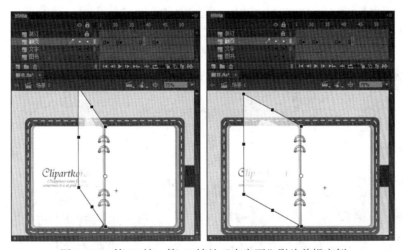

图 3-198　第 39 帧、第 43 帧处"内容页"影片剪辑实例

09 在"翻页"图层第 47 帧插入关键帧，使用【任意变形工具】■将第 47 帧处的"内容页"影片剪辑进行变形，并在【属性】面板中设置【色彩效果】中样式选择【色调】，设置【色调】颜色为白色，如图 3-199 所示。

10 在"翻页"图层第 11 帧、第 16 帧、第 21 帧、第 28 帧、第 32 帧、第 39 帧、第 43 帧、第 47 帧之间分别单击鼠标右键，在弹出菜单中选择【创建传统补间】命令，在这些帧之间创建出传统补间动画，如图 3-200 所示。

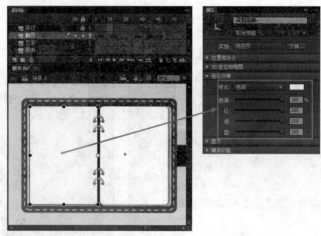

图 3-199　第 47 帧处 "内容页" 影片剪辑实例

图 3-200　创建的传统补间动画

11 按 Ctrl+Enter 键测试影片，在弹出的影片测试窗口中可以观察到图书翻页的动画效果。然后关闭影片测试窗口，单击【文件】/【保存】菜单命令，将文件保存。

至此 "翻书" 的动画全部制作完成。实例中各个关键帧中对动画对象进行变形要符合视觉规律，不能随意地变形，再就是变形时不要移动对象，否则会造成纸张分离书本的效果。

实例 30

红旗飘飘

图 3-201　"红旗飘飘" 动画效果

操作提示：

　　本实例还是学习遮罩动画的应用技巧，制作上没有很复杂的地方，主要是创意比较独特，在这个实例中遮罩层与被遮罩层都制作了不同的动画，通过遮罩层与被遮罩层中不同的动画表现构成了最终的动画效果。

　　接下来我们来制作一个红旗在空中飘扬的 "红旗飘飘" 动画，其最终动画效果如图 3-201 所示。

制作动画素材

01 启动 Flash CC，新建一个 ActionScript 3.0 的空白文档，设置舞台大小的【宽】和【高】的参数全部为"500 像素"、【背景颜色】为默认的白色，并将创建的文档名称保存为"红旗飘飘 .fla"动画文件。

02 在【时间轴】面板中将"图层 1"图层名称命名为"背景"。

03 将本书配套光盘"第三章 / 素材"目录下"天空 .jpg"图像文件导入到当前文档中，将导入的图像刚好覆盖住舞台区域，如图 3-202 所示。

04 在"背景"图层之上创建名为"旗杆"的新图层，然后导入本书配套光盘"第三章 / 素材"目录下"旗杆 .png"文件，并调整到舞台如图 3-203 所示的位置处。

05 在"旗杆"图层之上创建名为"红旗"的新图层，然后使用【矩形工具】■ 在舞台中绘制一个的红色（颜色值"FF0000"）长方形，用作红旗图形，如图 3-204 所示。

图 3-202　导入的"天空 .jpg"图像

图 3-203　导入的"旗杆 .png"图像

图 3-204　绘制红色长方形的大小及位置

制作红旗飘动的动画

01 选择舞台中的红色长方形,单击菜单栏中的【修改】/【转换为元件】命令,在弹出的【转换为元件】对话框中设置【名称】为"红旗"、【类型】为"影片剪辑",将其转换为"红旗"影片剪辑元件的实例。

02 在【库】面板中双击"红旗"影片剪辑元件,进入到该元件的编辑窗口中,并在【时间轴】面板中将"图层 1"图层命名为"红色"。

03 在"红色"图层之上创建名为"遮罩"的新图层,然后在舞台中绘制一个如图 3-205 所示的图形。

04 选择"遮罩"图层第 2 帧,按 F6 键在该帧插入一个关键帧,然后在舞台中将对该帧的图形的形态进行调整,如图 3-206 所示。

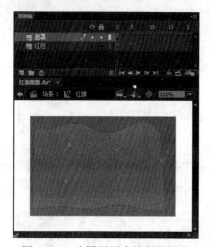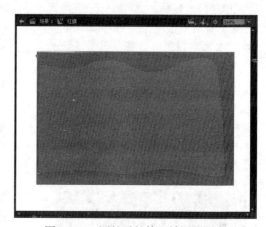

图 3-205　遮罩图层中绘制的图形　　　　图 3-206　调整后的第 2 帧图形形态

05 用同样方法在第 3 帧、第 4 帧、第 5 帧、第 6 帧、第 7 帧和第 8 帧插入关键帧,然后调整各关键帧中图形的形态,这样我们就创建了一个形状不断变化的逐帧动画,如图 3-207 所示。

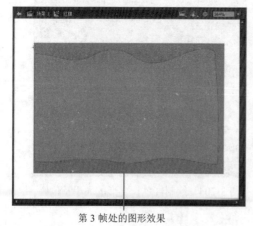

第 3 帧处的图形效果　　　　　　　第 4 帧处的图形效果

图 3-207　调整后的各帧图形形态

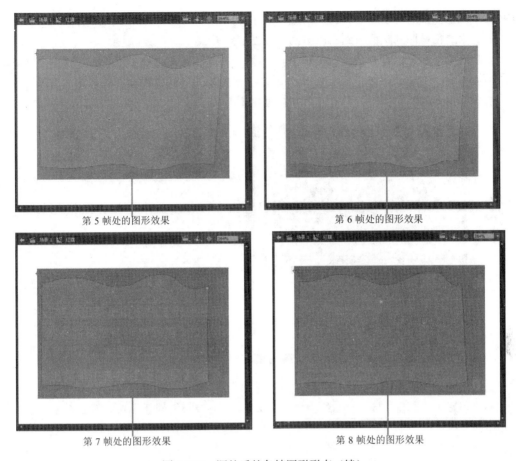

第 5 帧处的图形效果　　　　　　　　　　　第 6 帧处的图形效果

第 7 帧处的图形效果　　　　　　　　　　　第 8 帧处的图形效果

图 3-207　调整后的各帧图形形态（续）

06 在【时间轴】面板中单击"红色"图层第 8 帧，按 F5 键在该帧处插入普通帧，从而设置动画的播放时间为 8 帧。

07 在"遮罩"图层名称处单击鼠标右键，在弹出菜单中选择【遮罩层】命令，这样将"遮罩"图层转化为遮罩层，其下方的"红色"图层转化为被遮罩层，从而创建出遮罩动画，如图 3-208 所示。

图 3-208　创建遮罩动画后的【时间轴】面板

08 按 Ctrl+Enter 键测试影片，可以观察到红旗飘动的动画效果。

到此，一个简单的红旗飘动的动画制作完成，细心的读者朋友也许会发现，此时制作的动画虽然有个飘动的效果，但其动作很呆板，接下来通过明暗的对比让动画更加顺畅、细腻。

09 在"红色"图层之上创建名为"阴影 1"的新图层，然后在舞台中绘制一个如图 3-209 所示的由白色透明到灰色再到白色透明的线性渐变图形。

10 选择绘制的渐变图形，单击菜单栏中的【修改】/【转换为元件】命令，在弹出的【转换为元件】对话框中设置【名称】为"阴影"、【类型】为"图形"，将选择的图形转换为"阴影"图形元件的实例，并且此元件被存放在【库】面板中，如图 3-210 所示。

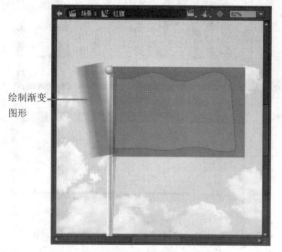

绘制渐变图形

图 3-209　绘制的线性渐变图形　　　　　　图 3-210　【转换为元件】对话框

11 在"阴影 1"图层上方创建名称为"阴影 2"与"阴影 3"的新图层，然后将【库】面板中的"阴影"图形实例放置到"阴影 2"与"阴影 3"图层中，并分别调整"阴影 1"、"阴影 2"与"阴影 3"图层中"阴影"图形实例的位置，如图 3-211 所示。

12 在"阴影 1"、"阴影 2"与"阴影 3"图层第 8 帧插入关键帧，将"阴影 1"、"阴影 2"与"阴影 3"图层的第 8 帧中"阴影"图形实例向右移动一定距离，如图 3-212 所示。

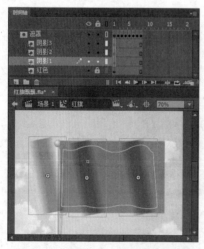 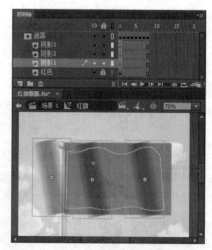

图 3-211　"阴影"图形实例的位置　　　　　图 3-212　第 8 帧中"阴影"图形实例的位置

13 在"阴影 1"、"阴影 2"与"阴影 3"图层第 1 帧与第 8 帧之间创建传统补间动画，如图 3-213 所示。

图 3-213　创建的传统补间动画

14 按 Ctrl+Enter 键测试影片，在弹出的影片测试窗口中可以观察到在蓝天白云间，一面红旗迎风飘扬的动画效果。关闭影片测试窗口，单击菜单栏中的【文件】/【保存】命令，将文件保存。

至此"红旗飘飘"的动画全部制作完成。这个动画是应用遮罩动画完成的，遮罩动画看似很简单，但是通过对遮罩层与被遮罩层不同的动画变化就会产生很多的动画效果。

实例 31

繁星闪闪

图 3-214　"繁星闪闪"动画效果

操作提示：

本实例主要学习创建色彩变化与旋转的补间动画，同时还学习多个影片剪辑实例在场景中显示不同效果的方法。

本实例将制作一个繁星闪闪的动画效果，动画的最终效果如图 3-214 所示。

导入繁星闪闪的动画

01 启动 Flash CC，新建一个 ActionScript 3.0 的空白文档。设置文档舞台的【宽度】和【高度】参数分别为"600 像素"和"550 像素"，【背景颜色】为黑色，并将创建的文档保存为"繁星闪闪 .fla"动画文件。

02 在【时间轴】面板中将"图层 1"图层命名为"背景"，导入本书配套光盘"第三章 / 素材"目录下"星空 .jpg"图像文件，并设置导入的图像与舞台重合，如图 3-215 所示。

03 创建一个名为"星星"的图形元件，在此元件编辑窗口的注册点为中心绘制一个白色透明渐变的圆形，如图 3-216 所示。

图 3-215 导入的"星空 .jpg"图像文件

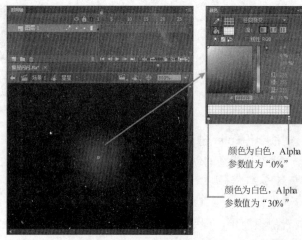

颜色为白色,Alpha 参数值为"0%"

颜色为白色,Alpha 参数值为"30%"

图 3-216 白色透明渐变圆形

04 在"图层 1"图层上方创建默认名称为"图层 2"的新图层,在此图层中绘制一个十字交叉的星形,并为其填充白色透明的笔触线段,如图 3-217 所示。

05 在"图层 2"图层上方创建默认名称为"图层 3"的新图层,按照刚刚绘制星形图形的方法在此图层中绘制一个倾斜的星形,如图 3-218 所示。

06 创建一个名为"星星闪闪"的影片剪辑,将【库】面板中"星形"图形元件拖曳到"星星闪闪"影片剪辑元件编辑窗口中心位置,如图 3-219 所示。

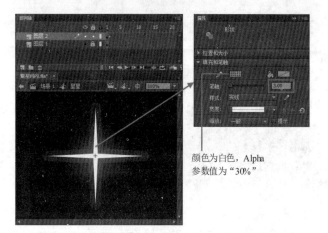

颜色为白色,Alpha 参数值为"30%"

图 3-217 绘制的星形图形

图 3-218 绘制的倾斜星形

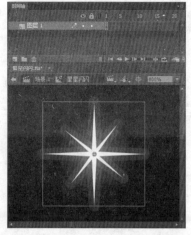

图 3-219 "星星闪闪"影片剪辑元件编辑窗口

07 在"星星"图形实例上方单击鼠标右键,在弹出菜单中选择【创建补间动画】命令,为"星星"图形实例创建出补间动画。

08 在"图层 1"图层第 60 帧单击鼠标右键,在弹出菜单中选择【插入关键帧】/【全部】命令,在第 60 帧插入属性关键帧,如图 3-220 所示。

图 3-220　第 60 帧插入属性关键帧

09 选择"图层 1"图层第 1 帧与第 60 帧之间任意一帧,在【属性】面板中设置【旋转】选项中【方向】为"顺时针",如图 3-221 所示。

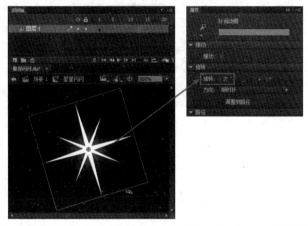

图 3-221　设置"星星"图形实例的旋转参数的 Alpha 参数值

10 在"图层 1"图层第 30 帧单击鼠标右键,在弹出菜单中选择【插入关键帧】/【全部】命令,在第 30 帧插入属性关键帧,然后将此帧处"星星"图形实例的 Alpha 参数值设置为"0%",如图 3-222 所示。

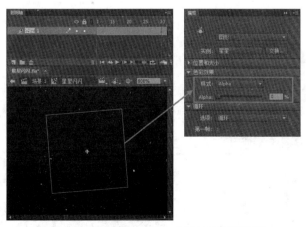

图 3-222　设置第 30 帧处"星星"图形实例

11 单击 场景 按钮，将当前编辑窗口切换到场景的编辑窗口中，在"背景"图层之上创建一个新图层，将【库】面板中"星星闪闪"影片剪辑元件拖曳到舞台上方多次，并将这些"星星闪闪"影片剪辑实例进行不同大小的缩放，设置不同 Alpha 参数，如图 3-223 所示。

12 选择所有的"星星闪闪"影片剪辑实例，单击菜单栏中【修改】/【时间轴】/【分散到图层】命令，将这些"星星闪闪"影片剪辑实例放置到不同的图层中，这些图层的名称也变为"星星闪闪"。

13 选择所有图层，在所有图层第 100 帧插入帧，然后将各个"星星闪闪"图层中第一个关键帧拖曳到不同的帧上，使得各个"星星闪闪"图层中的"星星闪闪"影片剪辑实例不会同时播放，如图 3-224 所示。

图 3-223 舞台中多个"星星闪闪"
影片剪辑实例

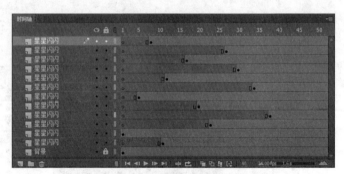

图 3-224 各个"星星闪闪"图层中的帧

14 按 Ctrl+Enter 键测试影片，在弹出的影片测试窗口中可以观察到星空中多个星星一闪一闪的动画效果。关闭影片测试窗口，单击菜单栏中的【文件】/【保存】命令，将文件保存。

至此"繁星闪闪"的动画全部制作完成。这个动画是应用补间动画完成，Flash CC 对补间动画进行了进一步的优化，可以对动画进行更加细腻的调整。

实例 32

桂林山水

图 3-225 "桂林山水"动画效果

操作提示：
　　本实例应用了两个动画，一个是水面波光粼粼的动画效果，这个动画通过遮罩动画来完成；另一个是小舟在河面上慢慢划过的动画效果，这个动画通过位置变化的补间动画完成。

人们都说"桂林山水甲天下"，接下来我们通过一个动画在让大家感受"舟行碧波上，人在画中游"的优美意境，实例的最终效果如图 3-225 所示。

导入背景图像

01 启动 Flash CC，新建一个 ActionScript 3.0 的空白文档。设置文档舞台的【宽度】和【高度】参数分别为"1000 像素"和"460 像素"、【背景颜色】为默认的白色，并将创建的文档保存为"桂林山水 .fla"动画文件。

02 在【时间轴】面板中将"图层 1"图层命名为"底图"。

03 导入本书配套光盘"第三章 / 素材"目录下的"桂林山水 .jpg"图像文件，将其刚好覆盖住舞台区域，如图 3-226 所示。

图 3-226　导入的"桂林山水 .jpg"图像

制作水波纹动画

01 在"底图"图层之上创建新层"遮罩"，然后绘制一个如图 3-227 所示的图形，其大小及范围以将水面覆盖为准。

图 3-227　"遮罩"图层中绘制的图形

02 选择"底图"图层中"桂林山水 .jpg"图像文件，按 Ctrl+C 键将其复制，然后在"底图"图层之上创建名为"波纹"的新图层，按 Ctrl+Shift+V 键将其粘贴到"波纹"图层中并保持原来的位置。

03 选择"波纹"图层中"桂林山水 .jpg"图像文件，在【变形】面板中设置【缩放宽度】与【缩放高度】参数值为"105%"，然后将放大的"桂林山水 .jpg"图像文件转换为名为"放大图"的影片剪辑，如图 3-228 所示。

图 3-228 "波纹"图层中"放大图"影片剪辑实例

04 选择"放大图"影片剪辑实例，在【属性】面板中设置【色彩效果】中【样式】为【Alpha】，参数值为"65%"，如图 3-229 所示。

图 3-229 设置"放大图"影片剪辑实例的 Alpha 参数值

05 选择"放大图"影片剪辑实例，再将其转换为名为"山水"的影片剪辑，双击舞台中"山水"影片剪辑实例，切换至"山水"影片剪辑元件编辑窗口中，在此元件中将"图层 1"图层命名为"放大图"。

06 在"放大图"图层上方创建名为"线条"的图层，在此图层中绘制出整齐排列的线条图形，如图 3-230 所示。

07 将绘制的线条图形转换为名为"波纹"的影片剪辑，然后在"放大图"与"线条"图层第 100 帧插入帧，设置"山水"影片剪辑元件播放时间为 100 帧，如图 3-231 所示。

图 3-230　绘制的线条图形　　　　　　图 3-231　"放大图"与"线条"图层第 100 帧插入的帧

08 在"波纹"影片剪辑实例上方单击鼠标右键，在弹出菜单中选择【创建补间动画】命令，为"波纹"影片剪辑实例创建出补间动画，然后将播放头拖曳到第 100 帧位置处，将第 100 帧处"波纹"影片剪辑实例向下位移一小段距离，如图 3-232 所示。

09 在"线条"图层名称处单击鼠标右键，在弹出菜单中选择【遮罩层】命令，将"线条"图层转换为遮罩层，其下方的"放大图"图层转换为被遮罩层，如图 3-233 所示。

10 单击 场景 按钮，将当前编辑窗口切换到场景的编辑窗口中，然后在"遮罩"图层名称处单击鼠标右键，在弹出菜单中选择【遮罩层】命令，将"遮罩"图层转换为遮罩层，其下方的"波纹"图层转换为被遮罩层，如图 3-234 所示。

图 3-233　转换的遮罩层与被遮罩层

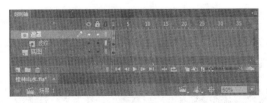

图 3-232　"波纹"影片剪辑实例位移的距离　　　　图 3-234　场景中转换的遮罩层与被遮罩层

制作小船划过动画

01 选择所有图层第 1600 帧，在选择的帧上单击鼠标右键，在弹出的菜单中选择【插入帧】命令，为所有的图层第 1600 帧插入帧，如图 3-235 所示。

02 在"遮罩"图层上方创建名为"小船"的新图层，在此图层中导入本书配套光盘"第三章／素材"目录下的"小船.png"图像文件，将导入的图像放置在舞台的右下方，如图 3-236 所示。

图 3-235　所有图层第 1600 帧插入帧

03 选择导入的"小船.png"图像文件，将其转换为名为"小船"的影片剪辑，然后在"小船"影片剪辑实例上方单击鼠标右键，在弹出菜单中选择【创建补间动画】命令，为"小船"影片剪辑实例创建出补间动画。

04 将【时间轴】面板中播放头指针拖曳到第 1600 帧位置，将"小船"影片剪辑实例拖曳到舞台左侧，如图 3-237 所示。

图 3-236　导入的"小船.png"图像文件

图 3-237　第 1600 帧"小船"影片剪辑实例的位置

05 按 Ctrl+Enter 键测试影片，在弹出的影片测试窗口中可以观察到碧波荡漾的山水间，一条小船划过的动画效果。关闭影片测试窗口，单击菜单栏中的【文件】／【保存】命令，将文件保存。

至此"桂林山水"的动画全部制作完成。这个动画创造了一种如诗如画的意境，如果配以古典的音乐，则更能突出这种意境效果。

实例 33

一杯热茶

图 3-238　"一杯热茶"动画效果

操作提示：
　　本实例讲解的还是遮罩动画的应用，通过对多个线条进行遮罩动画的组合，最后为其添加模糊的滤镜效果，从而制作出冒着热气的动画效果。

在冬日的午后工作困乏之时，端上一杯冒着白色的热气的香茶，看着就让人感到温暖。在这个实例中就制作这样的动画，其最终效果如图 3-238 所示。

制作热茶冒气的动画

01 启动 Flash CC，新建一个 ActionScript 3.0 的空白文档。设置文档舞台的【宽度】和【高度】参数分别为"600 像素"和"500 像素"、【背景颜色】为蓝色（颜色值为"#000066"），并将创建的文档保存为"一杯热茶 .fla"动画文件。

02 在【时间轴】面板中将"图层 1"图层名称命名为"背景"，导入本书配套光盘"第三章 / 素材"目录下"茶杯 .jpg"图像文件，然后在【信息】面板中设置其左顶点【X】轴与【Y】轴坐标值都为"0"，这样导入的图像刚好覆盖住舞台区域，如图 3-239 所示。

图 3-239　导入的"茶杯 .jpg"图像文件

03 创建一个名称为"线条"的图形元件，在此元件编辑窗口中绘制一个白色的曲线图形，如图 3-240 所示。

04 再创建一个名称为"线条动画"的影片剪辑元件，将"线条"影片剪辑元件拖曳到舞台中心位置，然后在"图层 1"图层第 100 帧插入关键帧，将此帧处"线条"影片剪辑实例向下拖曳一段距离，如图 3-241 所示。

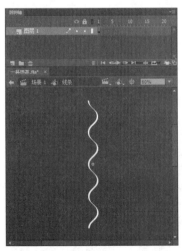
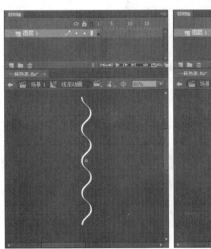
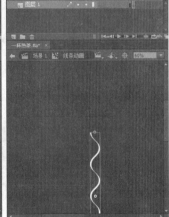

图 3-240　绘制的白色曲线图形　　　　　　　图 3-241　"线条"影片剪辑实例的位置

05 在"线条动画"影片剪辑元件编辑窗口"图层 1"图层第 1 帧与第 100 帧之间任意一帧上单击鼠标右键，在弹出菜单中选择【创建传统补间】命令，创建出传统补间动画，如图 3-242 所示。

06 创建一个名称为"光晕 1"的图形元件，在此元件中绘制出白色到白色透明径向渐变的椭圆图形，如图 3-243 所示。

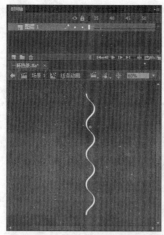
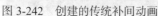

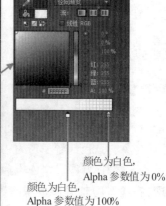

颜色为白色，
Alpha 参数值为0%

颜色为白色，
Alpha 参数值为100%

图 3-242　创建的传统补间动画　　　　　　图 3-243　"光晕 1"图形元件

07 创建一个名为"多个线条"的影片剪辑元件，在此元件中将"图层 1"图层名称修改为"光晕 1"，然后将【库】面板中"光晕 1"图形元件拖曳到注册点。

08 在"光晕 1"图层上方创建名为"光晕 1 遮罩"的新图层，再将【库】面板中"线条动画"影片剪辑元件拖曳到"光晕 1"图形元件上方，并使用【任意变形工具】■■将其进行旋转与变形，如图 3-244 所示。

09 在"光晕 1"图层名称处单击鼠标右键，在弹出菜单中选择【遮罩层】命令，将"光晕 1"图层转换为遮罩层，其下方的"光晕 1 遮罩"转换为被遮罩层，如图 3-245 所示。

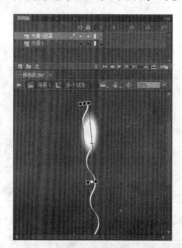

图 3-244　转换的遮罩层与被遮罩层　　　　图 3-245　转换在遮罩层与被遮罩层

10 在"光晕 1 遮罩"图层之上创建名为"光晕 2"与"光晕 2 遮罩"的新图层，在这两个图层中制作"光晕 1"与"光晕 1 遮罩"图层中一样的动画，只是对"光晕 2"与"光晕 2 遮罩"中的"光晕 1"图形实例与"线条动画"影片剪辑实例适当再做些变形，如图 3-246 所示。

11 按照相同的方法，在"光晕 2 遮罩"图层之上创建名为"光晕 3"与"光晕 3 遮罩"的新图层，在这两个图层中分别放置"光晕 1"图形实例与"线条动画"影片剪辑实例，并对它们适当做些变形，如图 3-247 所示。

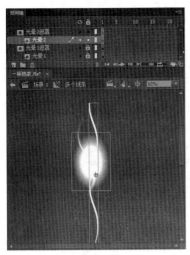

图 3-246 "光晕 2"与"光晕 2 遮罩"图层

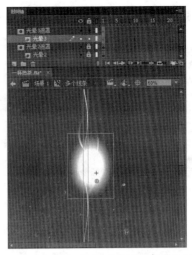

图 3-247 "光晕 3"与"光晕 3 遮罩"图层

12 单击 场景 1 按钮，将当前编辑窗口切换到场景的编辑窗口中，在"背景"图层之上创建名为"热气"的新图层，然后将【库】面板中"多个线条"影片剪辑元件拖曳到杯子图形的上方，如图 3-248 所示。

13 选择舞台中"多个线条"影片剪辑实例，在【属性】面板中为其设置"模糊"的滤镜效果，其中【模糊 X】与【模糊 Y】参数值全部为"30"，如图 3-249 所示。

图 3-248　舞台中"多个线条"
影片剪辑实例

图 3-249　"多个线条"影片剪辑实例的
"模糊"滤镜效果

14 按 Ctrl+Enter 键测试影片，在弹出的影片测试窗口中可以观察到一杯热茶上冒出热气的动画效果。关闭影片测试窗口，单击菜单栏中的【文件】/【保存】命令，将文件保存。

　　至此"一杯热茶"的动画全部制作完成。做完了动画也沏上一杯热茶，看看自己的工作成果吧。

实例 34

旋转的地球

图 3-250 "旋转的地球"动画效果

操作提示:

　　本实例中旋转地球的动画不是三维的旋转,是将正反两个方向的遮罩动画同时进行显示,造成球体在 3D 旋转的假象。

　　地球不断自转的动画在 Flash 中经常见到,通常被应用到科技类的动画特效中,在本实例中将讲解制作此类动画的方法,动画的最终效果如图 3-250 所示。

制作动画素材

01 启动 Flash CC,新建一个 ActionScript 3.0 的空白文档。设置文档舞台的【宽度】和【高度】参数分别为 "800 像素" 和 "526 像素"、【背景颜色】为蓝色(颜色值为 "#003366"),并将创建的文档保存为 "旋转地球 .fla" 动画文件。

02 在【时间轴】面板中将 "图层 1" 图层名称命名为 "背景"。

03 将本书配套光盘 "第三章 / 素材" 目录下的 "地球背景 .jpg" 图像文件导入到当前文档中,并将导入的图像刚好覆盖住舞台区域,如图 3-251 所示。

04 在 "背景" 图层之上创建名为 "水晶球" 新图层,单击菜单栏中的【文件】/【导入】/【导入到舞台】命令,在弹出的【导入】对话框中选择本书配套光盘 "第三章 / 素材" 目录下的 "水晶球 .ai" 图像文件,然后将导入的图像转换为名为 "水晶球" 的影片剪辑元件,如图 3-252 所示。

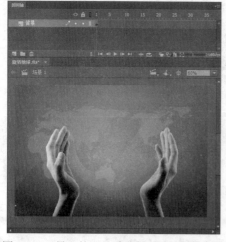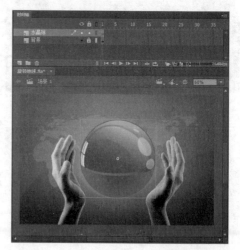

图 3-251 　导入的 "地球背景 .jpg" 图像文件　　　图 3-252 　"水晶球" 影片剪辑实例

05 在"水晶球"图层之上创建名为"地球经纬线"新图层，在此图层的水晶球上方绘制出类似地球经纬线的白色线条图形，然后将绘制的白色线条图形转换为名为"地球网格"的影片剪辑元件，如图 3-253 所示。

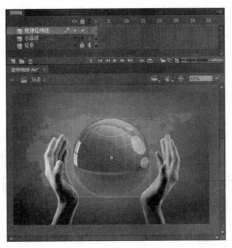

图 3-253　"地球网格"影片剪辑实例

至此，动画所需要的素材全部制作完成，接下来制作动画。

制作地球旋转的动画

01 单击菜单栏中的【插入】/【新建元件】命令，在弹出的【创建新元件】对话框中设置【名称】为"世界地图"、【类型】为"影片剪辑"，从而创建出"世界地图"影片剪辑元件，并且当前窗口切换至"世界地图"影片剪辑元件编辑窗口中。

02 将本书配套光盘"第三章 / 素材"目录下的"世界地图 .ai"图像文件导入到"世界地图"影片剪辑元件编辑窗口中，如图 3-254 所示。

03 单击 场景1 按钮，将当前编辑窗口切换到场景的编辑窗口中，在"水晶球"图层之上创建名为"旋转地球"的新图层，然后在此图层中绘制一个与水晶球同等大小的圆形，并使绘制的圆形刚好覆盖住水晶球图形，如图 3-255 所示。

图 3-254　导入的"世界地图 .ai"图像文件

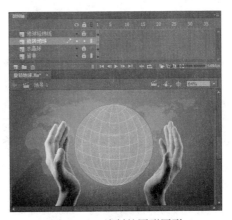

图 3-255　绘制的圆形图形

04 选择绘制的圆形,将其转换为名为"旋转地球"的影片剪辑,双击"旋转地球"影片剪辑实例,切换至"旋转地球"影片剪辑元件编辑窗口。

05 在"旋转地球"影片剪辑元件编辑窗口"图层 1"图层的上方创建一个新图层,然后将【库】面板中的"世界地图"影片剪辑元件拖曳出两个,使这两个"世界地图"影片剪辑实例首尾相连放置在圆形的上方,如图 3-256 所示。

06 将两个"世界地图"影片剪辑实例全部选择,单击菜单栏中的【时间轴】/【分散到图层】命令,将这两个影片剪辑分散到独立的图层中,两个分散的图层名称都为"世界地图",然后将两个"世界地图"图层置于"图层 1"图层下方,将多余出的图层删除,如图 3-257 所示。

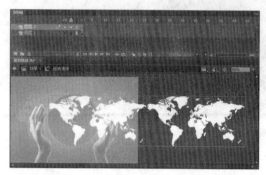

图 3-256　"世界地图"影片剪辑实例的位置

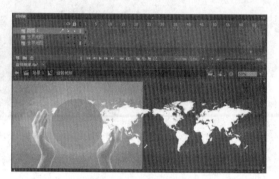

图 3-257　分散的图层

07 选择"图层 1"图层第 120 帧,单击鼠标右键,在弹出菜单中选择【插入帧】命令,在"图层 1"图层第 120 帧插入普通帧,再选择两个"世界地图"图层第 120 帧,单击鼠标右键,在弹出菜单中选择【插入关键帧】命令,在这两个图层第 120 帧插入了关键帧,如图 3-258 所示。

08 选择第 120 帧处两个"世界地图"影片剪辑实例,将它们向左水平移动,移动的位置为第二个"世界地图"影片剪辑实例位于第 1 帧中第一个"世界地图"影片剪辑实例所处的位置,如图 3-259 所示。

图 3-258　第 120 帧插入的帧与关键帧

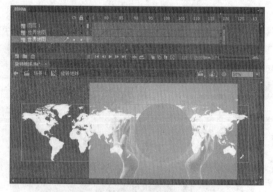

图 3-259　第 120 帧"世界地图"影片剪辑实例的位置

09 在两个"世界地图"图层第 1 帧与第 120 帧之间单击鼠标右键,在弹出菜单中选择【创建传统补间】命令,在这两个图层中创建出传统补间动画,如图 3-260 所示。

10 在"图层 1"图层名称处单击鼠标右键，在弹出菜单中选择【遮罩层】命令，将"图层 1"图层转换为遮罩层，将其下方的"世界地图"图层转换为被遮罩层，再将最下方的"世界地图"图层也转换为被遮罩层，这样就创建出遮罩动画，如图 3-261 所示。

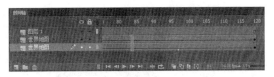

图 3-260　创建的传统补间动画

11 单击 场景1 按钮，将当前编辑窗口切换到场景的编辑窗口中，选择"旋转地球"图层中的"旋转地球"影片剪辑实例，按 Ctrl+C 键将其复制，然后在"水晶球"图层之上创建名称为"反向旋转地球"的新图层，按 Ctrl+Shift+V 键将复制的"旋转地球"影片剪辑实例粘贴到新图层中，并保持原来的位置。

12 暂时将"旋转地球"图层锁定并隐藏，再选择"反向旋转地球"图层中的"旋转地球"影片剪辑实例，单击菜单栏中的【修改】/【变形】/【水平翻转】命令，将"旋转地球"影片剪辑实例进行水平方向反向翻转，如图 3-262 所示。

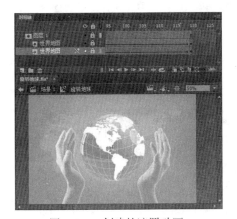

图 3-261　创建的遮罩动画

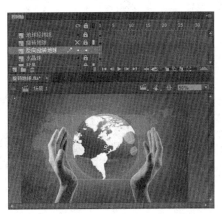

图 3-262　水平翻转的"旋转地球"影片剪辑实例

13 选择水平翻转的"旋转地球"影片剪辑实例，在【属性】面板中设置其【Alpha】参数值为"5%"，如图 3-263 所示。

图 3-263　"旋转地球"影片剪辑实例的 Alpha 参数值

14 选择所有图层第 120 帧，单击鼠标右键，在弹出菜单中选择【插入帧】命令，为所有图层第 120 帧插入普通帧，如图 3-264 所示。

图 3-264　所有图层 120 帧插入帧

15 按 Ctrl+Enter 键测试影片，在弹出的影片测试窗口中可以观察到地球旋转的动画效果。关闭影片测试窗口，单击菜单栏中的【文件】/【保存】命令，将文件保存。

至此 "旋转地球" 的动画全部制作完成。

实例 35

燃烧的蜡烛

图 3-265　"燃烧的蜡烛" 动画效果

操作提示：

本实例中燃烧的蜡烛动画的制作要注意 2 点：一是要绘制出蜡烛火焰的效果，使其逼真接近现实；二是制作火焰燃烧动画是把握好火焰的各个关键帧状态，这样制作出的动画才能惟妙惟肖。

在寂静的夜晚点燃红色蜡烛，体会其中的烂漫与温馨，这是多美美好的一件事情。在这个实例中将模拟这样的场景，制作一个燃烧蜡烛的动画，其效果如图 3-265 所示。

制作动画素材

01 启动 Flash CC，新建一个 ActionScript 3.0 的空白文档。设置文档舞台的【宽度】和【高度】参数分别为 "800 像素" 和 "525 像素"、【背景颜色】为红色（颜色值为 "#CC0000"），并将创建的文档保存为 "燃烧的蜡烛 .fla" 动画文件。

02 在【时间轴】面板中将 "图层 1" 图层命名为 "底图"。

03 将本书配套光盘 "第三章 / 素材" 目录下的 "蜡烛背景 .jpg" 图像文件导入到当前文档中，并设置导入的图像覆盖住舞台区域，如图 3-266 所示。

04 创建名为 "烛火" 的影片剪辑元件，切换至 "烛火" 影片剪辑元件编辑窗口中，在此元件中将默认的图层名称改名为 "火苗"，然后在 "火苗" 图层中绘制一个竖直的类似燃烧的烛火的图形，如图 3-267 所示。

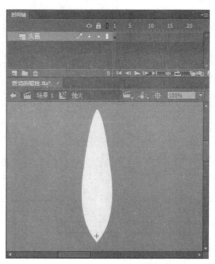

图 3-266   导入的"蜡烛背景 .jpg"图像　　　　图 3-267   绘制的竖直椭圆图形

05 选择绘制的图形，打开【颜色】面板，选择【填充颜色】为"径向渐变"，然后为绘制的图形设置由白色到土黄色再到蓝色透明的径向渐变，如图 3-268 所示。

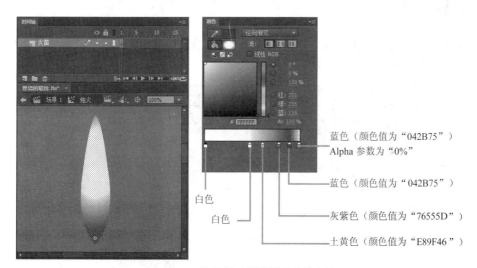

蓝色（颜色值为"042B75"）
Alpha 参数为"0%"

蓝色（颜色值为"042B75"）

白色

白色

灰紫色（颜色值为"76555D"）

土黄色（颜色值为"E89F46"）

图 3-268   为绘制的图形填充渐变颜色

06 在"火苗"图层上方创建一个名为"底焰"的新图层，然后将此图层拖曳到"火苗"图层的下方。

07 选择"火苗"图层中的图形，按 Ctrl+C 键将其复制，再选择"底焰"图层，按 Ctrl+Shift+V 键将复制的图形粘贴到当前图层中，并保持原来的位置。

08 暂时将"火苗"图层锁定隐藏，然后将"底焰"图层中粘贴的图形上半部分删除，只保留下半部分，如图 3-269 所示。

09 选择"底焰"图层中图形，将其转换为名为"蓝色烛火"的影片剪辑，并通过【属性】面板为"蓝色烛火"影片剪辑实例设置"投影"的滤镜效果，如图 3-270 所示。

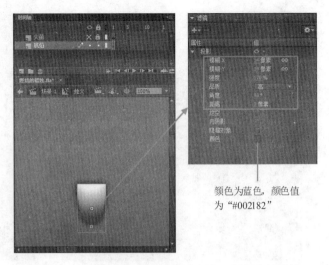

颜色为蓝色,颜色值
为"#002182"

图 3-269 "底焰"图层中的图形　　图 3-270 "蓝色烛火"影片剪辑实例的"投影滤镜效果"

至此,蜡烛的素材就制作完成,接下来把它点燃。

制作蜡烛燃烧的动画

01 创建一个名称为"烛火动画"的影片剪辑元件,然后将【库】面板中"烛火"影片剪辑
元件拖曳到编辑窗口中心位置,如图 3-271 所示。

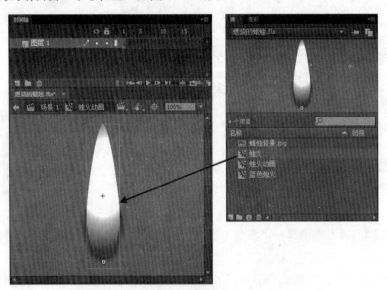

图 3-271 "烛 6 火"影片剪辑实例的位置

02 在"烛火动画"影片剪辑元件编辑窗口"图层 1"图层第 7 帧插入关键帧,使用【任意
变形工具】选择此帧处的"烛火"影片剪辑实例,然后按住 Alt 键垂直向上拖曳"烛火"
影片剪辑实例,将其向上进行拉伸一小段距离,如图 3-272 所示。

03 在"图层 1"图层第 14 帧插入关键帧,再按住 Alt 键使用【任意变形工具】将此帧处的"烛
火"影片剪辑实例向上拉伸一小段距离,如图 3-273 所示。

图 3-272　第 7 帧向上拉伸的"烛火"
影片剪辑实例

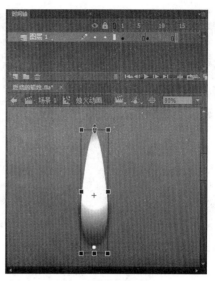

图 3-273　第 14 帧向上拉伸的"烛火"
影片剪辑实例

04 按照相同的方法继续在"图层 1"图层中插入关键帧，并将这些关键帧中的"烛火"影片剪辑实例向上拉伸或者向下拉伸，这样可以制作出烛火燃烧的各个关键帧状态，如图 3-274 所示。

图 3-274　"图层 1"图层中插入的各个关键帧

05 在"图层 1"图层各关键帧之间单击鼠标右键，在弹出的菜单中选择"创建传统补间"命令，从而创建出传统补间动画，如图 3-275 所示。

图 3-275　"图层 1"图层中创建的传统补间动画

06 创建一个名为"蜡烛"的影片剪辑，将"蜡烛"影片剪辑元件中"图层 1"图层命名为"烛火"，然后将【库】面板中"烛火动画"影片剪辑元件拖曳到编辑窗口中，如图 3-276 所示。

07 在"烛火"图层之上创建名为"烛芯"的新图层，在此图层中绘制出黑色的烛芯图形，然后将其转换为名为"烛芯线"的影片剪辑实例，如图 3-277 所示。

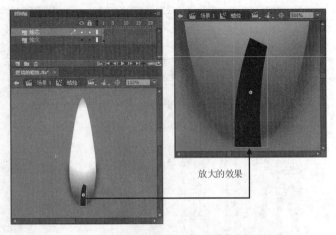

放大的效果

图 3-276 "蜡烛"影片剪辑元件　　　　图 3-277 绘制的"烛芯线"影片剪辑实例

08 选择舞台中的"烛芯线"影片剪辑实例，在【属性】面板中为其设置"斜角"与"投影"的滤镜效果，如图 3-278 所示。

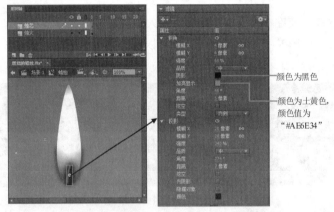

颜色为黑色

颜色为土黄色，颜色值为"#AE6E34"

图 3-278 "烛芯线"影片剪辑实例的滤镜效果

09 在"烛芯线"影片剪辑实例上方绘制一个白色的烛芯燃烧的图形，然后将其转换为名为"烛芯火"的影片剪辑，如图 3-279 所示。

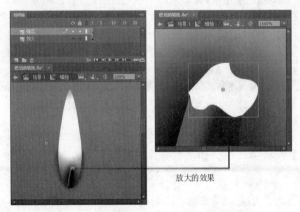

放大的效果

图 3-279 绘制的"烛芯火"影片剪辑实例

10 选择"烛芯火"影片剪辑实例，在【属性】面板中为其设置两个"发光"的滤镜效果，如图 3-280 所示。

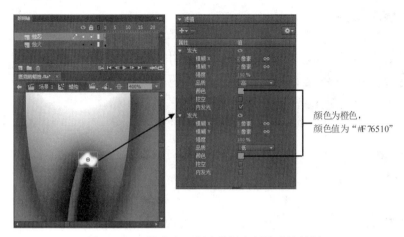

颜色为橙色，
颜色值为"#F76510"

图 3-280　"烛芯火"影片剪辑实例的滤镜效果

11 单击 ▣ 场景1 按钮，将当前编辑窗口切换到场景的编辑窗口中，在"底图"图层上方创建名为"蜡烛"的新图层，然后将【库】面板中"蜡烛"影片剪辑元件拖曳出 3 个，分别放置在 3 个蜡烛图形的上方，并将 3 个"蜡烛"影片剪辑实例进行不同大小的缩放，如图 3-281 所示。

12 选择舞台中 3 个"蜡烛"影片剪辑实例，通过【属性】面板为它们设置"模糊"的滤镜效果，如图 3-282 所示。

图 3-281　舞台中的 3 个"蜡烛"
影片剪辑实例

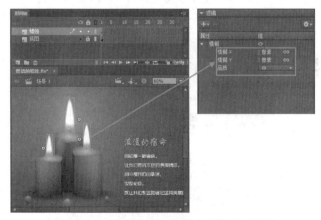

图 3-282　"蜡烛"影片剪辑实例的滤镜效果

13 按 Ctrl+Enter 键测试影片，在弹出的影片测试窗口中可以观察到红色的蜡烛火焰燃烧的动画效果。关闭影片测试窗口，单击菜单栏中的【文件】/【保存】命令，将文件保存。

　　至此"燃烧的蜡烛"的动画全部制作完成。燃烧蜡烛的效果在很多贺卡动画中都会被使用到，把动画保存好，以后在制作类似动画时可以直接调用。

实例 36

海底世界

图 3-283 "海底世界"动画效果

操作提示：

　　本实例将制作水泡从海底冒出的动画效果，先在影片剪辑中制作气泡升起的运动引导线动画，然后在舞台中将气泡升起的影片剪辑进行多次应用，并赋予它们不同的起始帧，即可制作出想要的效果。

　　五彩斑斓的海底世界，时不时地冒出一串水泡，让寂静的海底显出生机。本实例将制作这样一个动画，其最终动画效果如图 3-283 所示。

制作海底世界动画

01 启动 Flash CC，新建一个 ActionScript 3.0 的空白文档。设置文档舞台的【宽度】和【高度】参数分别为 "600 像素" 和 "450 像素"、【背景颜色】为蓝色（颜色值为 "#000066"），并将创建的文档保存为 "海底世界 .fla" 动画文件。

02 在【时间轴】面板中将 "图层 1" 图层命名为 "海底"，然后在舞台中绘制一个与舞台大小相同的矩形，并通过【颜色】面板为矩形填充蓝色的径向渐变，如图 3-284 所示。

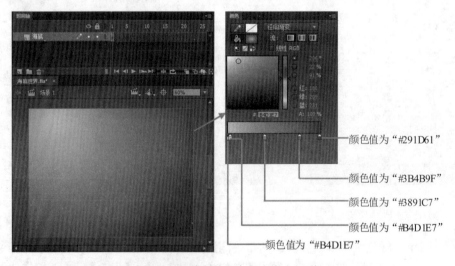

颜色值为 "#291D61"

颜色值为 "#3B4B9F"

颜色值为 "#3891C7"

颜色值为 "#B4D1E7"

颜色值为 "#B4D1E7"

图 3-284 绘制的蓝色径向渐变矩形

03 在 "海底" 图层上方创建名为 "海底世界" 的新图层，在此图层中导入本书配套光盘 "第三章 / 素材" 目录下 "海底世界 .ai" 图像文件，将其缩放合适的大小放置在舞台的下方，如图 3-285 所示。

04 创建一个名为"气泡"的图形元件，并在"气泡"图形元件编辑窗口中绘制一个透明的圆形气泡图形，如图 3-286 所示。

图 3-285 导入的"海底世界.ai"图像文件

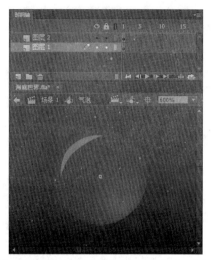

图 3-286 "气泡"图形元件中绘制的图形

05 创建一个名为"气泡动画"的影片剪辑元件，将【库】面板中"气泡"图形元件拖曳到"气泡动画"影片剪辑元件编辑窗口中，并将"气泡"图形元件所在的图层命名为"气泡"，如图 3-287 所示。

06 在"气泡"图层上方创建名为"运动路径"的新图层，并在此图层中绘制出一条气泡运动的曲线，如图 3-288 所示。

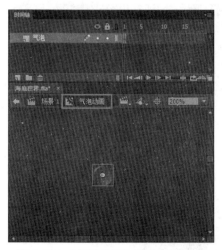

图 3-287 "气泡动画"影片剪辑元件

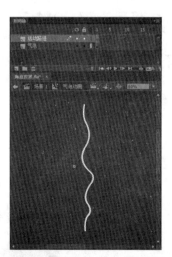

图 3-288 "运动路径"图层中绘制的曲线

07 在"运动路径"图层第 120 帧插入帧，在"气泡"图层第 120 帧插入关键帧，如图 3-289 所示。

08 将第 1 帧处的"气泡"图形实例放置在曲线的底部，并使其中心点贴紧到曲线

图 3-289 第 120 帧处插入的帧与关键帧

上。然后再将第 120 帧处的"气泡"图形实例放置在曲线的顶部，并使其中心点贴紧到曲线上，如图 3-290 所示。

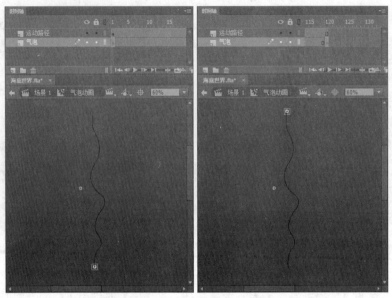

图 3-290　第 1 帧与第 120 帧处的"气泡"影片剪辑实例

09 在"气泡"图层第 1 帧与第 120 帧之间任意一帧上单击鼠标右键，在弹出的菜单中选择【创建传统补间】命令，在"气泡"图层第 1 帧与第 120 帧之间创建出传统补间动画，如图 3-291 所示。

图 3-291　创建的传统补间动画

10 在"运动路径"图层名称处单击鼠标右键，在弹出菜单中选择"引导层"命令，将"运动路径"图层转换为运动引导层，再将"气泡"图层向"运动路径"图层上方拖曳，将"气泡"图层转换为"运动路径"图层的被引导层，如图 3-292 所示。

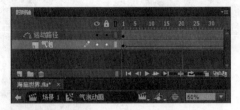

图 3-292　创建的运动引导层与被引导层

11 单击 ![场景] 按钮，将当前编辑窗口切换到场景的编辑窗口中。在"海底"图上方创建一个新图层，将【库】面板中"气泡动画"影片剪辑元件拖曳到舞台中并复制多个，然后将多个"气泡动画"影片剪辑实例放置在舞台不同位置，如图 3-293 所示。

12 选择所有图层的第 180 帧，在这些图层第 180 帧处插入帧，设置动画播放时间为 180 帧时间，如图 3-294 所示。

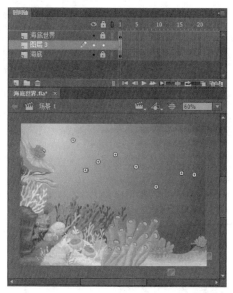

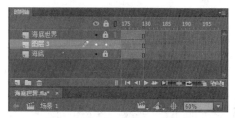

图 3-293　舞台中多个"气泡动画"影片剪辑实例　　　　图 3-294　所有图层 180 帧插入帧

13 选择舞台中所有的"气泡动画"影片剪辑实例，单击菜单栏中的【修改】/【时间轴】/【分散到图层】命令，将各"气泡动画"影片剪辑实例分散到不同的图层中，分散的图层名称也为"气泡动画"，然后将多余的图层删除，如图 3-295 所示。

14 将各"气泡动画"图层中第 1 帧拖曳到不同的帧位置，这样可以使各"气泡动画"影片剪辑实例不会同时播放，如图 3-296 所示。

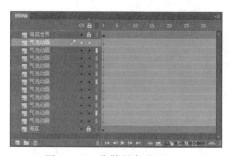

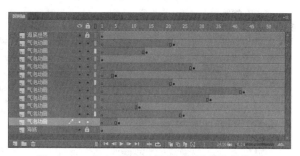

图 3-295　分散的各个图层　　　　　　　　图 3-296　各个"气泡动画"图层中的关键帧

15 按 Ctrl+Enter 键测试影片，在弹出的影片测试窗口中可以观察到在海洋底部出现多个泡泡上升的动画效果。关闭影片测试窗口，单击【文件】/【保存】菜单命令，将文件保存。

至此"海底世界"的动画全部制作完成。在此动画基础上在制作一些小鱼游动的动画，则整体画面将更有生机，读者可以试着制作出来。

实例 37

百叶窗

图 3-297 "百叶窗"动画效果

操作提示：

本实例是通过遮罩动画来实现，在遮罩层中制作逐个出现的长条矩形动画，再将这个动画遮罩住下方图层中的图像，即可实现图像百叶窗出现的动画效果。

制作相册或者幻灯片动画时，会用到很多的转场动画，其中百叶窗效果是应用比较多的一种动画，本实例将讲解制作百叶窗动画的方法，动画最终效果如图 3-297 所示。

制作百叶窗动画

01 启动 Flash CC，新建一个 ActionScript 3.0 的空白文档。设置文档舞台的【宽度】和【高度】参数分别为"500 像素"和"500 像素"、【背景颜色】为默认的白色，并将创建的文档保存为"百叶窗 .fla"动画文件。

02 在【时间轴】面板中将"图层 1"图层名称命名为"壁纸 1"，导入本书配套光盘"第三章 / 素材"目录下的"壁纸 1.jpg"图像文件，然后将导入的图像刚好覆盖住舞台区域，如图 3-298 所示。

03 在"壁纸 1"图层上方创建名为"壁纸 2"的新图层，导入本书配套光盘"第三章 / 素材"目录下的"壁纸 2.jpg"图像文件，然后将导入的图像刚好覆盖住舞台区域，如图 3-299 所示。

图 3-298 导入的"壁纸 1.jpg"图像文件

图 3-299 导入的"壁纸 2.jpg"图像文件

04 创建一个名为"长条矩形"的影片剪辑元件，在此元件编辑窗口中绘制一个蓝色（颜色值为"#0033CC"）的长条矩形，设置长条矩形的宽度为"500 像素"、高度为"20 像素"，如图 3-300 所示。

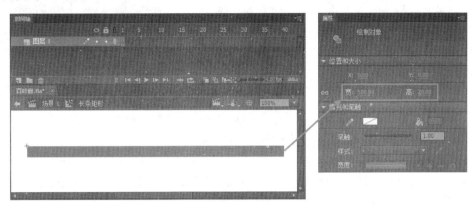

图 3-300 "长条矩形"影片剪辑元件中绘制的矩形

05 再创建一个名为"矩形动画"的影片剪辑元件，在此元件编辑窗口将【库】面板中"长条矩形"影片剪辑元件拖曳到注册点下方，然后将"长条矩形"影片剪辑实例向下依次复制出 24 个，这样 25 个"长条矩形"影片剪辑实例依次向下排列构成一个蓝色的矩形图形，如图 3-301 所示。

06 选择所有的"长条矩形"影片剪辑实例，单击【修改】/【时间轴】/【分散到图层】菜单命令，将各"长条矩形"影片剪辑实例分散到独立的图层中，并且分散的图层名称都为"长条矩形"，如图 3-302 所示。

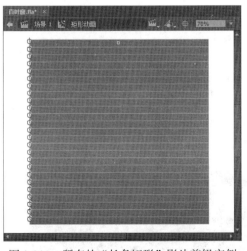

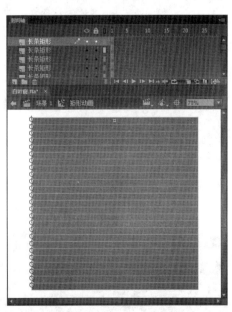

图 3-301 所有的"长条矩形"影片剪辑实例　　图 3-302 分散到图层的"长条矩形"影片剪辑实例

07 选择最上方的"长条矩形"影片剪辑实例，在此实例上方单击鼠标右键，在弹出菜单中选择【创建补间动画】命令，为最上方的"长条矩形"影片剪辑实例创建出补间动画。

08 将刚刚创建补间动画的"长条矩形"影片剪辑实例所在图层的最后一帧拖曳到第 10 帧，然后在第 10 帧处单击鼠标右键，在弹出菜单中选择【插入关键帧】/【全部】命令，在第 10 帧插入属性关键帧，如图 3-303 所示。

图 3-303　第 10 帧插入的属性关键帧

09 将播放头拖曳到第 1 帧，将创建补间动画的"长条矩形"影片剪辑实例向上垂直缩小为一条线的形式，如图 3-304 所示。

10 在创建补间动画的"长条矩形"影片剪辑实例上方单击鼠标右键，在弹出菜单中选择【复制动画】命令。

11 将其他的"长条矩形"影片剪辑实例全部选择，在选择的这些"长条矩形"影片剪辑实例上方单击鼠标右键，在弹出菜单中选择【粘贴动画】命令，为选择的影片剪辑也创建出相同的补间动画，如图 3-305 所示。

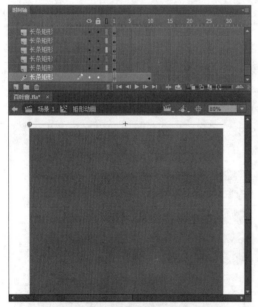

图 3-304　第 1 帧缩放的"长条矩形"
影片剪辑实例

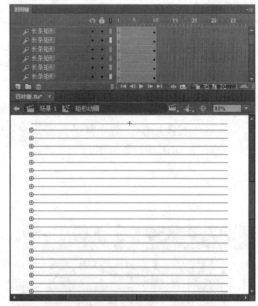

图 3-305　为其他的"长条矩形"影片
剪辑实例创建补间动画

12 将各个"长条矩形"图层中的帧依次向后拖曳 5 帧的时间，如图 3-306 所示。

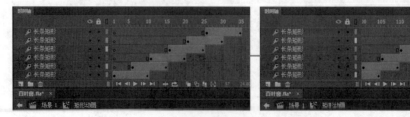

图 3-306　各个图层中的帧

13 选择所有图层的第 150 帧，单击鼠标右键，在弹出菜单中选择【插入帧】命令，为所有图层第 150 帧插入帧，如图 3-307 所示。

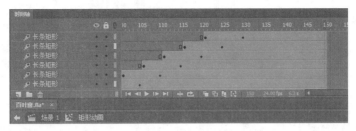

图 3-307 所有图层 150 帧插入帧

14 单击 场景 1 按钮，将当前编辑窗口切换到场景的编辑窗口，在"壁纸 2"图层上方创建名为"矩形动画"的新图层，然后将【库】面板中"矩形动画"影片剪辑元件拖曳到舞台中，使其左顶点和舞台左顶点对其，这样舞台中"矩形动画"影片剪辑实例执行到 150 帧时会覆盖住舞台，如图 3-308 所示。

15 在"矩形动画"图层名称处单击鼠标右键，在弹出菜单中选择【遮罩层】命令，将"矩形动画"图层转换为遮罩层，其下方的"壁纸 2"图层转换为被遮罩层，如图 3-309 所示。

16 选择所有图层第 150 帧，单击鼠标右键，在弹出菜单中选择【插入帧】命令，为所有图层第 150 帧插入帧，这样动画播放时间为 150 帧的时间，如图 3-310 所示。

图 3-309 创建的遮罩动画

图 3-308 舞台中"矩形动画"影片剪辑实例

图 3-310 所有图层 150 帧插入帧

17 按 Ctrl+Enter 键测试影片，在弹出的影片测试窗口中可以观察到图像切换时的百叶窗动画效果。然后关闭影片测试窗口，单击【文件】/【保存】菜单命令，将文件保存。

至此"百叶窗"的动画全部制作完成。此动画属于图像转场特效，读者可以将其应用到自己的作品里。

实例 38

垂钓老人

操作提示：

　　本实例动画由鱼竿上下运动的动画与鱼线拉伸的动画组合而成。鱼竿上下运动的动画用传统补间动画实现，需要注意将影片剪辑中心点移到鱼竿把手位置处；鱼线拉伸的动画是通过补间形状动画完成，制作补间形状动画需要注意的是补间的对象必须是图形的形式，不能将其转换为元件。

图 3-311　"垂钓老人"动画效果

　　"孤舟蓑笠翁，独钓寒江雪"。在本实例中我们将这个场景用 Flash 动画形式将其展现出来，动画最终效果如图 3-311 所示。

制作垂钓老人的动画

01 启动 Flash CC，新建一个 ActionScript 3.0 的空白文档。设置文档舞台的【宽度】和【高度】参数分别为"820 像素"和"328 像素"、【背景颜色】为默认的白色，并将创建的文档保存为"垂钓老人 .fla"动画文件。

02 在【时间轴】面板中将"图层 1"图层命名为"垂钓老人"，导入本书配套光盘"第三章 / 素材"目录下"垂钓 .jpg"图像文件，然后将导入的图像刚好覆盖住舞台区域，如图 3-312 所示。

图 3-312　导入的"垂钓 .jpg"图像文件

03 在"垂钓老人"图层上方创建名为"鱼竿"的新图层，在此图层中绘制一个鱼竿图形，将鱼竿图形放置在老人的右侧，并将其转换为"鱼竿"的影片剪辑元件，如图 3-313 所示。

04 在"垂钓老人"图层上方创建名为"鱼线"的新图层，在此图层中鱼竿的右侧绘制一个黑色的鱼线图形，如图 3-314 所示。

图 3-313　绘制的鱼竿图形　　　　　　　　　　图 3-314　绘制的鱼线图形

05 选择舞台中的"鱼竿"影片剪辑实例，使用【任意变形工具】▓工具将"鱼竿"影片剪辑实例的中心点拖曳到鱼竿的底部位置，如图 3-315 所示。

图 3-315　移动影片剪辑实例的中心点

06 选择所有图层第 80 帧，单击鼠标右键，在弹出菜单中选择【插入帧】命令，为所有图层第 80 帧插入帧，这样动画播放时间为 80 帧的时间，如图 3-316 所示。

图 3-316　第 80 帧插入的帧

07 在"鱼竿"图层第 20 帧、第 40 帧、第 43 帧、第 45 帧位置处单击鼠标右键，在弹出菜单中选择"插入关键帧"命令，在这些帧位置处插入关键帧，如图 3-317 所示。

图 3-317　"鱼竿"图层插入的关键帧

08 将第 20 帧处的"鱼竿"影片剪辑实例向下旋转一定角度，如图 3-318 所示。

09 再分别将第 40 帧与第 43 帧处的"鱼竿"影片剪辑实例向下旋转一定角度，如图 3-319 所示。

  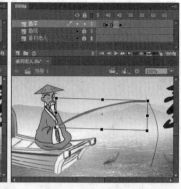

图 3-318　第 20 帧处"鱼竿"　　　　图 3-319　第 40 帧与第 43 帧处"鱼竿"影片剪辑实例
　　　　　　影片剪辑实例

10 在"鱼竿"图层各个关键帧之间单
击鼠标右键，在弹出菜单中选择【创
建传统补间】命令，在这些关键帧之
间创建出传统补间动画，如图 3-320
所示。

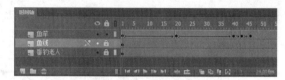

图 3-320　创建的传统补间动画

11 同样的也在"鱼线"图层第 20 帧、第 40 帧、第 43 帧、第 45 帧位置处插入关键帧，并
调整第 20 帧、第 40 帧、第 43 帧处的鱼线图形，使其上端点与鱼竿有顶点重合，鱼线的
下端点始终不动，如图 3-321 所示。

图 3-321　"鱼线"图层第 20 帧、第 40 帧、第 43 帧处的图形

12 在"鱼线"图层各个关键帧之间单击鼠标右键，在弹出菜单中选择【创建补间形状】命令，
在这些关键帧之间创建出补间形状动画，如图 3-322 所示。

图 3-322　创建的补间形状动画

13 按 Ctrl+Enter 键测试影片，在弹出的影片测试窗口中可以观察到一位老者坐在船头钓鱼
的动画效果。关闭影片测试窗口，单击菜单栏中的【文件】/【保存】命令，将文件保存。

至此"垂钓老人"的动画全部制作完成。本例中应用了补间形状动画，补间形状动画是针对图形创建的动画，应用的范围并不多，但却是不可缺少的。

实例 39

雨夜

图 3-323　"雨夜"动画效果

操作提示：

本实例动画由两部分组成，一部分是雨丝下落的动画，另一部分是雨水落地溅起涟漪的动画。雨丝下落的动画可以制作出雨丝下落的几个关键状态，使用逐帧动画完成；涟漪的动画需要先做出一个涟漪荡起的动画，然后在场景中将涟漪动画复制出多个，并放置在雨丝下落的位置即可。

使用 Flash 可以模拟很多自然界的现象。在本实例中将制作一个大雨倾盆的动画，其最终效果如图 3-323 所示。

制作雨夜动画

01 启动 Flash CC，新建一个 ActionScript 3.0 的空白文档。设置文档舞台的【宽度】和【高度】参数分别为"700 像素"和"460 像素"、【背景颜色】为默认的白色，并将创建的文档名称保存为"雨夜 .fla"动画文件。

02 在【时间轴】面板中将"图层 1"图层名称命名为"背景"，然后导入本书配套光盘"第三章 / 素材"目录下"夜晚湖水 .jpg"图像文件，将其导入到当前文档中，并设置导入的图像覆盖住舞台区域，如图 3-324 所示。

03 在"背景"图层之上创建名为"黑色夜空"的新图层，在此图层中绘制一个与舞台同样大小的黑色矩形，然后将绘制的矩形转换为名为"黑色"的影片剪辑元件，如图 3-325 所示。

04 选择舞台中"黑色"的影片剪辑实例，在【属性】面板中设置其【Alpha】参数值为"74%"，将"黑色"影片剪辑实例半透明显示，如图 3-326 所示。

图 3-324　导入的"夜晚湖水 .jpg"图像文件

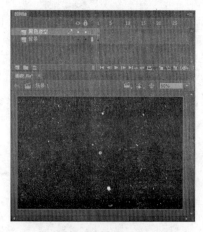

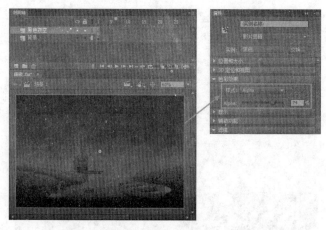

图 3-325　绘制的黑色矩形　　　　　　图 3-326　"黑色"影片剪辑实例的 Alpha 参数值

05 创建一个名为"下雨"的影片剪辑元件，在此元件的"图层 1"图层中使用【线条工具】
■绘制出灰色（颜色值为"#CCCCCC"）的雨丝下落的图形，如图 3-327 所示。

06 在"图层 1"图层第 20 帧插入帧，然后在"图层 1"图层第 6 帧、第 11 帧、第 16 帧分
别插入空白关键帧，使得这几帧中舞台区域为空白，如图 3-328 所示。

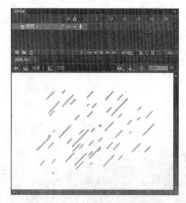

图 3-327　绘制的雨丝图形　　　　　　图 3-328　插入的空白关键帧

07 在"图层 1"图层第 6 帧、第 11 帧、第 16 帧分别绘制出不同的雨丝图形，如图 3-329 所示。

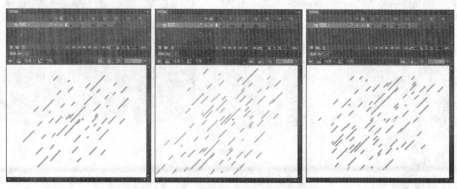

图 3-329　各个关键帧中绘制的雨丝图形

08 创建一个名为"波纹"的影片剪辑元件,在此元件中绘制出一条灰色(颜色值为"#999999")的椭圆笔触线段,并将其转换为名为"圆环"的图形元件,如图 3-330 所示。

09 在"波纹"的影片剪辑元件"图层 1"图层第 28 帧插入关键帧,然后将此帧处"圆环"图形实例等比例放大,并在【属性】面板中设置其【Alpha】参数值为"0%",如图 3-331 所示。

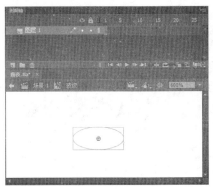 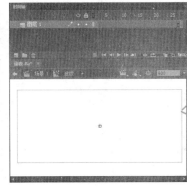 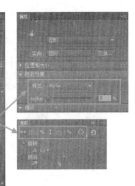

图 3-330　绘制的椭圆线段　　　　　图 3-331　第 28 帧处"圆环"图形实例的参数

10 在"波纹"影片剪辑元件"图层 1"图层第 1 帧与第 28 帧之间创建传统补间动画,然后将第 1 帧与第 28 帧之间所有帧全部选择,在选择的帧上单击鼠标右键,在弹出菜单中选择【复制帧】命令。

11 在"图层 1"图层上方创建两个新图层,默认图层名称分别为"图层 2"与"图层 3"。在"图层 2"图层第 11 帧处单击鼠标右键,在弹出菜单中选择【粘贴帧】命令,将复制的帧粘贴到"图层 2"图层中,如图 3-332 所示。

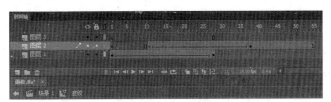

图 3-332　"图层 2"图层中粘贴的帧

12 在"图层 3"图层第 24 帧处单击鼠标右键,在弹出菜单中选择【粘贴帧】命令将复制的帧继续粘贴到"图层 3"图层中,然后在所有图层第 55 帧插入帧,如图 3-333 所示。

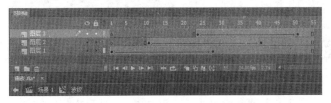

图 3-333　"图层 3"图层中粘贴的帧

13 单击 场景 1 按钮,将当前编辑窗口切换到场景的编辑窗口中,在"黑色夜空"图层上方创建名为"水波纹"的新图层,将【库】面板中"波纹"影片剪辑元件拖曳到舞台中并复制多个,把这些"波纹"影片剪辑实例缩放不同的大小,放置在画面中湖水位置处,如图 3-334 所示。

14 选择舞台中所有的"波纹"影片剪辑实例，将其转换为名为"涟漪"的影片剪辑，双击舞台中"涟漪"的影片剪辑实例，切换至"涟漪"影片剪辑元件编辑窗口。

15 在"涟漪"影片剪辑元件编辑窗口中，选择所有的"波纹"影片剪辑实例，单击菜单栏中【修改】/【时间轴】/【分散到图层】命令，将各个"波纹"影片剪辑实例分散到新图层中，分散的图层名称也为"波纹"，如图 3-335 所示。

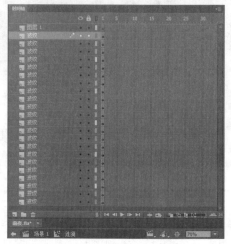

图 3-334　舞台中多个"波纹"影片剪辑实例　　　　图 3-335　分散的各个图层

16 在所有图层第 55 帧插入帧，然后将各个分散图层中的关键帧拖曳到不同的帧位置，这样可以使各个图层中的"波纹"影片剪辑实例不会同时播放，如图 3-336 所示。

17 单击 场景1 按钮，将当前编辑窗口切换到场景的编辑窗口中，将舞台中"涟漪"的影片剪辑实例选择，在【属性】面板中设置【Alpha】参数值为"25%"，并在所有图层第 30 帧插入帧，设置动画播放时间为 30 帧，如图 3-337 所示。

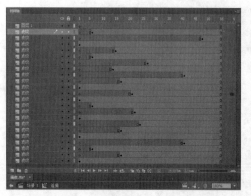

图 3-336　各个分散图层中的关键帧　　　　图 3-337　"涟漪"影片剪辑实例的 Alpha 参数值

18 在"水波纹"图层上方创建名为"雨 1"与"雨 2"的新图层，并将【库】面板中的"下雨"影片剪辑元件分别放置到这两个图层中，并将两个图层中"下雨"影片剪辑实例进行不同的缩放与旋转，将这两个影片剪辑完全覆盖住舞台区域，如图 3-338 所示。

19 将舞台中"下雨"影片剪辑实例全部选择，在【属性】面板中设置【Alpha】参数值为"19%"，并将"雨 1"图层中第 1 帧拖曳到第 3 帧的位置，如图 3-339 所示。

图 3-338　舞台中的"下雨"影片剪辑实例　　　图 3-339　"下雨"影片剪辑实例的 Alpha 参数值

20 按 Ctrl+Enter 键测试影片，在弹出的影片测试窗口中可以观察到黑色的夜空中下雨的动画效果。然后关闭影片测试窗口，单击菜单栏中的【文件】/【保存】命令，将文件保存。

　　至此"雨夜"的动画全部制作完成。对于下雨的动画，也可以使用 ActionScript 脚本来完成，那就需要学习掌握 AS3.0 的相关知识才能完成。

实例 40

电闪雷鸣

图 3-340　"电闪雷鸣"动画效果

操作提示：

　　本实例中可以学习如何制作闪电划过天际的动画效果，制作闪电动画时，需要注意的是把握好动画的节奏，闪电出现的过程要快，再就是闪电出现的时候，会照亮天空，所以要让背景画面变得明亮才行。

　　在上个实例中制作了下雨的动画，为了进一步突出雨夜的效果，在这个实例中为其添加了电闪雷鸣的动画，动画的最终效果如图 3-340 所示。

制作电闪雷鸣动画

01 启动 Flash CC，打开前面制作的"雨夜 .fla"动画文件，将打开的文件另存为"电闪雷鸣 .fla"的动画文件。

02 创建名称为"闪电 1"、"闪电 2"、"闪电 3"、"闪电 4"的影片剪辑元件，在这些元件中分别导入本书配套光盘"第三章 / 素材"目录下的"闪电 1.png"、"闪电 2.png"、"闪电 3.png"、"闪电 4.png"图像文件。

03 在"雨 2"图层之上创建名为"闪电 1"、"闪电 2"、"闪电 3"、"闪电 4"的新图层,将【库】面板中"闪电 1"、"闪电 2"、"闪电 3"、"闪电 4"影片剪辑实例分别放置在"闪电 1"、"闪电 2"、"闪电 3"、"闪电 4"图层中,并将这些影片剪辑实例进行不同缩放与旋转,如图 3-341 所示。

04 在所有图层第 200 帧插入帧,然后在"闪电 1"图层第 4 帧、第 39 帧、第 42 帧插入关键帧,然后将"闪电 1"图层第 1 帧与第 42 帧处的"闪电 1"影片剪辑实例的【Alpha】参数值设置为"0%",如图 3-342 所示。

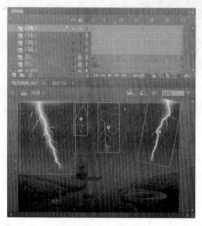 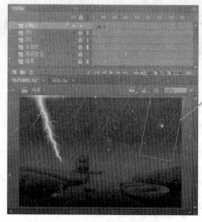 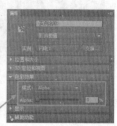

图 3-341　各个闪电影片剪辑实例的位置　　　图 3-342　第 42 帧处的"闪电 1"影片剪辑实例

05 在"闪电 1"图层第 1 帧与第 4 帧、第 39 帧与第 42 帧之间创建传统补间动画,这样创建出"闪电 1"影片剪辑实例快速出现然后快速消失的传统补间动画,如图 3-343 所示。

06 将"闪电 2"图层第 1 帧拖曳到第 106 帧的位置,然后在第 109 帧、第 129 帧、第 132 帧插入关键帧,将第 106 帧与第 132 帧处的"闪电 2"影片剪辑实例【Alpha】参数值设置为"0%",并在第 106 帧与第 109 帧,第 129 帧与第 132 帧之间创建传统补间动画,如图 3-344 所示。

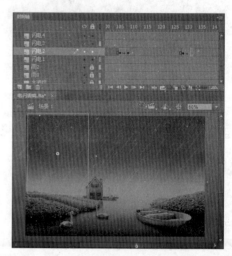

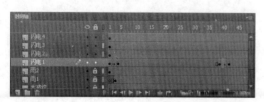

图 3-343　"闪电 1"图层中创建的传统补间动画　　　图 3-344　"闪电 2"图层中创建的传统补间动画

07 将"闪电 3"图层第 1 帧拖曳到第 28 帧的位置，然后在第 31 帧、第 43 帧、第 46 帧、第 113 帧、第 116 帧、第 128 帧、第 131 帧插入关键帧，将第 28 帧、第 46 帧、第 113 帧与第 131 帧处的"闪电 3"影片剪辑实例【Alpha】参数值设置为"0%"，并在第 28 帧与第 31 帧，第 43 帧与第 46 帧，第 113 帧与第 116 帧，第 128 帧与第 131 帧之间创建传统补间动画，如图 3-345 所示。

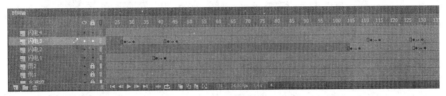

图 3-345　"闪电 3"图层中创建的传统补间动画

08 将"闪电 4"图层第 1 帧拖曳到第 34 帧的位置，然后在第 38 帧、第 50 帧、第 53 帧、第 125 帧、第 129 帧、第 141 帧、第 144 帧插入关键帧，将第 34 帧、第 53 帧、第 125 帧与第 144 帧处的"闪电 4"影片剪辑实例【Alpha】参数值设置为"0%"，并在第 34 帧与第 38 帧，第 50 帧与第 53 帧，第 125 帧与第 129 帧，第 141 帧与第 144 帧之间创建传统补间动画，如图 3-346 所示。

图 3-346　"闪电 4"图层中创建的传统补间动画

09 在"黑色夜空"图层第 19 帧、第 24 帧、第 36 帧、第 53 帧、第 106 帧、第 111 帧、第 123 帧、第 140 帧插入关键帧，并将第 24 帧、第 36 帧、第 111 帧、第 123 帧处"黑色"影片剪辑实例的【Alpha】参数值设置为"15%"，如图 3-347 所示。

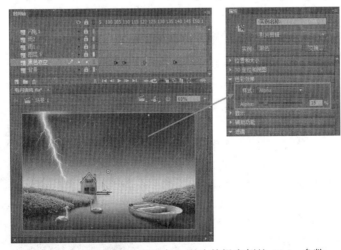

图 3-347　第 123 帧处"黑色"影片剪辑实例的 Alpha 参数

10 在"黑色夜空"图层第 19 帧与第 24 帧，第 36 帧与第 53 帧，第 106 帧与第 111 帧，第 123 帧与第 140 帧之间创建传统补间动画，如图 3-348 所示。

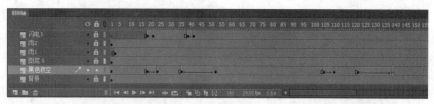

图 3-348　创建的传统补间动画与插入的关键帧

11 按 Ctrl+Enter 键测试影片，在弹出的影片测试窗口中可以观察到在下雨的夜晚闪电划过天空，天空同时变亮的动画效果。关闭影片测试窗口，单击菜单栏中的【文件】/【保存】命令，将文件保存。

　　至此，"电闪雷鸣"的动画全部制作完成。在动画中再配上打雷的声音特效，则动画会变得更加真实，读者可以自己试着完成它。

实例 41

老电影

图 3-349　"老电影"动画效果

操作提示：
　　本实例中老电影的动画效果是通过对动画进行颜色的遮盖，使其从颜色上进行造旧，然后再添加一些杂线杂点的逐帧动画构成。

　　怀旧的电影总是能给人留下美好的回忆，本实例将制作一个模拟老电影播放的动画，最终动画效果如图 3-349 所示。

制作老电影的动画

01 启动 Flash CC，打开本书配套光盘"第三章 / 素材"目录下的"老电影 .fla"Flash 文件，在打开的文件中可以看到舞台中有一个海滨风景的视频素材，如图 3-350 所示。

02 将当前图层命名为"电影"，然后在电影图层上方创建名为"胶片"的新图层，并在此图层中绘制出黑色底色白色镂空的类似电影胶片的图形，绘制的图形高度与舞台高度相同，宽度比舞台区域大些，整个图形可以覆盖住舞台区域，如图 3-351 所示。

03 将"胶片"图层拖曳到"电影"图层的下方，然后在"电影"图层上方创建名为"旧色"的新图层，并在此图层中绘制一个与视频显

图 3-350　打开的"老电影 .fla"文件

示区域大小相同的任意颜色的矩形，并将绘制的矩形转换为名为"旧色盖"的影片剪辑，
如图 3-352 所示。

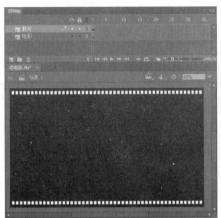

图 3-351　绘制的胶片图形

04 选择"旧色盖"影片剪辑实例，在【属性】面板中设置【色彩效果】中【样式】选项为"高
级"，然后设置【高级】中【R】参数值为"160"、【G】参数值为"108"、【B】参数值为"0"、
【Alpha】参数值为"40%"，如图 3-353 所示。

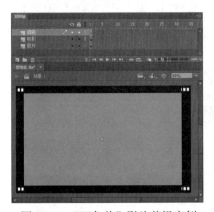

图 3-352　"旧色盖"影片剪辑实例　　　　　图 3-353　"旧色盖"影片剪辑实例的色彩效果

05 在"旧色"图层上方创建名为"杂点"的新
图层，在此图层的视频范围内绘制一些黑色
的小点点，然后将这些黑色的小点点全部选
择，将其转换为名为"杂点动画"的影片剪辑，
双击此元件切换至此元件编辑窗口中，如图
3-354 所示。

06 在"杂点动画"影片剪辑元件编辑窗口"图层1"
图层第 2 帧上单击鼠标右键，在弹出菜单中
选择【插入空白关键帧】命令，在该帧处插
入空白关键帧，然后在舞台中继续绘制一些
黑点图形，如图 3-355 所示。

图 3-354　绘制的黑点图形

07 在"图层1"图层第3帧插入空白关键帧,然后在舞台中继续绘制一些黑点与黑色线段图形,如图 3-356 所示。

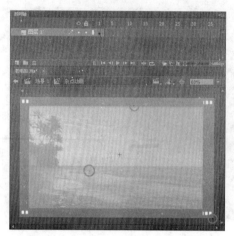

图 3-355　第 2 帧绘制的黑点图形

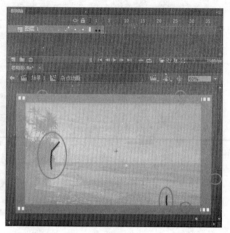

图 3-356　第 3 帧绘制的黑点与黑线图形

08 按照相同的方法,依次插入空白关键帧,一直插入到第 20 帧,每个空白关键帧中都随意的绘制一些黑点或者黑线图形,如图 3-357 所示。

09 单击 场景 1 按钮,将当前编辑窗口切换到场景的编辑窗口中,然后在"杂点"图层上方创建名为"电影遮罩"的新图层,在此图层中绘制一个与视频显示区域大小相同的矩形,如图 3-358 所示。

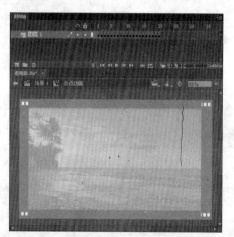

图 3-357　"图层 1"图层中各个关键帧

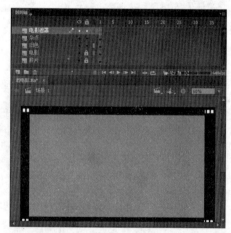

图 3-358　"电影遮罩"图层中绘制的矩形

10 在"电影遮罩"图层名称处单击鼠标右键,在弹出菜单中选择【遮罩层】命令,将"电影遮罩"图层转换为遮罩层,其下方的"杂点"图层转换为被遮罩层,如图 3-359 所示。

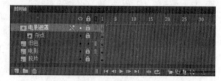

图 3-359　转换的遮罩层与被遮罩层

11 将"旧色"与"电影"图层拖曳到"杂点"图层的下方,松开鼠标则"旧色"与"电影"图层也将变成"电影遮罩"图层的被遮罩层,如图 3-360 所示。

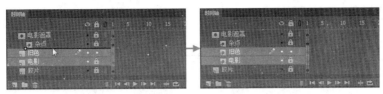

图 3-360 "旧色"与"电影"图层转换为被遮罩层

12 选择所有图层的第 654 帧，单击鼠标右键，在弹出菜单中选择【插入帧】命令，在所有图层第 654 帧插入普通帧，这样动画播放时间也为 654 帧时间，如图 3-361 所示。

图 3-361 所有图层第 654 帧插入帧

提示：

为所有图层设置 654 帧的时间，是因为"电影"影片剪辑中视频的播放时间为 654 帧，这样可以保证视频在动画中完整的播放一次。

13 按 Ctrl+Enter 键测试影片，在弹出的影片测试窗口中可以观察到一位电影播放时候有些杂点一闪一闪的动画效果，同时画面有一种古老的暗黄的旧色。关闭影片测试窗口，单击【文件】/【保存】菜单命令，将文件保存。

至此"老电影"的动画全部制作完成。本例在制作上没有复杂的地方，主要在于创意，需要我们平时对事物多加观察，留意事物的运动规律。

实例 42

倒计时

操作提示：

本实例中倒计时的动画效果通过两个逐帧动画完成，一个是类似时针转圈的动画，在一个是数字逐个递减的动画效果。在制作的时候需要注意两种动画的时间间隔，当时针旋转一圈后数字才能递减一个。

图 3-362 "倒计时"动画效果

动画发布到网络，由于网速的原因，动画不能很快的加载进来，为了避免用户的等待，可以加个倒计时的动画效果。本实例将制作一个倒计时的动画，其最终效果如图 3-362 所示。

制作倒计时动画

01 启动 Flash CC，新建一个 ActionScript 3.0 的空白文档。设置文档舞台的【宽度】和【高度】参数都为"300 像素"、【背景颜色】为默认的白色，并将创建的文档保存为"倒计时 .fla"动画文件。

02 在【时间轴】面板中将"图层 1"图层命名为"背景矩形"，然后在舞台中绘制一个颜色为灰色渐变的圆角矩形，圆角矩形的宽度与高度参数值都为"300 像素"，并且绘制的圆角矩形刚好覆盖住舞台区域，如图 3-363 所示。

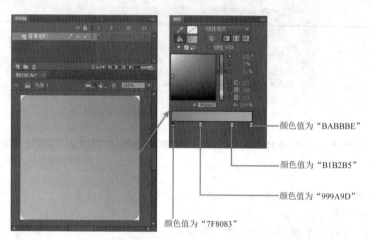

颜色值为"BABBBE"

颜色值为"B1B2B5"

颜色值为"999A9D"

颜色值为"7F8083"

图 3-363　灰色线性渐变的圆角矩形

03 在"背景矩形"图层上方创建名为"十字线"的新图层，在此图层中绘制一个十字交叉的黑色线段，将其放置在舞台中心位置，如图 3-364 所示。

04 在"十字线"图层上方创建名为"圆线"的新图层，在此图层中绘制两个白色的圆形线段，如图 3-365 所示。

图 3-364　绘制的黑色十字线段

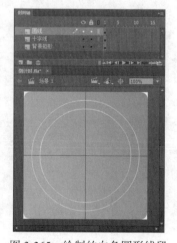

图 3-365　绘制的白色圆形线段

05 在"背景矩形"图层上方创建名为"转圈动画"的新图层，在此图层中绘制一个可以覆盖住舞台区域的灰色径向渐变圆形，圆形中心点位于舞台正中心位置，如图 3-366 所示。

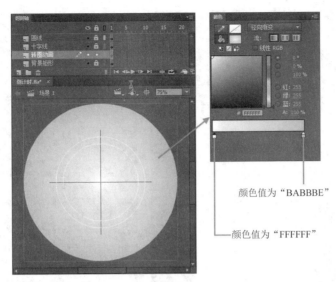

颜色值为"BABBBE"

颜色值为"FFFFFF"

图 3-366 绘制的灰色径向渐变的圆形

06 选择绘制的灰色径向渐变圆形，将其转换为名为"转圈"的影片剪辑，双击此剪辑切换至元件编辑窗口中。

07 在"转圈"影片剪辑元件编辑窗口"图层1"图层上方创建新图层，默认名称为"图层2"，在此图层中使用【基本椭圆工具】绘制一个与灰色渐变圆形同样大小的圆形，并且中心点与灰色渐变圆形中心点重合，然后在【属性】面板中设置【开始角度】为"270"，【结束角度】为"285"，这样绘制的圆形变为尖角的扇形，如图3-367所示。

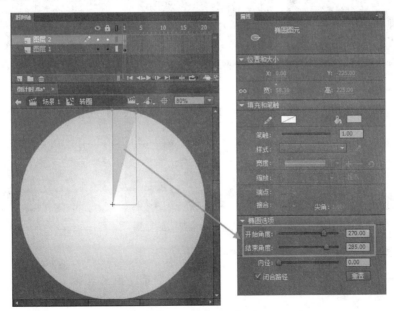

图 3-367 绘制的扇形

08 在"图层1"与"图层2"图层第24帧插入帧，然后在"图层2"图层第2帧插入关键帧，选择扇形图形，然后在【属性】面板中设置【开始角度】为"270"，【结束角度】为"300"，这样绘制的扇形顺着顺时针方向扩大15度的角度，如图3-368所示。

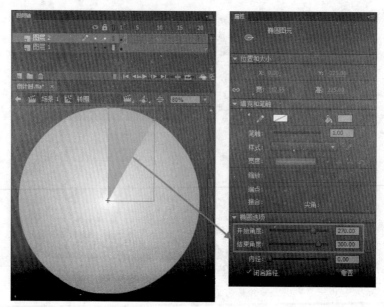

图 3-368　第 2 帧处的扇形图形

09 按照相同的方法，依次在"图层 2"图层第 3 帧 ~ 第 24 帧插入关键帧，每个关键帧中扇形的【结束角度】依次顺着顺时针方向增加 15 度，直到第 24 帧整个扇形变为圆形，如图 3-369 所示。

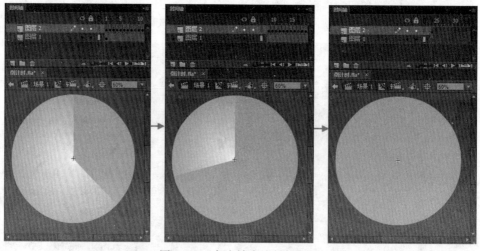

图 3-369　各个帧中绘制的扇形

提示：

当角度超出 360 度以后，角度从零开始计算，如第 7 帧角度为 375 度，实际输入值为"15 度"。

10 在"图层 2"图层名称处单击鼠标右键，在弹出菜单中选择【遮罩层】命令，将"图层 2"图层转换为遮罩层，"图层 1"图层转换为被遮罩层。

11 单击 场景 1 按钮，将当前编辑窗口切换到场景的编辑窗口中，选择"背景矩形"图层中的圆角矩形，按 Ctrl+C 键将其复制，然后在"转圈动画"图层之上创建名称为"转圈遮罩"的新图层，按 Ctrl+Shift+V 键将复制的圆角矩形粘贴到"转圈遮罩"图层中，并保持原来的位置，如图 3-370 所示。

12 在"转圈遮罩"图层名称处单击鼠标右键，在弹出菜单中选择【遮罩层】命令，将"转圈遮罩"图层转换为遮罩层，其下方的"转圈动画"图层转换为被遮罩层，如图 3-371 所示。

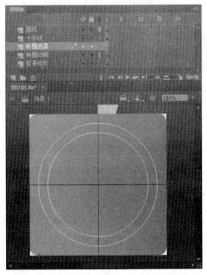

图 3-370　"转圈遮罩"图层中粘贴的圆角矩形

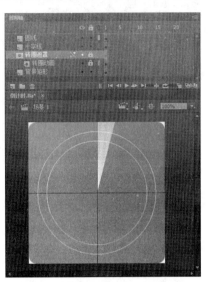

图 3-371　转换的遮罩层与被遮罩层

13 在"转圈遮罩"图层上方创建名为"数字"的新图层，在此图层舞台中心位置处输入大一些的深灰色（颜色值为"#333333"）的数字"10"，如图 3-372 所示。

14 选择所有图层第 240 帧，单击鼠标右键，在弹出菜单中选择【插入帧】命令，为所有图层第 240 帧插入普通帧，如图 3-373 所示。

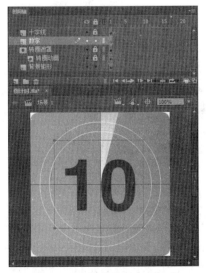

图 3-372　输入的数字"10"

图 3-373　240 帧插入的普通帧

15 在"数字"图层第 24 帧插入关键帧,将此帧处的数字"10"更改为"9",如图 3-374 所示。

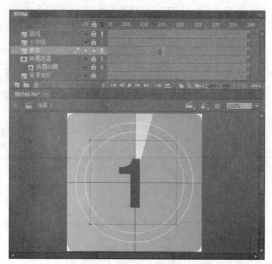

图 3-374　第 24 帧处的数字　　　　　　　　　图 3-375　第 216 帧处的数字

16 按照相同的方法,在"数字"图层每隔 24 帧插入一个关键帧,并设置各个关键帧中的数字依次减 1,直到第 216 帧将数字更改为"1",如图 3-375 所示。

17 按 Ctrl+Enter 键测试影片,在弹出的影片测试窗口中可以观察到圆形转一圈数字相应减少的动画效果。关闭影片测试窗口,单击菜单栏中的【文件】/【保存】命令,将文件保存。

　　至此"倒计时"的动画全部制作完成。将动画保存好,在以后制作片头动画时可以直接调用。

实例 43

小鸟

操作提示:
　　本实例中制作卡通小鸟鸣叫的动画效果,包括嘴部、眼睛、翅膀以及尾巴的动画,这些部件都单独的做成了影片剪辑,然后将这些独立的影片剪辑动画合成到一起,最终构成了小鸟鸣叫的动画。

图 3-376　"小鸟"动画效果

　　在第二章中讲解过卡通形象的绘制方法,绘制卡通形象时需要将各个部位单独绘制出来,然后将这些绘制出的图形按照一定叠加次序组合起来,构成完整的卡通形象,这样绘制的好处是为了日后制作动画时方便。在本实例中将制作一个小鸟的卡通动画,动画的最终效果如图 3-376 所示。

绘制舞台背景

01 启动 Flash CC，新建一个 ActionScript 3.0 的空白文档，设置舞台大小的【宽】为"600 像素"、【高】为"550 像素"、【背景颜色】为默认的白色，并将创建的文档名称保存为"小鸟 .fla"动画文件。

02 将当前图层的名称命名为"背景"，然后在舞台中绘制一个与舞台区域同样大小的灰色（颜色值为 #DDDEC4）矩形，如图 3-377 所示。

03 在"背景"图层上方创建名为"圆环"的新图层，在新图层中绘制出与舞台同等宽的白色圆形与圆环图形，然后将绘制的图形转换为名为"圆环"的影片剪辑元件，并设置舞台中"圆环"影片剪辑实例的【Alpha】参数值为"30%"，如图 3-378 所示。

04 在"圆环"图层上方创建名为"棕色舞台"的新图层，在舞台底部绘制出一个棕色（颜色值为"#422714"）的矩形，如图 3-379 所示。

图 3-377　绘制的灰色矩形

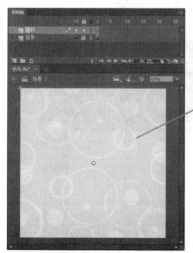

图 3-378　舞台中"圆环"影片剪辑实例

图 3-379　绘制的棕色矩形

至此舞台中的布景绘制完成，接下来制作小鸟的动画，做好后就可以让小鸟登台演出了，下面继续讲解。

制作小鸟动画

01 在"圆环"图层上方创建名为"小鸟"的新图层，在此图层中导入本书配套光盘"第三章 / 素材"目录下的"小鸟 .ai"图像文件，将导入的图像缩放合适的大小放置到棕色矩形的右上方，如图 3-380 所示。

02 选择导入的小鸟图形，将其转换为名为"小鸟"的影片剪辑元件，双击此元件切换至"小鸟"影片剪辑元件窗口中。

03 将"小鸟"影片剪辑元件编辑窗口中"图层1"图层名称命名为"身体"，然后在此图层之上创建名为"尾巴"、"翅膀"、"嘴巴"、"眼睛"的新图层，并将小鸟图形中"尾巴"、"翅膀"、"嘴巴"、"眼睛"图形分别剪切，再粘贴到相对应的图层中并保持原来的位置，如图 3-381 所示。

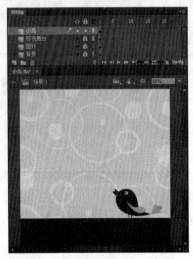
图 3-380　导入的"小鸟 .ai"图像文件

图 3-381　小鸟身体各个部位所在的图层

04 选择"尾巴"图层中的图形，执行【修改】/【转换为元件】菜单命令，将选择的图形转换为名称为"尾巴"的影片剪辑元件。

05 再执行一次【修改】/【转换为元件】菜单命令，将刚刚转换的"尾巴"影片剪辑转换为名为"尾巴摇动"的影片剪辑元件，双击此元件切换至"尾巴摇动"影片剪辑元件编辑窗口，使用【任意变形工具】将"尾巴"影片剪辑实例的中心点移动到尾巴与身体结合的位置处，如图 3-382 所示。

06 在"尾巴摇动"影片剪辑元件编辑窗口"图层1"图层第 10 帧与第 20 帧插入关键帧，将第 10 帧处"尾巴"影片剪辑实例略微向下旋转一定角度，然后在第 1 帧与第 10 帧，

图 3-382　"尾巴"影片剪辑实例的中心点

第 10 帧与第 20 帧之间创建出传统补间动画，从而制作出尾巴上下摇动的动画，如图 3-383 所示。

07 单击　场景 1　按钮右侧的　小鸟　按钮，切换至"小鸟"影片剪辑元件编辑窗口，然后选择"翅膀"图层中图形，执行【修改】/【转换为元件】菜单命令将选择的图形转换为名为"翅膀"的影片剪辑元件。

08 再执行一次菜单栏中的【修改】/【转换为元件】命令，将刚刚转换的"翅膀"影片剪辑转换为名为"翅膀扇动"的影片剪辑元件，双击此元件切换至"翅膀扇动"影片剪辑元件编辑窗口中。

09 按照制作"尾巴摇动"影片剪辑元件动画的方法，在"翅膀扇动"的影片剪辑元件编辑窗口中制作出翅膀上下摆动的传统补间动画，如图 3-384 所示。

10 单击  场景1 按钮右侧的 小鸟 按钮，切换至"小鸟"影片剪辑元件编辑窗口，然后选择"嘴巴"图层中图形，执行菜单栏中【修改】/【转换为元件】命令将选择的图形转换为名为"嘴巴"的影片剪辑元件。

图 3-383　"尾巴摇动"影片剪辑元件中制作的动画

11 双击"嘴巴"图层中的"嘴巴"影片剪辑实例，切换至"嘴巴"影片剪辑元件编辑窗口中，在此元件编辑窗口"图层 1"图层第 4 帧、第 7 帧、第 10 帧、第 13 帧插入关键帧，如图 3-385 所示。

图 3-384　"翅膀扇动"影片剪辑元件中制作的动画　　　　图 3-385　"嘴巴"影片剪辑元件编辑窗口

12 使用【选择工具】调整第 4 帧、第 7 帧、第 10 帧处嘴巴图形的形状，如图 3-386 所示。

图 3-386　各个关键帧处的嘴巴图形

13 分别在第 1 帧与第 4 帧，第 4 帧与第 7 帧，第 7 帧与第 10 帧，第 10 帧与第 13 帧之间单击鼠标右键，在弹出菜单中选择【创建补间形状】命令，创建出补间形状动画，如图 3-387 所示。

14 单击 场景1 按钮右侧的 小鸟 按钮，切换至"小鸟"影片剪辑元件编辑窗口，然后选择"眼睛"图层中的图形，执行【修改】/【转换为元件】菜单命令将选择的图形转换为名称为"眼睛"的影片剪辑元件。

15 在"眼睛"影片剪辑元件编辑窗口中，将黑色的"眼球"图形选择将其粘贴到新图层中并保持原来的位置，并将其转换为名称为"眼球"的影片剪辑，如图 3-388 所示。

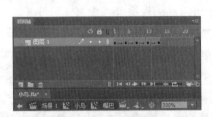

图 3-387 创建的补间形状动画

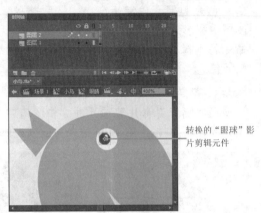

转换的"眼球"影片剪辑元件

图 3-388 转换的"眼球"影片剪辑元件

16 使用【任意变形工具】 将"眼球"影片剪辑实例的中心点向右侧偏移一小段距离，如图 3-389 所示。

中心点偏移的位置

图 3-389 "眼球"影片剪辑实例中心点偏移的位置

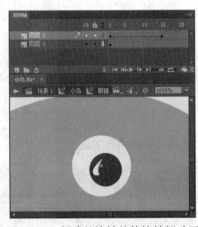

图 3-390 创建的旋转的传统补间动画

17 在"图层 1"与"图层 2"图层第 50 帧插入帧，在"图层 2"图层第 15 帧插入关键帧，然后在"图层 2"图层第 1 帧第 15 帧之间创建传统补间动画。

18 选择"图层 2"图层第 1 帧与第 15 帧之间任意一帧，在【属性】面板中设置【补间】选项中【旋转】选项的参数是"顺时针"，创建出眼球在眼眶中旋转的动画，如图 3-390 所示。

19 单击 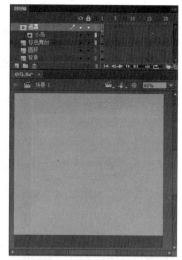 场景 1 按钮，将当前编辑窗口切换到场景的编辑窗口中，然后在"小鸟"图层上方创建名为"遮罩"的新图层，在此图层中绘制一个与舞台大小相同的矩形，然后在"遮罩"图层名称上方单击鼠标右键，在弹出菜单中选择"遮罩层"命令，创建出遮罩动画，如图 3-391 所示。

20 将"棕色舞台"、"圆环"、"背景"图层向"小鸟"图层拖曳，将这些图层也转换为"遮罩"图层的被遮罩层，如图 3-392 所示。

21 按 Ctrl+Enter 键测试影片，在弹出的影片测试窗口中可以观察到小鸟在舞台中摇动翅膀和尾巴、嘴巴一张一合的动画效果。关闭影片测试窗口，单击【文件】/【保存】菜单命令，将文件保存。

图 3-391 创建的遮罩动画

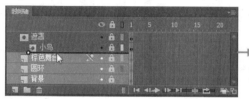 

图 3-392 转换的被遮罩层

　　至此"小鸟"的动画全部制作完成。将动画保存好，在接下来的实例中为小鸟添加唱歌的动画效果。

实例 44

小鸟唱歌

图 3-393 "小鸟唱歌"动画效果

操作提示：
　　本实例主要学习多个对象沿着同一条运动引导线运动的方法，同时还可以学习在【时间轴】面板中调整帧的技巧。

　　接着上一个实例继续制作，在这个实例中为小鸟创建出唱歌的动画效果，其最终效果如图 3-393 所示。

制作小鸟唱歌动画

01 启动 Flash CC，打开前面制作的"小鸟 .fla"动画文件，将打开的文件另存为"小鸟唱歌 .fla"的动画文件。

02 在"遮罩"图层上方创建一个新图层，然后导入本书配套光盘"第三章 / 素材"目录下的"音乐符号 .ai"图像文件，如图 3-394 所示。

03 将导入的 4 个音乐符号图形分别转换为名为"音乐符号 1"、"音乐符号 2"、"音乐符号 3"、"音乐符号 4"的影片剪辑元件，在各个影片剪辑元件中改变音乐符号的颜色与大小，如图 3-395 所示。

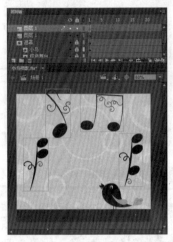

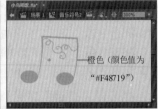

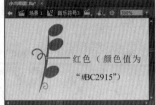

图 3-394　导入的"音乐符号 .ai"图像文件　　　　图 3-395　转换的各个音乐符号

04 将"遮罩"图层上方的图层全部删除，这样导入到舞台中的"音乐符号 .ai"图像文件全部被删除，然后在"遮罩"图层上方创建一个名为"运动路径"的新图层，在此图层中绘制一条从小鸟嘴巴开始到舞台上方的曲线，如图 3-396 所示。

05 在"遮罩"图层上方创建新图层，将【库】面板中"音乐符号 1"、"音乐符号 2"、"音乐符号 3"、"音乐符号 4"影片剪辑元件拖曳到舞台中，并将它们复制出多个，将这些影片剪辑实例放置在小鸟嘴巴图形的左上方，使它们的中心点贴紧到运动曲线上，如图 3-397 所示。

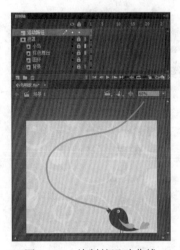

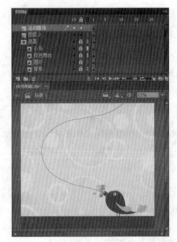

图 3-396　绘制的运动曲线　　　　　　图 3-397　多个影片剪辑实例的位置

06 在"运动路径"图层名称处单击鼠标右键，在弹出菜单中选择【引导层】命令，将"运动路径"图层转换为引导层，然后将各个音乐符号所在图层向"运动路径"图层拖曳，将此图层转换为"运动路径"图层的被引导层，如图 3-398 所示。

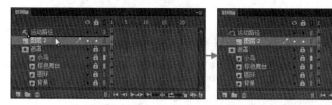

图 3-398　转换的引导层与被引导层

07 将舞台中所有的音乐符号影片剪辑实例选择，单击【修改】/【时间轴】/【分散到图层】菜单命令，将各个影片剪辑实例分散到各个图层中，各图层的名称与影片剪辑实例的名称相同，如图 3-399 所示。

08 将音乐符号原来所在的图层删除，并将"运动路径"图层锁定，然后在所有图层第 330 帧插入帧，并在各个分散的图层第 120 帧插入关键帧，如图 3-400 所示。

09 将各分散的图层第 120 帧处的影片剪辑实例全部选择，将它们放置在运动曲线右上方的端点处，如图 3-401 所示。

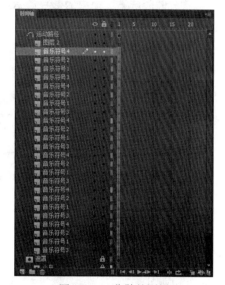

图 3-399　分散的图层

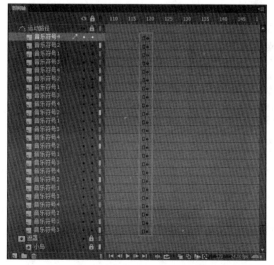

图 3-400　所有分散的图层第 120 帧插入关键帧

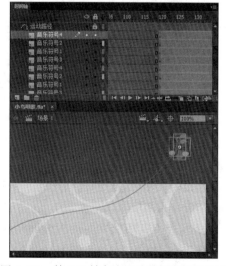

图 3-401　第 120 帧各个影片剪辑实例的位置

10 在各分散的图层第 1 帧与第 120 帧之间创建传统补间动画，并在这些图层第 10 帧与第 102 帧插入关键帧，如图 3-402 所示。

图 3-402　创建的传统补间动画与插入的关键帧

11 选择各分散图层第 1 帧中的影片剪辑实例,在【属性】面板中设置【Alpha】参数值为"0%",如图 3-403 所示。

12 选择各分散图层第 120 帧中的影片剪辑实例, 将这些影片剪辑实例全部等比例缩小 50%,并在【属性】面板中设置【Alpha】参数值为"0%", 如图 3-404 所示。

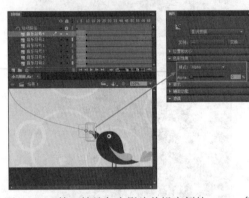

图 3-403　第 1 帧处各个影片剪辑实例的 Alpha 参数　　　　图 3-404　各个图层中的帧

13 将各分散的图层中的关键帧依次后拖曳 10 帧,使其中的动画依次播放,如图 3-405 所示。

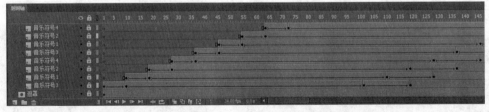

图 3-405　各个分散图层中的关键帧

14 按 Ctrl+Enter 键测试影片,在弹出的影片测试窗口中可以观察到小鸟唱歌的时候音乐符号从小鸟嘴中吐出的动画效果。关闭影片测试窗口,单击菜单栏中的【文件】/【保存】命令,将文件保存。

　　至此"小鸟唱歌"的动画全部制作完成。将动画保存好,在后面的章节中将应用这个动画。

第 4 章

文字篇
——常用文字特效

　　欢迎来到第 4 章神奇的文字世界，在本章将为读者展示文字动画的魅力——如何通过 Flash 创作出耳目一新的文字动画效果。

　　图形与文字是动画中不可缺少的两大元素，只有将两者有效地结合在一起才能使动画更加生动，富有表现力。由于文字具有分散性，一段文字可由多个独立的文字构成，在制作文字动画时，这一段文字可以是一个有机的整体也可以是独立的元素，所以文字动画要比图形动画略微复杂一些，将这些文字有机的组合在一起才能创造出令人炫目的动画效果。

　　本章中案例涵盖了 Flash 的很多应用范围，包括海报、网络广告、贺卡、网站应用等，这些案例都是实际工作中经常会使用到的，通过本章的学习，读者可将这些动画制作技巧很好地融合进工作中去。

实例 45

毛笔字

操作提示:

　　本实例的动画使用了逆向思维的方法，先按照文字书写的倒序将文字一点一点地删除掉，然后将这些步骤翻转过来就可以实现文字书写的动画效果。

图 4-1　毛笔字

在古香古色的花卷之上书写苍劲有力的文字，这是一副多美的画面。这一切都可以通过 Flash 实现，只需在 Flash 中制作出文字一笔一画书写的动画效果即可。

01 启动 Flash CC，创建出一个 ActionScript 3.0 新的文档。设置文档舞台的【宽度】参数为 "600 像素"、【高度】参数为 "450 像素"、【背景颜色】为默认的白色，并将创建的文档名称保存为 "毛笔字 .fla"。

02 将当前图层名称修改为 "荷叶"，然后将本书配套光盘 "第四章 / 素材" 目录下 "荷叶 .jpg" 图像文件导入到舞台中，并设置导入的图像与舞台重合，如图 4-2 所示。

03 在 "荷叶" 图层之上创建一个新图层，然后在舞台中输入黑色的 "意境" 文字，将这两个文字垂直排列，设置文字尽量大些。

04 将 "荷叶" 图层锁定，选择舞台中输入的文字，按 Ctrl+B 键将文字打散为单独的文字，然后再次按 Ctrl+B 键，将文字打散为图形的形式，如图 4-3 所示。

05 将文字所在的图层名称修改为 "意"，然后在 "意" 图层之上创建新图层，设置新图层名称为 "境"。

图 4-2　导入的 "荷叶 .jpg" 背景图像

06 选择打散的 "境" 文字，按 Ctrl+X 键将 "境" 文字剪切，再选择 "境" 图层，按 Ctrl+Shift+V 键将剪切的文字粘贴到 "境" 图层中，并保持原来的位置，如图 4-4 所示。

图 4-3　打散的文字

图 4-4　"境" 文字所在图层

07 将"境"图层锁定并隐藏，这样舞台中只显示"意"文字，而且"境"图层中对象不显示也不能被编辑，然后在所有的图层第 350 帧插入帧，设置动画播放时间为 350 帧，如图 4-5 所示。

08 在"意"图层第 3 帧插入关键帧，将第 3 帧处"意"文字最后笔画用【套索工具】选择一小部分，然后按 Delete 键将其删除，如图 4-6 所示。

09 在"意"图层第 5 帧插入关键帧，将第 5 帧处"意"文字最后的笔画用【套索工具】再选择一小部分，然后按 Delete 键将其删除，如图 4-7 所示。

图 4-5　所有图层第 350 帧插入帧

图 4-6　第 3 帧删除文字最后笔画的一小部分

图 4-7　第 5 帧删除文字的一小部分

10 按照上述的方法，每隔两帧依次插入关键帧，并将每个关键帧处文字末尾删除一小部分，直至将文字都全部删除，如图 4-8 所示。

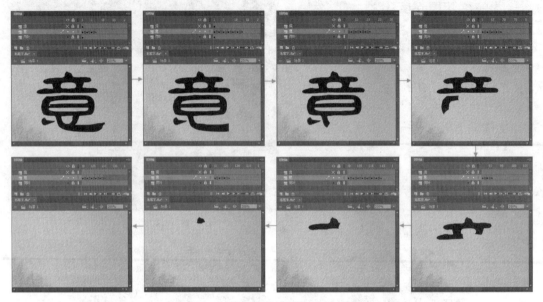

图 4-8　各个关键帧处删除的文字部分

11 选择"意"图层第 1 帧，再按住 Shift 键选择"意"图层的最后一个关键帧，将"意"图层第 1 帧到"意"图层最后一个关键帧全部选择，然后在选择的帧上单击鼠标右键，在弹出菜单中选择"翻转帧"命令，将选择的帧前后顺序调转，如图 4-9 所示。

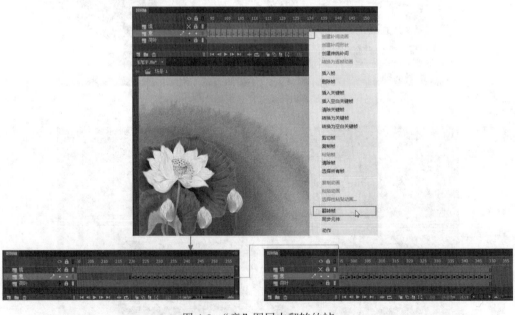

图 4-9　"意"图层中翻转的帧

　　执行翻转帧命令后，时间轴中的帧会倒转，但是倒转的帧中第一个关键帧与第二个关键帧中间隔了很多的帧，需要将后面的帧拖曳过来。

12 选择"意"图层中第二个关键帧，然后按住 Shift 键选择最后一个关键帧，将第二个关键帧与最后一个关键帧之间的所有帧都选择，然后将选择的帧向前拖曳，将第二个关键帧拖曳到第 3 帧的位置，如图 4-10 所示。

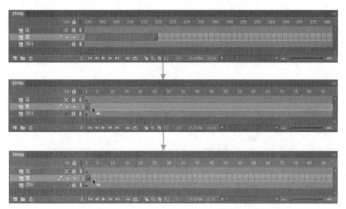

图 4-10　改变选择关键帧位置

13 将"意"图层锁定，再将"境"图层显示并解除锁定，然后按照刚刚讲述的方法将"境"文字按照笔画的倒序依次删除一小部分，并将创建的关键帧翻转，再将所有翻转的关键帧拖曳到"意"图层最后一个关键帧的后面，这样播放完"意"图层中内容再播放"境"图层中内容，如图 4-11 所示。

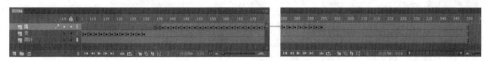

图 4-11　"境"图层中的帧

14 按 Ctrl+Enter 键测试影片，在弹出的影片测试窗口中可以观察到"意境"文字按照笔画顺序书写出来的效果。关闭影片测试窗口，单击菜单栏中的【文件】/【保存】命令，将文件保存。

　　到此书写毛笔字的动画就制作完成，文字书写动画其实很简单，就是让文字笔画逐帧显示出来而已，制作这类动画要掌握好翻转帧与帧操作的技巧。

实例 46

促销海报

图 4-12　促销海报

操作提示：

　　走光文字动画主要利用遮罩图层来实现，遮罩层为打散为图形的文字，下方为绘制的渐变发光图形，让下方的发光图形快速的通过文字遮罩区域就会形成看到的文字走光动画效果。

网络中有很多用 Flash 制作的广告动画，在这些广告中经常可以看到文字上有道亮光走过的动画效果，让人的视觉很容易停留到这段文字上，起到突出主题的作用。在本实例中就制作一个促销海报的动画，这里的文字就应用了走光文字的效果，实例的最终效果如图 4-12 所示。

制作走光文字动画

01 启动 Flash CC，创建出一个 ActionScript 3.0 新的文档。设置文档舞台的【宽度】参数为"600像素"、【高度】参数为"415 像素"、【背景颜色】为默认的白色，并将创建的文档名称保存为"促销海报 .fla"。

02 单击【文件】/【导入】/【导入到舞台】菜单命令，在弹出的【导入】对话框中选择本书配套光盘"第四章 / 素材"目录下"促销背景 .jpg"图像文件，将其导入到舞台中，并设置导入的图像刚好覆盖住舞台，然后将导入图像所在图层名称改为"背景"，如图 4-13 所示。

03 在"背景"图层上方创建名为"文字"的新图层，在"文字"图层中输入白色的"暑期钜惠，放假有礼"几个文字，并为其设置合适的字体与大小，如图 4-14 所示。

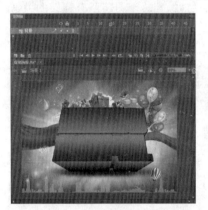

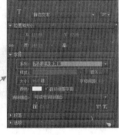

图 4-13　导入的背景图像　　　　　　　图 4-14　舞台中输入的白色文字

04 选择输入的白色文字，按 Ctrl+B 键执行"分离"命令，将选择的白色文字打散为单独的文字，再次按 Ctrl+B 键，又执行一次"分离"命令，将选择的文字打散为图形，然后使用【任意变形工具】▦工具选项中的【扭曲】▦工具对打散为图形的白色文字进行变形，最后将其放在背景图像的红色立体块中，如图 4-15 所示。

05 选择变形的文字，将其转换为名为"文字"的影片剪辑，然后选择舞台中的"文字"影片剪辑实例，在【属性】面板中为其设置"投影"的滤镜效果，如图 4-16 所示。

06 创建一个名称为"黄色渐变"的图形元件，在"黄色渐变"图形元件编辑窗口中绘制一个矩形，通过【颜色】面板为其填充淡黄色到黄色再到古铜色的线性渐变，再通过【渐变变形工具】▦调整渐变的方式，如图 4-17 所示。

07 使用【任意变形工具】▦将金色渐变矩形水平向右倾斜，如图 4-18 所示。

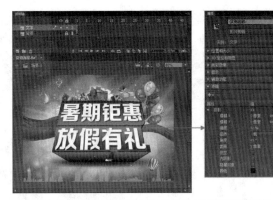

图 4-15　变形的白色文字　　　　　　　　图 4-16　为"文字"影片剪辑设置投影滤镜效果

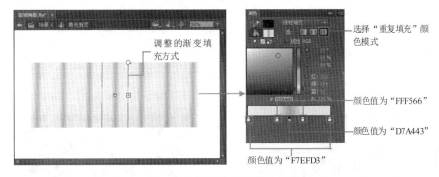

图 4-17　填充金色渐变的矩形

08 单击 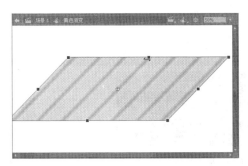 按钮切换至场景编辑窗口中,在场景编辑窗口中选择"文字"图层中的"文字"
影片剪辑实例,按 Ctrl+C 键将选择的"文字"影片剪辑实例复制。然后在"文字"图层
之上创建名为"金色光"的图层,按 Ctrl+Shift+V 键将复制的"文字"影片剪辑实例粘贴
到"金色光"图层中并保持原来的位置,如图 4-19 所示。

图 4-18　水平倾斜的金色矩形　　　　图 4-19　"金色光"图层中"文字"影片剪辑实例

09 选择"金色光"图层中"文字"影片剪辑实例,按 Ctrl+B 键将"文字"影片剪辑实例打
散为图形。然后选择所有图层的第 60 帧,为所有的图层第 60 帧插入帧,这样动画的播
放时间为 60 帧时间,如图 4-20 所示。

图 4-20　所有图层第 60 帧插入帧

10 在"文字"图层之上创建名为"发光字"的图层，然后将【库】面板中"黄色渐变"图形元件拖曳到舞台中白色文字的下方位置，如图 4-21 所示。

11 在"发光字"图层第 60 帧插入关键帧，将此帧处的"黄色渐变"图形实例向右水平拖曳一段距离，如图 4-22 所示。

图 4-21　"黄色渐变"图形元件的位置　　　图 4-22　第 60 帧处"黄色渐变"图形实例的位置

12 在"发光字"第 1 帧与第 60 帧之间创建传统补间动画，然后在"金色光"图层上方单击鼠标右键，在弹出菜单中选择"遮罩层"命令，将"金色光"图层转换为遮罩层，"发光字"图层转换为被遮罩层，如图 4-23 所示。

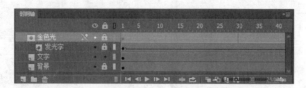

图 4-23　创建的传统补间动画与遮罩图层

13 按 Ctrl+Enter 键测试影片，在弹出的影片测试窗口中可以观察到文字中金色光线游走的动画效果。关闭影片测试窗口，单击菜单栏中的【文件】/【保存】命令，将文件进行保存。
　　到此促销海报动画制作完毕，这个实例中主要应用了图层遮罩的特效动画，在实际操作中要掌握好那个是遮罩层，那个是被遮罩层，那个图层中对象需要制作动画。

实例 47

房产广告

图 4-24　房产广告

操作提示:

本实例中文字放大也是利用了遮罩的原理,在小文字上方覆盖一层大些的文字,对大些的文字设置遮罩,并在遮罩层中制作动画,即可制作出文字放大的动画效果。

文字放大也是网络广告中常见的动画效果,它与图像的放大镜动画效果有些类似,但也有不同之处,本章中将通过一个房产广告的动画讲解文字放大动画的制作过程,其最终效果如图 4-24 所示。

制作文字放大的动画效果

01 启动 Flash CC,创建出一个 ActionScript 3.0 新的文档。设置文档舞台的【宽度】参数为"500 像素"、【高度】参数为"220 像素"、【背景颜色】为默认的白色,并将创建的文档名称保存为"房产广告 .fla"。

02 将本书配套光盘"第四章 / 素材"目录下"房产广告图 .jpg"图像文件导入到舞台中,并设置导入的图像刚好覆盖住舞台,然后将导入图像所在图层名称改为"背景",如图 4-25 所示。

图 4-25　导入的"房产广告图 .jpg"图像

03 在"背景"图层上方创建名为"原始文字"的新图层,在"原始文字"图层中输入棕色(颜色值为"#885401")的"首付 10 万拎包入住新房"文字,然后在"原始文字"图层上方创建名为"文字"的新图层,在"文字"图层中输入棕色(颜色值为"#885401")的"团购最高优惠 10%"文字以及红色(颜色值为"#E80005")的"400-6220-970"文字,两个图层中文字大小位置如图 4-26 所示。

图 4-26 "原始文字"与"文字"图层中的文字

04 在"原始文字"图层上方创建名为"放大文字"的新图层,选择"原始文字"图层中文字,按 Ctrl+C 键将选择文字复制。然后选择"放大文字"图层第 1 帧,按 Ctrl+Shift+V 键将文字粘贴到"放大文字"图层中并保持原来的位置,再将粘贴的文字用【任意变形工具】将其放大一些,如图 4-27 所示。

05 选择放大的文字,按 Ctrl+B 键执行"分离"命令,将选择的文字打散为单独的文字,然后将每个独立的文字放置在与"原始文字"图层中对应文字中心点对齐的位置,如图 4-28 所示。

图 4-27 "放大文字"图层中放大的文字　　　图 4-28 "放大文字"图层中文字的位置

06 选择所有图层第 100 帧,单击鼠标右键,在弹出菜单中选择"插入帧"命令,在所有图层第 100 帧插入帧,如图 4-29 所示。

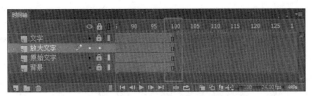

图 4-29　所有图层第 100 帧插入帧

07 在"放大文字"图层之上创建名为"文字遮罩"的新图层，在"文字遮罩"图层中绘制一个圆形，并将绘制的圆形转换为名为"圆"的影片剪辑元件，然后将"圆"影片剪辑放置在放大文字的左侧，如图 4-30 所示。

08 在"文字遮罩"图层第 100 帧插入关键帧，将此帧处"圆"影片剪辑实例拖曳到放大文字的右侧，如图 4-31 所示。

图 4-30　第 1 帧处"圆"影片剪辑实例的位置　　图 4-31　第 100 帧处"圆"影片剪辑实例的位置

09 在"文字遮罩"图层第 1 帧与第 100 帧之间任意一帧上单击鼠标右键，在弹出菜单中选择"创建传统补间"命令，在"文字遮罩"图层中创建出传统补间动画。然后在"文字遮罩"图层上单击鼠标右键，在弹出菜单中选择"遮罩层"命令，将"文字遮罩"图层转换为遮罩层，其下方的"放大文字"转换为被遮罩层，如图 4-32 所示。

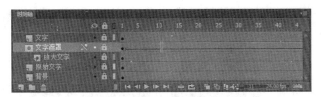

图 4-32　创建的遮罩动画

10 按 Ctrl+Enter 键测试影片，在弹出的影片测试窗口中可以看到文字放大的动画效果，如图 4-33 所示。

图 4-33　影片测试窗口

　　此时观察影片测试窗口中的放大文字的效果，其效果并不能让人满意，在文字放大的同时底部的小文字也显示了出来，我们需要放大文字同时将小文字遮挡住，这就需要在创建一个遮罩动画，这个遮罩的对象是底图，让底图遮罩小文字。

11 将"背景"图层解除锁定，选择"背景"图层中"房产广告图 .jpg"图像文件，按 Ctrl+C 键将图像文件复制，然后在"原始文字"图层上方创建名为"背景叠加"的图层，按 Ctrl+Shift+V 键将复制的图像粘贴到"背景叠加"图层中并保持原来的位置，如图 4-34 所示。

12 选择"文字遮罩"图层中第 1 帧，按住 Shift 键选择"文字遮罩"图层第 100 帧，将"文字遮罩"图层中全部帧选择，然后在选择的帧上单击鼠标右键，在弹出菜单中选择"复制帧"命令，如图 4-35 所示。

图 4-34 "背景叠加"图层中复制的图像

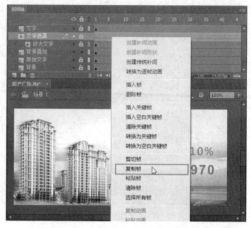

图 4-35 "文字遮"罩图层复制帧

13 在"背景叠加"图层上创建一个新的图层，在新图层第 1 帧上单击鼠标右键，在弹出菜单中选择"粘贴帧"命令，将"文字遮罩"图层中复制的帧粘贴到新建的图层中，并且新建图层的名称也变为"文字遮罩"，而且此图层也是遮罩层，如图 4-36 所示。

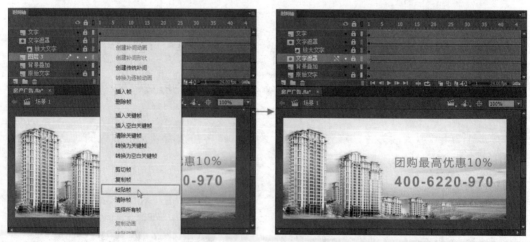

图 4-36 新建图层中粘贴的帧

14 将刚刚粘贴帧图层的名称改为"图形遮罩"，并将"图形遮罩"图层第 100 帧之后的帧全部选择，然后在选择的帧上单击鼠标右键，在弹出的菜单中选择"删除帧"命令，将"图形遮罩"图层中多余的帧删除，如图 4-37 所示。

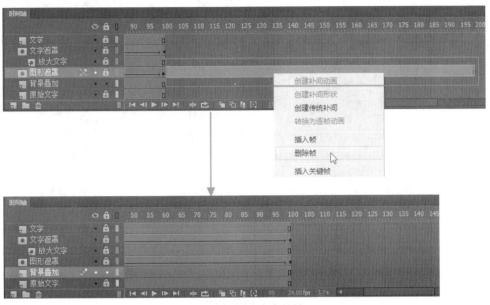

图 4-37　删除多余的帧

15 在"背景叠加"图层名称位置处单击鼠标右键，在弹出菜单中选择"属性"命令，弹出【图形属性】对话框，在此对话框【类型】选项中选择"被遮罩"，然后单击 确定 按钮将"背景叠加"图层转换为被遮罩层，如图 4-38 所示。

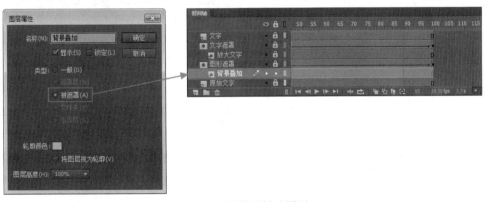

图 4-38　转换的被遮罩层

16 按 Ctrl+Enter 键测试影片，在弹出的影片测试窗口中可以观察到文字放大的动画效果。关闭影片测试窗口，单击【文件】/【保存】菜单命令，将文件保存。

　　到此房产广告动画制作完毕，这个实例中还是应用图层遮罩来制作特效动画，同时这个实例应用了很多帧操作的技巧，包括复制帧、粘贴帧、删除帧等。

实例 48

六一儿童节

图4-39　六一儿童节

操作提示：

　　本实例中应用了两种文字效果，一种是文字的色彩过渡效果，另外一种是文字沿着固定路径淡入的动画效果，这两种文字特效分别应用了遮罩动画与运动引导线动画，两种文字动画都是在影片剪辑中完成。

　　通过对文字应用色彩以及文字动态出现，更能突出宣传的效果。本实例将制作一个六一儿童节的宣传海报，其最终效果如图4-39所示。

制作彩光文字动画

01 启动 Flash CC，创建出一个 ActionScript 3.0 新的文档。设置文档舞台的【宽度】参数为"600 像素"、【高度】参数为"450 像素"、【背景颜色】为默认的白色，并将创建的文档名称保存为"六一儿童节 .fla"。

02 将本书配套光盘"第四章 / 素材"目录下"六一儿童节 .jpg"图像文件导入到舞台中，并设置导入的图像刚好覆盖住舞台，然后将导入图像所在图层名称改为"背景"，如图4-40所示。

03 在"背景"图层上方创建名为"文字1"的新图层，在"文字1"图层中输入蓝色（颜色值为"#330099"）的"61"与"儿童节"文字，如图4-41所示。

图4-40　导入的背景图像

04 选择刚刚输入的文字，将其转换为名为"文字1"的影片剪辑元件，再将"文字1"影片剪辑实例转换为名为"文字1动画"的影片剪辑元件，双击舞台中"文字1动画"影片剪辑实例，切换至"文字1动画"影片剪辑元件编辑窗口中，如图4-42所示。

05 在"文字1动画"影片剪辑元件编辑窗口中将"文字1"影片剪辑实例所在图层名称改为"文字"，然后在"文字"图层上方创建名为"彩光"的图层，在"彩光"图层中绘制一个矩形，并使用【颜料桶工具】 为绘制的矩形填充彩色的线性渐变，如图4-43所示。

图 4-41　输入的蓝色文字

图 4-42　切换至"文字 1 动画"影片剪辑元件编辑窗口

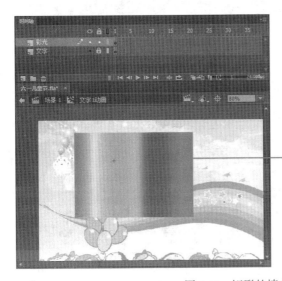

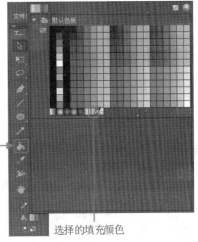

选择的填充颜色

图 4-43　矩形的填充颜色

06 复制一个相同的矩形，再将复制的矩形放置在前一个矩形的右侧，然后将两个彩色矩形选择，将其转换为名称为"彩色方块"的影片剪辑元件，如图 4-44 所示。

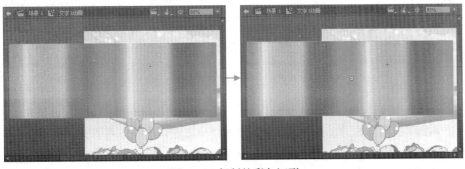

图 4-44　复制的彩色矩形

07 选择"文字"图层中的"文字1"影片剪辑实例,按 Ctrl+C 键将选择的文字复制,然后在"彩光"图层之上创建一个名为"文字遮罩"的新图层,再按 Ctrl+Shift+V 键将"文字"图层中的"文字1"影片剪辑实例粘贴到"文字遮罩"图层中,并保持原来的位置,如图 4-45 所示。

08 选择"文字遮罩"图层中的"文字1"影片剪辑实例,按 Ctrl+B 键两次,执行两次分离命令,将"文字1"影片剪辑实例打散为图形,然后在所有图层的第 90 帧插入帧,如图 4-46 所示。

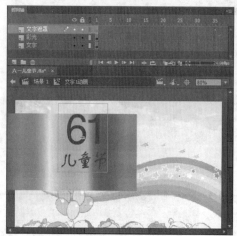
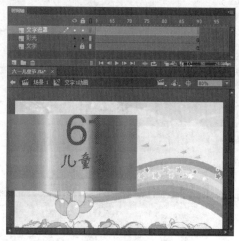

图 4-45 "文字遮罩"图层中"文字1"影片剪辑实例   图 4-46 90 帧插入的帧

09 将"彩光"图层中"彩色方块"影片剪辑实例左边与文字左边对齐,然后在"彩光"图层第 90 帧插入关键帧,将此帧处的"彩色方块"影片剪辑实例水平向左移动,移至彩色条的红色渐变位置,如图 4-47 所示。

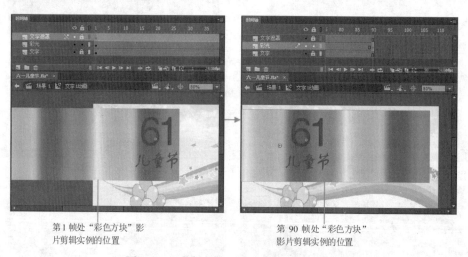

第 1 帧处"彩色方块"影片剪辑实例的位置   第 90 帧处"彩色方块"影片剪辑实例的位置

图 4-47 "彩色方块"影片剪辑实例的位置

10 在"彩光"图层第 1 帧与第 90 帧之间创建传统补间动画,然后在"文字遮罩"图层的名称位置处单击鼠标右键,在弹出菜单中选择"遮罩层"命令,将"文字遮罩"图层转换为遮罩层,"彩光"转换为被遮罩图层,如图 4 48 所示。

11 单击 ▦ 场景 按钮,切换至场景中,选择场景舞台中的"文字1动画"影片剪辑实例,在【属性】面板中为其设置并设置"投影"与"斜角"的滤镜效果,如图 4-49 所示。

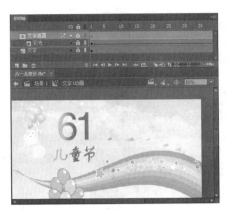

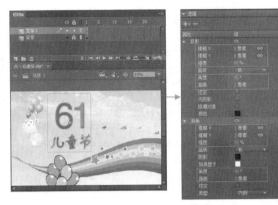

图 4-48 创建的遮罩动画　　　　　图 4-49 "文字 1 动画"影片剪辑实例的滤镜效果

制作文字沿固定路径淡入的动画

01 在"文字 1"图层之上创建名为"文字 2"的图层，在"文字 2"图层中输入红色（颜色值为"#FF0000"）的"孩子们的节日"的文字，如图 4-50 所示。

02 选择输入的红色文字，将其转换为名称为"文字 2 动画"的影片剪辑元件，双击此元件，切换至"文字 2 动画"影片剪辑元件编辑窗口中，如图 4-51 所示。

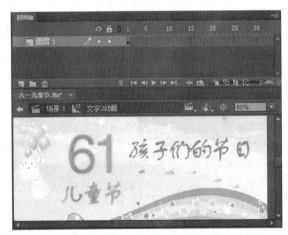

图 4-50 舞台中输入的红色文字　　　图 4-51 "文字 2 动画"影片剪辑元件编辑窗口

03 选择"文字 2 动画"影片剪辑元件编辑窗口中的"孩子们的节日"文字，按 Ctrl+B 键执行"分离"命令将选择的文字打散为单独的文字，然后将打散的文字全部选择，在【属性】面板中为其设置"斜角"和"发光"的滤镜效果，如图 4-52 所示。

04 将"文字 2 动画"影片剪辑元件编辑窗口中"孩"文字转换为名称为"孩"的影片剪辑元件；将"子"文字转换为名称为"子"的影片剪辑元件；将"们"文字转换为名称为"们"的影片剪辑元件；将"的"文字转换为名称为"的"的影片剪辑元件；将"节"文字转换为名称为"节"的影片剪辑元件；将"日"文字转换为名称为"日"的影片剪辑元件，如图 4-53 所示。

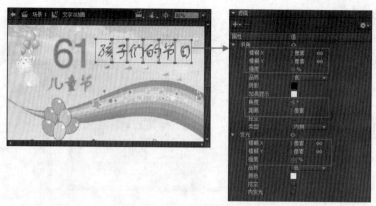

图 4-52　设置滤镜效果的文字

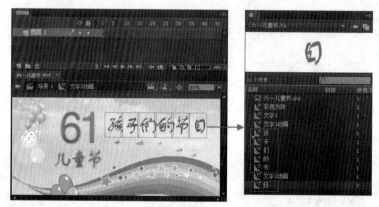

图 4-53　文字分别转换的影片剪辑元件

05 将刚刚转换为影片剪辑元件的各个文字全部选择,再单击【修改】/【时间轴】/【分散到图层】菜单命令,将各个元件置于独立的图层中,此时图层的名称将自动变为影片剪辑元件的名称,如图 4-54 所示。

06 将各文字图层之上图层的名称改为"文字路径",然后在"文字路径"图层中绘制出一条曲线,再依次将"孩"、"子"、"们"、"的"、"节"、"日"影片剪辑实例沿着绘制的曲线排列,如图 4-55 所示。

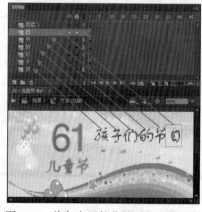

图 4-54　将各个元件分散到各个图层中

图 4-55　文字沿着绘制的曲线排列

提示:

　　"孩"、"子"、"们"、"的"、"节"、"日"影片剪辑实例沿着绘制的曲线排列时,要将这些影片剪辑实例的中心点贴紧到绘制的路径上。

07 在"文字路径"图层名称处单击鼠标右键,在弹出菜单中选择"引导层"命令,将"文字路径"图层转换为引导层,然后将 "孩"、"子"、"们"、"的"、"节"、"日" 图层拖曳到 "文字路径" 图层下方,将这些图层转换为被引导层,如图 4-56 所示。

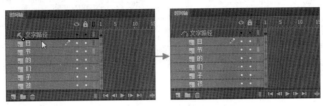

图 4-56　转换为被引导层的图层

08 在所有图层第 120 帧插入帧,这样"文字 2 动画"影片剪辑元件播放时间为 120 帧,然后在 "孩"、"子"、"们"、"的"、"节"、"日" 图层第 60 帧处插入关键帧,如图 4-57 所示。

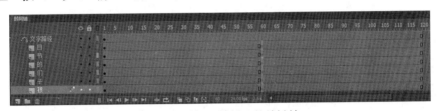

图 4-57　第 60 帧插入的关键帧

09 依次将第 1 帧处的 "孩"、"子"、"们"、"的"、"节"、"日" 影片剪辑实例拖曳到曲线路径的右侧位置,如图 4-58 所示。

10 将第 1 帧处的 "孩"、"子"、"们"、"的"、"节"、"日" 影片剪辑实例全部选择,在【变形】面板中设置【宽】 与【高】 比例值为"50%",将选择的实例等比例缩小 50%,然后在【属性】面板的【色彩效果】中设置【Alpha】参数值为 "0",这样选择的实例将透明显示,如图 4-59 所示。

 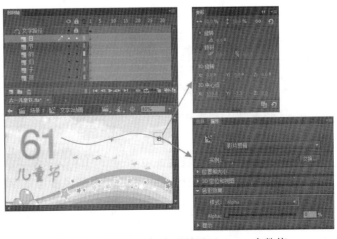

图 4-58　第 1 帧处各个文字的位置　　图 4-59　将选择实例变形并设置 Alpha 参数值

11 在"孩"、"子"、"们"、"的"、"节"、"日"第 1 帧与第 60 帧之间创建传统补间动画,然后依次将"子"图层第 1 帧拖曳到第 10 帧,"们"图层第 1 帧拖曳到第 20 帧,"的"图层第 1 帧拖曳到第 30 帧,"节"图层第 1 帧拖曳到第 40 帧,"日"图层第 1 帧拖曳到第 50 帧,如图 4-60 所示。

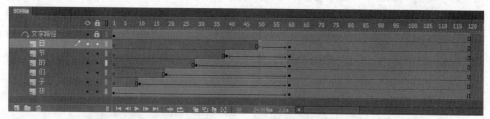

图 4-60　移动各个图层中帧的位置

12 单击 [场景] 按钮,切换至场景中,按 Ctrl+Enter 键测试影片,在弹出的影片测试窗口中可以观察到"61 儿童节"文字彩色变换的效果以及"孩子们的节日"文字的沿着相同的曲线路径淡入走进的效果。关闭影片测试窗口,单击【文件】/【保存】菜单命令,将文件保存。

到此六一儿童节的动画制作完毕,这个实例的两个文字动画是在影片剪辑中完成的,对于整体动画中存在多个元素的动画,都可以放到影片剪辑中制作。

实例 49

新年快乐

图 4-61　新年快乐

操作提示:
本实例中主要讲解翻转文字的动画,文字的翻转利用了 3D 旋转来完成,对于 Flash 中的 3D 旋转动画必须使用补间动画来完成,传统补间不能制作此类动画。

Flash 贺卡具有图文并茂、生动有趣的优势,可以让接收贺卡的人感觉很温馨,在贺卡中文字动画占了很大的比重,文字动画有多种形式,文字翻转动画就是其中常用的一种,本实例中将制作一个文字翻转的动画。实例的最终效果如图 4-61 所示。

制作文字翻转动画

01 启动 Flash CC,新建一个 ActionScript 3.0 新的文档。设置文档舞台的【宽度】参数为"600 像素"、【高度】参数为"600 像素"、【背景颜色】为默认的白色,并将创建的文档名称保存为"新年快乐 .fla"。

02 将本书配套光盘"第四章 / 素材"目录下的"新年背景 .jpg"图像文件导入到舞台中,并设置导入的图像刚好覆盖住舞台,然后将导入图像所在图层名称改为"背景",如图 4-62 所示。

03 在"新年背景"图层上方创建一个新图层,在新图层中输入红色(颜色值为"#D60707")的"新年快乐"文字,如图 4-63 所示。

图 4-62 导入的新年背景图像　　　　图 4-63 舞台中红色"新年快乐"文字

04 选择输入的"新年快乐"文字,按 Ctrl+B 键执行"分离"命令,将文字打散为独立的文字,然后选择所有打散的文字,在【属性】面板中为其设置"斜角"的滤镜效果,如图 4-64 所示。

 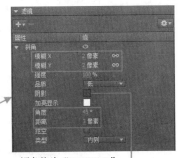

颜色值为"#6E0D0D"

图 4-64 为文字设置"斜角"滤镜效果

05 将"新"文字转换为名为"新"的影片剪辑元件;将"年"文字转换为名为"年"的影片剪辑元件;将"快"文字转换为名称为"快"的影片剪辑元件;将"乐"文字转换为名为"乐"的影片剪辑元件。然后将所有的影片剪辑实例全部选择,单击菜单栏中【修

改】/【时间轴】/【分散到图层】命令，
将各个元件置于独立的图层中，此时
图层的名称为将自动变为影片剪辑元
件的名称，如图 4-65 所示。

06 将多余的图层删除，再选择舞台中
"新"影片剪辑实例，在"新"影片
剪辑实例上方单击鼠标右键，在弹出
菜单中选择"创建补间动画"命令，
为"新"影片剪辑实例创建出补间动
画，并将"新"图层中的帧拖曳到第
30 帧的位置，这样"新"图层将有
30 帧的长度如图 4-66 所示。

07 在"新"图层第 15 帧处单击鼠标右键，
在弹出菜单中选择【插入关键帧】/【全
部】命令，为"新"图层第 15 帧插

图 4-65　分散到各个图层中的影片剪辑

入关键帧，接着在"新"图层第 30 帧也插入关键帧，如图 4-67 所示。

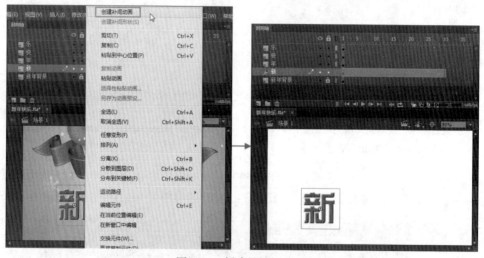

图 4-66　创建的补间动画

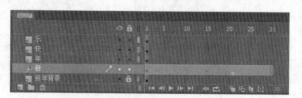

图 4-67　"新"图层中插入的关键帧

08 按 Ctrl 键选择"新"图层中第 15 帧，在【变形】面板【3D 旋转】选项中设置【Y】参数值为"180"，
这样"新"影片剪辑实例在第 15 帧时沿着 Y 轴旋转 180 度，如图 4-68 所示。

09 按 Ctrl 键选择"新"图层中第 30 帧，在【变形】面板【3D 旋转】选项中设置【Y】参数值为"359"，
这样"新"影片剪辑实例在第 30 帧时沿着 Y 轴旋转 359 度，如图 4-69 所示。

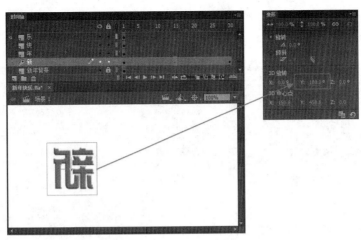

图 4-68 第 15 帧处"新"影片剪辑实例的 3D 旋转效果

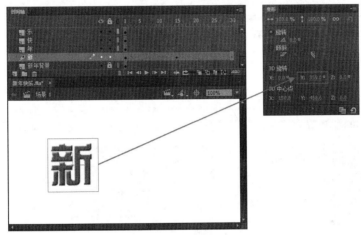

图 4-69 第 30 帧处"新"影片剪辑实例的 3D 旋转效果

10 将【时间轴】的播放指针拖曳到第 15 帧位置处,在舞台中选择"新"影片剪辑实例,在【属性】面板中选择【色彩效果】中的【样式】选项为"Alpha",并设置【Alpha】参数值为"100%",如图 4-70 所示。

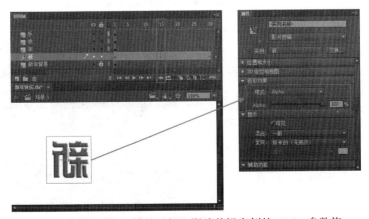

图 4-70 设置第 15 帧处"新"影片剪辑实例的 Alpha 参数值

11 将【时间轴】的播放指针拖曳到第 1 帧位置处,在舞台中选择"新"影片剪辑实例,在【属性】面板中选择【色彩效果】中设置【Alpha】参数值为"0%",如图 4-71 所示。

图 4-71 设置第 1 帧处"新"影片剪辑实例的 Alpha 参数值

12 选择舞台中"新"影片剪辑实例,在"新"影片剪辑实例上方单击鼠标右键,在弹出菜单中选择"复制动画"命令。然后选择舞台中"年"影片剪辑实例,在"年"影片剪辑实例上方单击鼠标右键,在弹出菜单中选择"粘贴动画"命令,这样会把"新"影片剪辑实例制作的动画效果完全拷贝到"年"影片剪辑实例中,如图 4-72 所示。

图 4-72 "年"影片剪辑实例中拷贝的动画效果

13 按照相同的方法，将"新"影片剪辑实例中的动画粘贴到"快"与"乐"影片剪辑实例中，然后依次将"年"、"快"、"乐"图层中的帧拖曳到第 31 帧、第 61 帧、第 91 帧处，如图 4-73 所示，这样"新"、"年"、"快"、"乐"这几个影片剪辑实例动画将依次在舞台中播放。

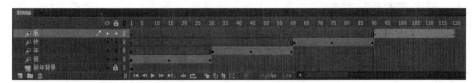

图 4-73　各个图层中帧的位置

14 选择所有图层第 180 帧，单击鼠标右键，在弹出菜单中选择"插入帧"命令，设置动画播放时间为 180 帧的时间，如图 4-74 所示。

图 4-74　所有图层第 180 帧插入帧

15 按 Ctrl+Enter 键测试影片，在弹出的影片测试窗口中可以观察到"新年快乐"几个文字依次从透明到完全显示并 3D 旋转的动画效果。关闭影片测试窗口，单击【文件】/【保存】菜单命令，将文件保存。

　　Flash 中也可以实现 3D 的动画效果，不过 Flash 中是伪 3D，不是真正的 3D，想要制作真正的 3D 动画效果需要借助其他软件才能完成。

实例 50

时尚文字

图 4-75　时尚文字

操作提示：

　　本实例利用文字的模糊滤镜变化来完成，为了达到炫目的效果，文字滤镜的参数值一定要设置大一些，滤镜变化要十分明显，再就是动画的速度要快些，让文字快速地闪现出来，这样才能紧紧地抓住观看者的眼球。

　　Flash 中内置了多种滤镜效果，对这些滤镜的综合应用可以制作很多酷炫动画效果，尤其是用于制作文字，可以让页面变得更加时尚和具有冲击力，本实例中将利用模糊滤镜制作文字动画，实例的最终效果如图 4-75 所示。

绘制模糊变化文字效果

01 启动 Flash CC, 创建出一个 ActionScript 3.0 新的文档。设置文档舞台的【宽度】参数为"500像素"、【高度】参数为"252 像素"、【背景颜色】为黑色, 并将创建的文档保存为"时尚文字 .fla"。

02 将本书配套光盘"第四章 / 素材"目录下"炫光背景 .jpg"图像文件导入到舞台中, 并设置导入的图像刚好覆盖住舞台, 然后将导入图像所在图层名称改为"炫光背景", 如图4-76 所示。

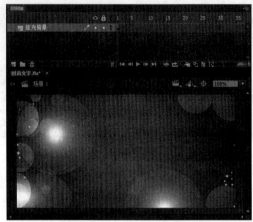

图 4-76　导入的背景图像

03 在"炫光背景"图层上方创建一个新图层, 在新图层中输入白色的"FASHION"文字, 并为输入的文字设置合适的字体与大小, 然后将文字放置在舞台中心位置, 如图 4-77 所示。

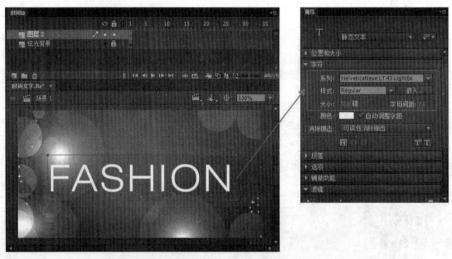

图 4-77　舞台中输入的文字

04 选择输入的"FASHION"文字, 按 Ctrl+B 键执行"分离"命令, 将文字打散为独立的文字, 然后分别将"F"、"A"、"S"、"H"、"I"、"O"、"N"文字转换成名称为"F"、"A"、"S"、"H"、"I"、"O"、"N"的影片剪辑元件, 如图 4-78 所示。

图 4-78 转换的影片剪辑元件

05 将所有的影片剪辑实例全部选择，单击【修改】/【时间轴】/【分散到图层】菜单命令，将各个元件置于独立的图层中，此时图层的名称将自动变为影片剪辑元件的名称，再把分散图层后多余的图层删除，如图 4-79 所示。

图 4-79 分散图层

06 选择舞台中"F"影片剪辑实例，在"F"影片剪辑实例上方单击鼠标右键，在弹出菜单中选择"创建补间动画"命令，为"F"影片剪辑实例创建出补间动画，并将"F"图层中的帧拖曳到第 20 帧的位置，这样"F"图层有 20 帧的长度，如图 4-80 所示。

07 在"F"图层第 7 帧处单击鼠标右键，在弹出菜单中选择【插入关键帧】/【全部】命令，为"F"图层第 7 帧插入关键帧。接着在"F"图层第 20 帧也插入关键帧，如图 4-81 所示。

图 4-80 "F"图层中创建的补间动画　　　　图 4-81 "F"图层中插入的帧

08 将【时间轴】的播放指针拖曳到第 20 帧，在舞台中选择 "F" 影片剪辑实例，在【属性】面板中设置【色彩效果】的【Alpha】参数值为 "100%"、【滤镜】效果为 "模糊"，并设置 "模糊" 滤镜效果中【模糊 X】参数值为 "0"、【模糊 Y】参数值为 "0"，【品质】为 "高"，如图 4-82 所示。

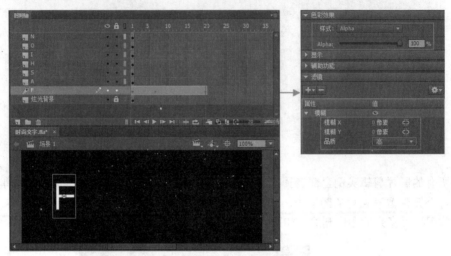

图 4-82　第 20 帧 "F" 影片剪辑实例的属性设置

09 将【时间轴】的播放指针拖曳到第 7 帧，在舞台中选择 "F" 影片剪辑实例，在【属性】面板中设置【色彩效果】的【Alpha】参数值为 "100%"、【滤镜】效果为 "模糊"，并设置 "模糊" 滤镜效果中【模糊 X】参数值为 "5"、【模糊 Y】参数值为 "50"，【品质】为 "高"，如图 4-83 所示。

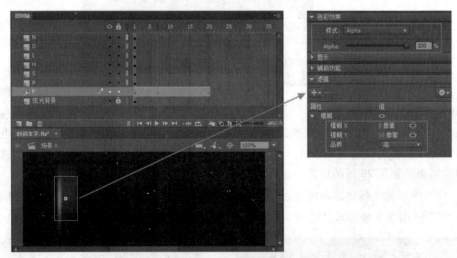

图 4-83　第 7 帧 "F" 影片剪辑实例的属性设置

10 将【时间轴】的播放指针拖曳到第 1 帧，在舞台中选择 "F" 影片剪辑实例，在【属性】面板中设置【色彩效果】的【Alpha】参数值为 "0%"、【滤镜】效果为 "模糊"，并设置 "模糊" 滤镜效果中【模糊 X】参数值为 "5"、【模糊 Y】参数值为 "80"，【品质】为 "高"，如图 4-84 所示。

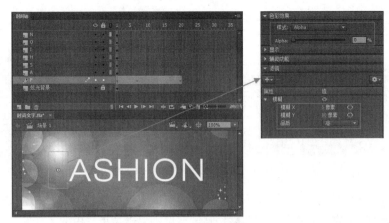

图 4-84　第 1 帧 "F" 影片剪辑实例的属性设置

11 选择舞台中"F"影片剪辑实例,在"F"影片剪辑实例上单击鼠标右键,在弹出菜单中选择"复制动画"命令。

12 将舞台中 "A"、"S"、"H"、"I"、"O"、"N" 影片剪辑实例全部选择,在这些影片剪辑实例上单击鼠标右键,在弹出菜单中选择 "粘贴动画" 命令,这样会把 "F" 影片剪辑实例制作的动画效果完全拷贝到这些影片剪辑实例中, 如图 4-85 所示。

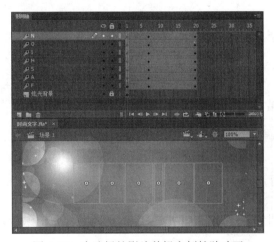

图 4-85　为选择的影片剪辑实例粘贴动画

13 依次将 "A"、"S"、"H"、"I"、"O"、"N" 图层中的帧拖曳到第 7 帧、第 19 帧、第 25 帧、第 31 帧、第 37 帧处,如图 4-86 所示,这样 "A"、"S"、"H"、"I"、"O"、"N" 这几个影片剪辑实例动画将依次在舞台中播放。

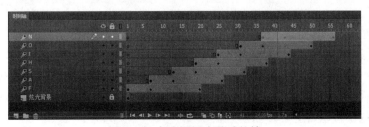

图 4-86　各个图层中移动的帧

14 选择所有图层第 100 帧，单击鼠标右键，在弹出菜单中选择"插入帧"命令，设置动画播放时间为 100 帧的时间，如图 4-87 所示。

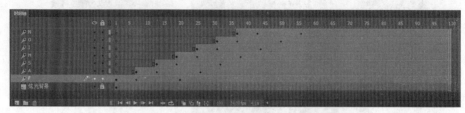

图 4-87　所有图层第 100 帧插入帧

15 按 Ctrl+Enter 键测试影片，在弹出的影片测试窗口中可以观察到白色的 FASHION 文字依次垂直模糊渐变的动画效果。关闭影片测试窗口，单击菜单栏中的【文件】/【保存】命令，将文件保存。

至此本实例就全部制作完成，看看动画效果是不是很炫啊，这样的动画效果非常适合于作为片头动画。

实例 51

秋天

图 4-88　秋天

操作提示：
　　文字飘落动画主要利用文字水平翻转来实现，制作过程中需要注意的是文字动画速度要慢些，再就是文字动画要加上"缓动"参数，让动画有逐渐减慢的效果。

本实例再为读者讲解一个很常见的文字飘入动画，实例的最终效果如图 4-88 所示。

制作文字飘落的动画

01 启动 Flash CC，创建出一个 ActionScript 3.0 新的文档。设置文档舞台的【宽度】参数为"500 像素"、【高度】参数为"500 像素"、【背景颜色】为默认的白色，并将创建的文档保存为"秋天 .fla"。

02 将本书配套光盘"第四章 / 素材"目录下"秋叶 .jpg"图像文件导入到舞台中，并设置导入的图像刚好覆盖住舞台，然后将导入图像所在图层名称改为"背景"，如图 4-89 所示。

03 在"背景"图层上方创建一个新图层，在新图层中输入棕色（颜色值为"#5D1414"）的"秋风起落叶黄"文字，并为输入的文字设置合适的字体与大小，然后将文字放置在舞台中心靠下的位置，如图 4-90 所示。

图 4-89　导入的"秋叶.jpg"图像　　　　　　图 4-90　舞台中输入的文字

04 选择输入的"秋风起落叶黄"文字，按 Ctrl+B 键执行"分离"命令将文字打散为独立的文字，然后将打散的文字全部选择，在【属性】面板中为选择的文字设置"投影"的滤镜效果，如图 4-91 所示。

05 将舞台中"秋"、"风"、"起"、"落"、"叶"、"黄"文字分别转换成名称为"秋"、"风"、"起"、"落"、"叶"、"黄"的影片剪辑元件，然后将所有的影片剪辑实例全部选择，单击【修改】/【时间轴】/【分散到图层】菜单命令，将各个元件置于独立的图层中，此时图层的名称将自动变为影片剪辑元件的名称，再把分散图层后多余的图层删除，如图 4-92 所示。

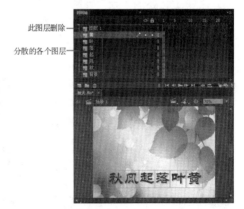

图 4-91　为打散的文字设置投影滤镜效果　　　　　图 4-92　分散的图层

06 选择所有图层第 150 帧，单击鼠标右键，在弹出菜单中选择"插入帧"命令，设置动画播放时间为 150 帧的时间，如图 4-93 所示。

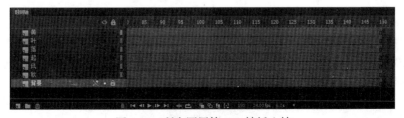

图 4-93　所有图层第 150 帧插入帧

07 选择"秋"、"风"、"起"、"落"、"叶"、"黄"图层第 30 帧，在选择的帧上单击鼠标右键，在弹出菜单中选择"插入关键帧"命令，在这些图层第 30 帧插入关键帧，如图 4-94 所示。

08 将【时间轴】中播放指针拖曳到第 1 帧，将第 1 帧中"秋"影片剪辑实例向左上方拖曳，然后单击【修改】/【变形】/【水平翻转】菜单命令，将"秋"影片剪辑实例水平翻转，如图 4-95 所示。

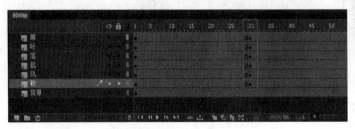

图 4-94 第 30 帧插入的关键帧　　　　图 4-95 水平翻转的"秋"影片
　　　　　　　　　　　　　　　　　　　　　　　　剪辑实例

09 按照相同的方法将第 1 帧出的"风"、"起"、"落"、"叶"、"黄"影片剪辑实例向上拖曳一段距离，然后将它们都水平翻转，如图 4-96 所示。

10 将第 1 帧处的"秋"、"风"、"起"、"落"、"叶"、"黄"影片剪辑实例全部选择，在【属性】面板中设置【色彩效果】中【Alpha】参数值为"0"，此时这些实例将全部透明显示，如图 4-97 所示。

图 4-96 第 1 帧中水平翻转的影片　　　图 4-97 设置第 1 帧处影片剪辑实例的 Alpha 参数值
　　　　　剪辑实例

11 选择"秋"、"风"、"起"、"落"、"叶"、"黄"图层第 1 帧与第 30 帧之间任意一帧，单击鼠标右键，在弹出菜单中选择"创建传统补间"命令，在这些图层中创建出传统补间动画，如图 4-98 所示。

图 4-98　创建的传统补间动画

12 选择"秋"图层第 1 帧与第 30 帧之间任意一帧，在【属性】面板中设置【补间】的【缓动】参数值为"50"，如图 4-99 所示。

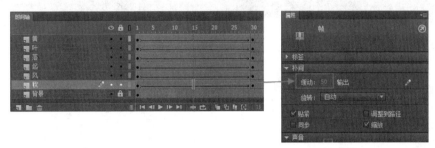

图 4-99　设置"秋"图层传统补间动画中的缓动参数

13 依次再设置"风"、"起"、"落"、"叶"、"黄"图层中第 1 帧与第 30 帧之间缓动参数值分别为"60"、"70"、"80"、"90"、"100"，这样"秋"、"风"、"起"、"落"、"叶"、"黄"这几个图层中动画播放速度依次减慢。

14 依次将"风"、"起"、"落"、"叶"、"黄"图层中的关键帧拖曳到第 10 帧、第 20 帧、第 30 帧、第 40 帧、第 50 帧处，如图 4-100 所示。这样"秋"、"风"、"起"、"落"、"叶"、"黄"这几个影片剪辑实例动画将依次在舞台中播放。

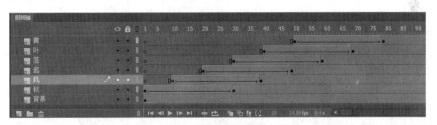

图 4-100　所有图层中的关键帧

15 按 Ctrl+Enter 键测试影片，在弹出的影片测试窗口中可以观察到"秋"、"风"、"起"、"落"、"叶"、"黄"文字依次飘落的动画效果。关闭影片测试窗口，单击菜单栏中的【文件】/【保存】命令，将文件保存。

至此文字飘落的动画就制作完成，这种效果的文字动画中一定要设置动画的缓动参数，这样制作的动画效果才更加逼真。

实例 52

发光文字

操作提示：

　　本实例包含两种文字特效，一种是 3D 立体文字特效，另外一种是发光文字特效。3D 立体文字是通过处于不同 z 轴方向的两个叠加文字组合而成；发光文字特效是借助一个渐变发光的图形来完成，通过对这个图形的透明值的变化产生发光的效果。

图 4-101　发光文字

　　在影视片头作品中经常可以看到一到光线打过之后出现文字的效果，这种动画效果很具有震撼力，在本例中就教你怎么制作这样的发光文字动画，实例的最终效果如图 4-101 所示。

制作文字的 3D 效果

01 启动 Flash CC，创建出一个 ActionScript 3.0 新的文档。设置文档舞台的【宽度】参数为 "600 像素"、【高度】参数为 "430 像素"、【背景颜色】为黑色，并将创建的文档保存为 "发光文字 .fla"。

02 将本书配套光盘 "第四章 / 素材" 目录下 "光点背景 .jpg" 图像文件导入到舞台中，并设置导入的图像刚好覆盖住舞台，然后将导入图像所在图层名称改为 "背景"，如图 4-102 所示。

03 在 "背景" 图层上方创建一个新图层，在新图层中输入黄色的（颜色值为 "#5D1414"）的 "发光文字" 文字，并为输入的文字设置合适的字体与大小，然后将文字放置在舞台中心略靠下的位置，如图 4-103 所示。

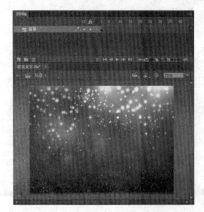

图 4-102　导入的 "光点背景 .jpg" 图像

图 4-103　舞台中输入的文字

04 选择输入的"发光文字",按 Ctrl+B 键执行"分离"命令,将文字打散为独立的文字,再按 Ctrl+B 键将所有的文字打散为图形,然后为打散为图形的文字填充金色的线性渐变,如图 4-104 所示。

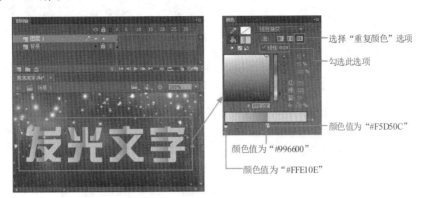

图 4-104　为打散的文字填充线性渐变

05 将打散的"发"、"光"、"文"、"字"文字分别转换成名为"发"、"光"、"文"、"字"的影片剪辑元件,如图 4-105 所示。

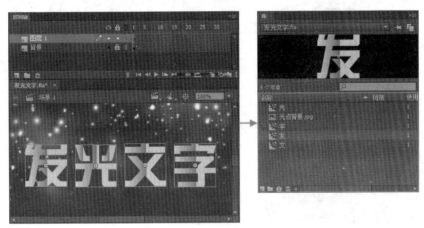

图 4-105　转换的影片剪辑实例

06 选择"发"影片剪辑实例,再将其转换为名为"发 3d"的影片剪辑元件,在舞台上中双击"发 3d"影片剪辑实例,切换至"发 3d"影片剪辑元件编辑窗口中,如图 4-106 所示。

07 在"发 3d"影片剪辑元件编辑窗口中选择"图层 1"中的"发"影片剪辑实例,按 Ctrl+C 键将选择的"发"影片剪辑实例复制,在"图层 1"上创建新图层,默认图层名称为"图层 2",然后在"图层 2"中按键盘 Ctrl+Shift+V 键,将选择的"发"影片剪辑实例粘贴到"图层 2"图层中,并保持原来的位置,如图 4-107 所示。

图 4-106　"发 3d"影片剪辑元件编辑窗口

08 将"图层 2"图层隐藏,再选择"图层 1"图层中的"发"影片剪辑实例,在【属性】面板中设置【色彩效果】中【Alpha】参数值为"30%",如图 4-108 所示。

09 将"图层 2"图层显示,然后使用【工具】面板中【3D 平移工具】 将"图层 2"图层中"发"影片剪辑实例沿着 Z 轴方向向外拉伸一些,这样"图层 1"与"图层 2"图层中叠加的"发"影片剪辑实例组合成 3D立体效果,如图 4-109 所示。

图 4-107 "图层 2"中粘贴的"发"影片剪辑实例

10 单击 场景 按钮,切换至场景舞台中,按照相同的方法分别将"光"、"文"、"字"影片剪辑实例转换为名为"光 3d"、"文 3d"、"字 3d"的影片剪辑元件,在"光 3d"、"文3d"、"字 3d"影片剪辑元件中制作出 3D 立体文字的效果,如图 4-110 所示。

图 4-108 "发"影片剪辑实例的 Alpha 参数值

图 4-109 3D 平移的"发"影片剪辑实例

图 4-110 文字的 3D 效果

制作文字的发光动画

01 在场景舞台中选择"发 3d"、"光 3d"、"文 3d"、"字 3d"影片剪辑实例,单击【修改】/【时间轴】/【分散到图层】菜单命令,将各个元件置于独立的图层中,此时图层的名称将自动变为影片剪辑元件的名称,再把分散图层后多余的图层删除,如图 4-111 所示。

图 4-111　分散的各个图层

02 创建一个名为"光线"的影片剪辑元件,在此影片剪辑元件中绘制一个黄色到黄色透明渐变的发光图形,如图 4-112 所示。

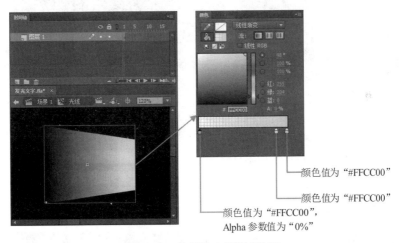

图 4-112　绘制的光线渐变图形

03 单击 场景 1 按钮切换至场景舞台中,在"字 3d"图层之上创建新图层,然后将【库】面板中"光线"影片剪辑元件拖曳到舞台中,再复制出 3 个相同"光线"影片剪辑实例,舞台中总共有 4 个影片剪辑实例,这 4 个"光线"影片剪辑实例依次分别放置在"发 3d"、"光 3d"、"文 3d"、"字 3d"影片剪辑实例上方,如图 4-113 所示。

04 选择舞台中所有的"光线"影片剪辑实例,单击【修改】/【时间轴】/【分散到图层】菜单命令,将各个元件置于独立的图层中,此时图层的名称将自动变为影片剪辑元件的名称,再将各个"光线"影片剪辑实例所在图层名称更改为"光线 1"、"光线 2"、"光线 3"、"光线 4",再把分散图层后多余的图层删除,如图 4-114 所示。

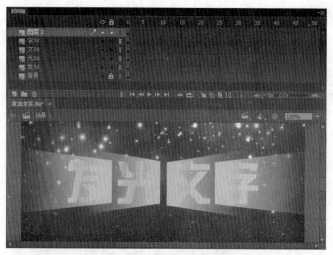

图 4-113 舞台中"光线"影片剪辑实例

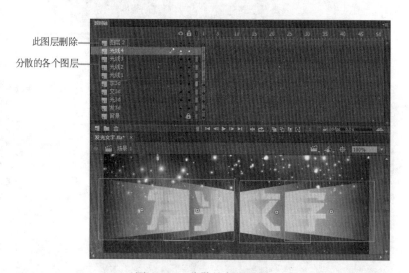

图 4-114 分散的各个图层

05 在所有图层第 180 帧插入帧，然后在除了"背景"图层外所有图层第 30 帧插入关键帧，并在"光线 1"、"光线 2"、"光线 3"、"光线 4"图层第 10 帧插入关键帧，如图 4-115 所示。

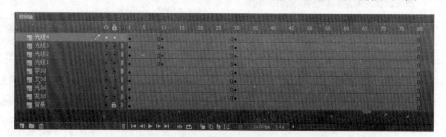

图 4-115 【时间轴】面板中插入的关键帧

06 选择第 1 帧除了"背景"图层外所有图层中影片剪辑实例，在【属性】面板中设置【色彩效果】中【Alpha】参数值为"0%"，这样舞台中文字与光线全部透明显示，如图 4-116 所示。

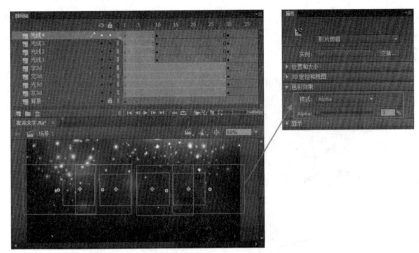

图 4-116 设置第 1 帧影片剪辑实例的 Alpha 参数

07 选择"光线 1"、"光线 2"、"光线 3"、"光线 4"图层第 30 帧处"光线"影片剪辑实例,在【属性】面板中设置【色彩效果】中【Alpha】参数值为"0%",如图 4-117 所示。

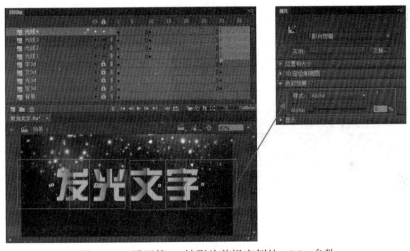

图 4-117 设置第 30 帧影片剪辑实例的 Alpha 参数

08 在"发 3d"、"光 3d"、"文 3d"、"字 3d"图层第 1 帧与第 30 帧之间创建传统补间动画,然后在"光线 1"、"光线 2"、"光线 3"、"光线 4"图层第 1 帧与第 10 帧,第 10 帧与第 30 帧之间创建传统补间动画,如图 4-118 所示。

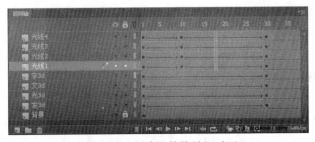

图 4-118 创建的传统补间动画

235

09 依次将"光 3d"、"文 3d"、"字 3d"图层中的关键帧拖曳到第 10 帧、第 20 帧、第 30 帧处，再将"光线 2"、"光线 3"、"光线 4"图层中的关键帧拖曳到第 10 帧、第 20 帧、第 30 帧处，如图 4-119 所示。

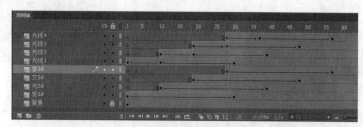

图 4-119 【时间轴】中的帧

10 按 Ctrl+Enter 键测试影片，在弹出的影片测试窗口中可以观察到"发光文字"这几个文字依次淡显并有光线闪过的动画效果。关闭影片测试窗口，单击菜单栏中的【文件】/【保存】命令，将文件保存。

至此发光文字的动画就制作完成，如果将发光的图形制作的光感更强、质感更好，则效果就越好，越能体现出动画的科技与现代感。

实例 53

精美相册

图 4-120 火焰文字

操作提示：

  制作火焰文字效果需要借助火焰的纹理图像与燃烧的火焰动画来完成，燃烧的火焰动画在网上有很多素材，本实例就是借助这样的素材来完成。

在本实例将讲解制作火焰文字的动画，实例的最终效果如图 4-120 所示。

制作火焰文字动画

01 启动 Flash CC，创建出一个 ActionScript 3.0 新的文档。设置文档舞台的【宽度】参数为"600 像素"、【高度】参数为"395 像素"、【背景颜色】为默认的白色，并将创建的文档名称保存为"火焰文字 .fla"。

02 将本书配套光盘"第四章 / 素材"目录下"火焰背景 .jpg"图像文件导入到舞台中，并设置导入的图像刚好覆盖住舞台，然后将导入图像所在图层名称改为"火焰底图"，如图 4-121 所示。

03 在"背景"图层上方创建一个名为"文字"新图层，在"文字"图层中输入黄色的"fire"文字，并为输入的文字设置合适的字体与大小，再将文字放置在舞台中心位置，如图 4-122 所示。

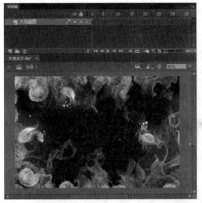

图 4-121　导入的"火焰 .jpg"图像　　　　　　　　图 4-122　舞台中输入的文字

04 选择输入的"Fire"文字，将其转换为名为"火焰文字"的影片剪辑元件，双击舞台中"火焰文字"影片剪辑实例，切换至"火焰文字"影片剪辑元件编辑窗口中。

05 选择"火焰文字"影片剪辑元件编辑窗口中"fire"文字，按 Ctrl+B 键执行"分离"命令，将文字打散为独立的文字，再按 Ctrl+B 键将独立的文字打散为图形，如图 4-123 所示。

06 将打散的文字所在图层名称改为"文字遮罩"，在"文字遮罩"图层之上创建新图层，然后将新图层拖曳至"文字遮罩"图层下方，并将新图层名称改为"火焰底纹"，如图 4-124 所示。

图 4-123　打散的文字　　　　　　　　图 4-124　创建的新图层

07 选择"火焰底纹"图层，将本书配套光盘"第四章 / 素材"目录下"火焰 .jpg"图像文件导入到"火焰文字"影片剪辑元件中，并将其放置在打散的"fire"文字下方，如图 4-125 所示。

08 选择导入的"火焰 .jpg"图像文件，将其转换为名为"火焰纹理"的影片剪辑元件，然后按 Ctrl+C 键将"火焰纹理"影片剪辑实例复制，在"火焰底纹"图层上方创建名为"水平翻转火焰底纹"的图层，再按 Ctrl+Shift+V 键将选择的图像粘贴到"水平翻转火焰底纹"图层中，并保持原来的位置，如图 4-126 所示。

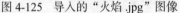

图 4-125　导入的"火焰 .jpg"图像　　　　图 4-126　"水平翻转火焰底纹"图层中粘贴的图像

09 选择"水平翻转火焰底纹"图层中"火焰纹理"影片剪辑实例，单击【修改】/【变形】/【水平翻转】菜单命令，将"火焰纹理"影片剪辑实例水平翻转，然后在所有图层第 20 帧插入帧，并在"水平翻转火焰底纹"图层第 20 帧插入关键帧，如图 4-127 所示。

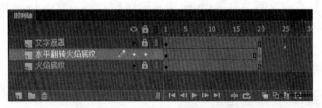

图 4-127　第 20 帧插入的关键帧

10 在"水平翻转火焰底纹"图层第 10 帧插入关键帧，然后选择此帧处的"火焰纹理"影片剪辑实例，在【属性】面板中设置【色彩效果】中【Alpha】参数值为"0%"，如图 4-128 所示。

11 在"水平翻转火焰底纹"图层第 1 帧与第 10 帧，第 10 帧与第 20 帧之间创建传统补间动画，并将"文字遮罩"图层转换为遮罩层，"水平翻转火焰底纹"与"火焰底纹"图层转换为被遮罩层，如图 4-129 所示。

图 4-128　"火焰纹理"影片剪辑实例的 Alpha 参数值　　　图 4-129　转换的遮罩层与被遮罩层

12 单击 ▣ 场景1 按钮切换至场景舞台中,选择"文字"图层中"火焰文字"影片剪辑实例,在【属性】面板中为其设置"发光"与"斜角"的滤镜效果,如图 4-130 所示。

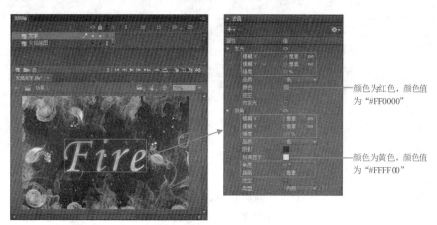

图 4-130　文字设置的滤镜效果

13 在"火焰底图"图层上方创建名为"火焰动画"的图层,打开本书配套光盘"第四章 / 素材"目录下"火焰 .fla"动画文件,在"火焰 .fla"动画文件中选择"火焰动画"影片剪辑实例,按 Ctrl+C 键将其复制,然后切换至"火焰文字 .fla"动画文件中,按 Ctrl+V 键,将"火焰 .fla"动画文件中"火焰动画"影片剪辑实例粘贴到"火焰文字 .fla"动画文件中,如图 4-131 所示。

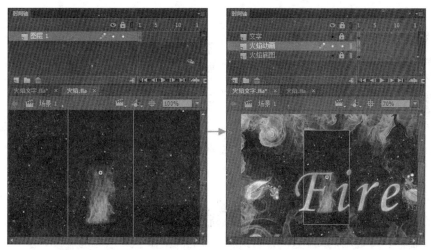

图 4-131　粘贴的"火焰动画"影片剪辑实例

14 选择"火焰动画"图层中粘贴的"火焰动画"影片剪辑实例,在【属性】面板中设置【显示】中【混合】选项为"滤色",这样为"火焰动画"影片剪辑实例设置了图层混合效果,如图 4-132 所示。

15 将"火焰动画"影片剪辑实例复制多个,并为复制的"火焰动画"影片剪辑实例进行不同的缩放与旋转、将各个"火焰动画"影片剪辑实例放置在"fire"文字的上方,如图 4-133 所示。

图 4-132　设置混合效果后的"火焰动画"影片剪辑实例　　　　图 4-133　　所有图层中的关键帧

16 按 Ctrl+Enter 键测试影片，在弹出的影片测试窗口中可以观察到 Fire 文字燃烧，同时 Fire 文字火焰纹理变换的动画效果。关闭影片测试窗口，单击菜单栏中的【文件】/【保存】命令，将文件保存。

　　至此火焰文字动画就全部制作完成，在这个实例中火焰动画是使用的素材文件，制作 Flash 动画不一定要全部手工打造，可以借助各种工具与各种素材，只要能达到我们想要的效果就好。

实例 54

中秋佳节

图 4-134　中秋佳节

操作提示：

　　本实例中制作两种类型的文字动画，一种为标题文字逐个放大，另一种是内容文字逐行显示，标题文字是对单个文字设置的动画，内容文字动画是对文字整体设置的动画。

　　前面讲解的实例都是针对文字比较少的情况下制作的一些文字特效，对于文字内容较多，属于讲解性的文字，使用这些特效则制作起来非常繁琐，对于此类文字通常使用淡入淡出或者逐行显示的动画效果。在本实例中将制作一个这样的动画，实例的最终效果如图 4-134 所示。

制作标题文字动画

01 启动 Flash CC，创建出一个 ActionScript 3.0 新的文档。设置文档舞台的【宽度】参数为"600 像素"、【高度】参数为"435 像素"、【背景颜色】为黑色，并将创建的文档名称保存为"中秋佳节 .fla"。

02 将本书配套光盘"第四章 / 素材"目录下"中秋背景 .jpg"图像文件导入到舞台中，并设置导入的图像刚好覆盖住舞台，然后将导入图像所在图层名称改为"背景"，如图 4-135

所示。

03 在"背景"图层上方创建一个新图层，并设置新图层的名称为"嫦娥"，单击【文件】/【导入】/【导入到舞台】菜单命令，在弹出的【导入】对话框中选择本书配套光盘"第四章 / 素材"目录下"嫦娥 .ai"图像文件，将选择的"嫦娥 .ai"图像文件导入到舞台中，并缩放合适的大小，放置在舞台中花朵图形的右侧，如图 4-136 所示。

图 4-135　导入的"中秋背景 .jpg"图像文件　　　　图 4-136　导入的嫦娥图像

04 选择导入的嫦娥图像，将其转换为名为"嫦娥"的影片剪辑实例，然后在【属性】面板中为选择的"嫦娥"影片剪辑实例设置"投影"的滤镜效果，如图 4-137 所示。

图 4-137　为"嫦娥"影片剪辑实例设置投影滤镜效果

05 在"嫦娥"图层之上创建新图层，在新图层中输入"中"、"秋"、"快"、"乐"4 个文字，将这 4 个文字垂直排列，放置在舞台的右下方，并分别将"中"、"秋"、"快"、"乐"转换为名为"中"、"秋"、"快"、"乐"的影片剪辑元件，单击菜单栏【修改】/【时间轴】/【分散到图层】命令，将各个元件置于独立的图层中，此时图层的名称将自动变为影片剪辑元件的名称，如图 4-138 所示。

06 选择舞台中的"中"、"秋"、"快"、"乐"影片剪辑实例,按 Ctrl+C 键将其复制,然后在"嫦娥"图层之上创建新图层,并设置新图层名称为"放大文字",再按 Ctrl+Shift+V 键将选择的影片剪辑实例粘贴到"放大文字"中,此时将"中"、"秋"、"快"、"乐"图层锁定隐藏,如图 4-139 所示。

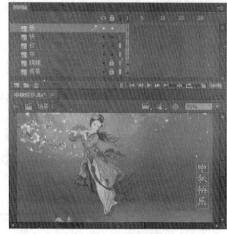

图 4-138　分散的图层　　　　　　图 4-139　放大文字图层中的影片剪辑元件

07 选择"放大文字"图层中的"中"、"秋"、"快"、"乐"影片剪辑实例,将其转换为名称为"放大文字"的影片剪辑实例,双击舞台中的"放大文字"影片剪辑实例,切换至"放大文字"影片剪辑元件编辑窗口中,在"放大文字"影片剪辑元件编辑窗口中将"中"、"秋"、"快"、"乐"影片剪辑实例分散到各个图层中,如图 4-140 所示。

08 在"放大文字"影片剪辑元件编辑窗口中选择"中"、"秋"、"快"、"乐"影片剪辑实例,在【属性】面板中设置【色彩效果】中【Alpha】参数值为"50%",如图 4-141 所示。

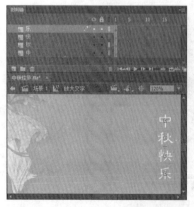
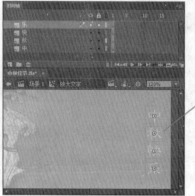

图 4-140　"放大文字"影片剪辑　　　图 4-141　设置影片剪辑实例的 Alpha 参数值
　　　　元件编辑窗口中分散的图层

09 在"中"、"秋"、"快"、"乐"图层第 30 帧插入关键帧,打开【变形】面板,在【变形】面板中设置此帧处的"中"、"秋"、"快"、"乐"影片剪辑实例等比例放大 300%,然后在【属性】面板中设置【色彩效果】中【Alpha】参数值为"0%",如图 4-142 所示。

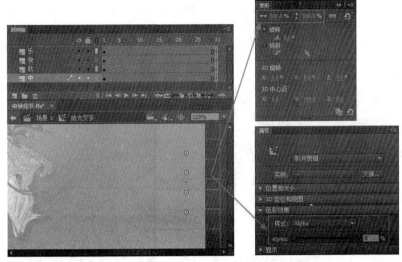

图 4-142 设置第 30 帧处影片剪辑实例的属性

10 在"中"、"秋"、"快"、"乐"图层第 1 帧与第 30 帧之间创建传统补间动画,然后在所有图层第 100 帧插入帧,再将"秋"、"快"、"乐"图层中关键帧拖曳到第 12 帧、第 20 帧、第 29 帧位置处,如图 4-143 所示。

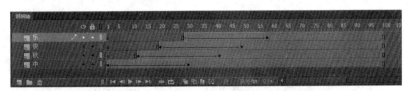

图 4-143 "中"、"秋"、"快"、"乐"图层中的帧

11 单击 场景 1 按钮切换至场景舞台中,解除场景舞台中"中"、"秋"、"快"、"乐"图层的锁定与隐藏,在"中"、"秋"、"快"、"乐"图层第 10 帧与第 12 帧处插入关键帧,如图 4-144 所示。

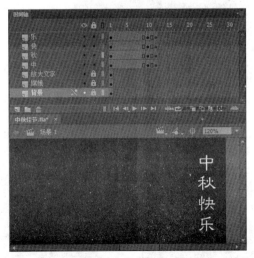

图 4-144 "中"、"秋"、"快"、"乐"图层中插入的关键帧

12 选择第 1 帧处 "中"、"秋"、"快"、"乐"影片剪辑实例,在【变形】面板中分别设置 "中"、"秋"、"快"、"乐"影片剪辑实例等比例放大 "280%",然后在【属性】面板中设置这些影片剪辑元件的【Alpha】参数值为 "0%" 如图 4-145 所示。

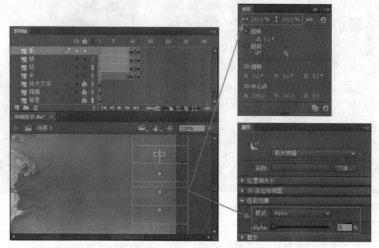

图 4-145   设置第 1 帧处影片剪辑实例的属性

13 选择第 10 帧处 "中"、"秋"、"快"、"乐"影片剪辑实例,在【变形】面板中分别设置 "中"、"秋"、"快"、"乐"影片剪辑实例等比例缩小 "90%",如图 4-146 所示。

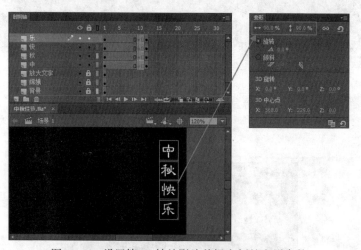

图 4-146   设置第 10 帧处影片剪辑实例的变形参数

14 在 "中"、"秋"、"快"、"乐"图层第 1 帧与第 10 帧,第 10 帧与第 12 帧之间创建传统补间动画,并在所有图层第 600 帧处插入帧,设置动画播放时间为 600 帧,如图 4-147 所示。

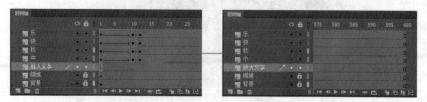

图 4-147   图层中创建的传统补间动画

15 将"放大文字"图层中第 1 帧拖曳到第 12 帧位置处，然后将"秋"、"快"、"乐"图层中关键帧拖曳到第 10 帧、第 19 帧、第 28 帧位置处，如图 4-148 所示。

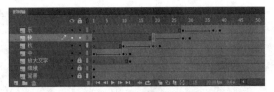

图 4-148　各个图层中的关键帧

至此标题文字的动画制作完成，接下来再制作内容文字的动画。

制作内容文字动画

01 在"乐"图层之上创建名为"内容文字 1"的图层，在"内容文字 1"图层第 65 帧处插入关键帧，然后在此帧处输入白色的段落文字，如图 4-149 所示。

02 在"内容文字 1"图层之上创建名为"文字遮罩 1"的新图层，在此图层第 65 帧处插入关键帧，然后在此图层中绘制一个白色的长条矩形，将"中秋佳节月儿圆"文字覆盖住，如图 4-150 所示。

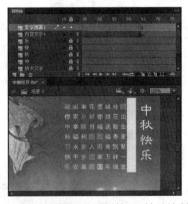

图 4-149　舞台中输入的白色文字　　　图 4-150　"文字遮罩 1"图层第 65 帧处绘制的矩形

03 在"文字遮罩 1"图层第 114 帧处插入关键帧，然后将播放指针拖曳到第 65 帧，将此帧处的白色矩形按照垂直方向缩小，如图 4-151 所示。

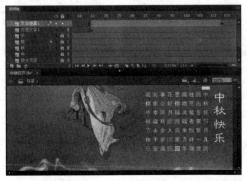

图 4-151　"文字遮罩 1"图层第 65 帧处缩小的矩形

04 在"文字遮罩 1"图层第 65 帧与第 114 帧之间创建补间形状动画，并将"文字遮罩 1"图层转换为遮罩层，将"内容文字 1"图层转换为被遮罩层，如图 4-152 所示。

图 4-152　创建的遮罩动画

05 选择"内容文字 1"与"文字遮罩 1"图层第 65 帧与第 114 帧之间所有帧，单击鼠标右键，在弹出菜单中选择"复制帧"命令。

06 在"文字遮罩 1"图层之上创建新图层，在新图层中第 115 帧处插入关键帧，然后在此帧处单击鼠标右键，在弹出菜单中选择"粘贴帧"命令，将复制的帧粘贴到新图层中，并且粘贴帧的名称也变为"内容文字 1"与"文字遮罩 1"，将粘贴的"内容文字 1"与"文字遮罩 1"图层名称改为"内容文字 2"与"文字遮罩 2"，如图 4-153 所示。

图 4-153　粘贴的新图层

07 将"文字遮罩 2"图层第 115 帧处的小白色矩形移动到内容文字的左起第 2 列的位置，再将"文字遮罩 2"图层第 164 帧处的白色矩形移动到内容文字的左起第 2 列的位置，将内容文字左起第 2 列的文字覆盖，如图 4-154 所示。

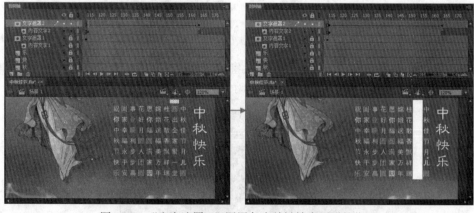

图 4-154　"文字遮罩 2"图层各个关键帧中图形的位置

08 按照相同的方法依次创建新图层，并将复制的帧粘贴到这些图层中，依次调整这些图层中的矩形，使其覆盖内容文字的不同列，并将这些图层中 600 帧以后的帧删除，不足600 帧图层的帧，在 600 帧处插入帧，如图 4-155 所示。

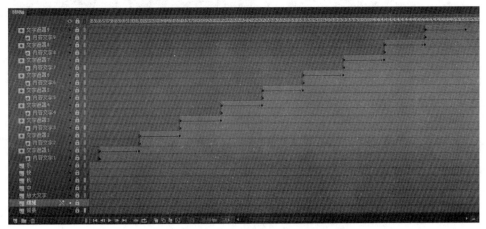

图 4-155　各个图层中粘贴的帧

09 按 Ctrl+Enter 键测试影片，在弹出的影片测试窗口中可以观察到"中秋快乐"文字由大到小渐变，并且内容文字一列一列显示的动画效果。关闭影片测试窗口，单击【文件】/【保存】菜单命令，将文件保存。

至此中秋佳节的动画就全部制作完成，如果在动画中配上动听的音乐就可以当做一个贺卡，在中秋佳节来临之际就可以送给亲人、朋友、同事了。

第 **5** 章

互动篇
——应用Action创造动画特效

欢迎来到第 5 章，在本章将为读者展示 Flash 动画的高级应用—— 如何通过 ActionScript 3.0 创作出交互性动画。

ActionScript 是 Flash 专用的编程语言，具备强大的交互功能。在制作普通动画时，用户不需要使用 ActionScript 动作脚本，但要提供与用户交互，如控制动画中的按钮、影片剪辑，则需要使用 ActionScript 动画脚本。通过 ActionScript 的应用，扩展了 Flash 动画的应用范围，如网络中比较常见的 Flash 网站、多媒体课件、Flash 游戏等。

实例 55

播放暂停

图 5-1　播放暂停

操作提示：

　　在这个实例中，可以学习如何使用脚本命令控制动画的暂停与播放，同时还可以学习如何为按钮添加动作脚本。

Flash 中最简单的互动就是控制动画的播放与停止，所使用的命令也很简单，就是 "Play" 与 "Stop"，本实例将通过这两个命令制作一个控制暂停与播放的动画按钮，动画的最终效果如图 5-1 所示。

制作播放暂停动画

01 打开本书配套光盘 "第五章 / 素材" 目录下的 "开车 .fla" flash 文件，单击【文件】/【另存为】菜单命令将打开的文件另存名称为 "播放暂停 .fla" 的 flash 文件。

02 在打开的 Flash 文件中双击"汽车"影片剪辑实例,切换至"汽车"影片剪辑元件编辑窗口中,选择前车轮的"车轮转动"影片剪辑实例,在【属性】面板中设置【实例名称】为"chelun1";再选择后车轮的"车轮转动"影片剪辑实例,在【属性】面板中设置【实例名称】为"chelun2",如图 5-2 所示。

03 单击 场景1 按钮切换至场景编辑窗口中,选择"汽车"影片剪辑实例,在【属性】面板中设置【实例名称】为"car",如图 5-3 所示。

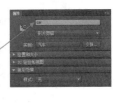

图 5-2　设置"车轮转动"影片剪辑实例的实例名称　　图 5-3　设置"汽车"影片剪辑实例的实例名称

04 在"汽车"图层之上创建一个名为"按钮"的图层,将选择本书配套光盘"第五章 / 素材"目录下的"播放暂停 .ai"图像文件导入到舞台中。导入到舞台中有两个按钮,将两个按钮缩放合适大小放置在舞台右下角,如图 5-4 所示。

05 选择舞台中的播放按钮,将其转换为名为"播放按钮"的影片剪辑实例,并在【属性】面板中设置其【实例名称】为"but_play",如图 5-5 所示。

图 5-4　导入到舞台中按钮　　　　　图 5-5　设置"播放按钮"影片剪辑的实例名称

06 选择舞台中的暂停按钮,将其转换为名为"暂停按钮"的影片剪辑实例,并在【属性】面板中设置其【实例名称】为"but_stop",如图 5-6 所示。

图 5-6　设置"暂停按钮"影片剪辑的实例名称

07 在"汽车"图层之上创建一个名为"as"的图层，选择"as"的图层第 1 帧，按键盘 F9 键弹出【动作】面板，在【动作】面板中输入如下的动作脚本：

```
function stop1(event;MouseEvent ) {
    beijing.stop();
    car.chelun1.stop();
    car.chelun2.stop();
}
function play1(event:MouseEvent ) {
    beijing.play();
    car.chelun1.play();
    car.chelun2.play();
}
but_play.addEventListener (MouseEvent.MOUSE_DOWN ,play1);
but_stop.addEventListener (MouseEvent.MOUSE_DOWN ,stop1);
```

08 按 Ctrl+Enter 键测试影片，在弹出的影片测试窗口中可以观察到城市背景向后移动、汽车车轮转动的动画效果，此时点击暂停按钮，所有动画都停止播放，再点击播放按钮动画又开始播放。关闭影片测试窗口，单击【文件】/【保存】菜单命令，将文件保存。

至此"播放暂停"的动画全部制作完成。制作这个动画时需注意要为所有创建过动画的影片剪辑设置实例名称，这样就可以通过脚本控制它们播放或者暂停。

实例 56

网站链接

图 5-7　网站链接

操作提示：

在这个实例中，将学习创建网站链接的方法。本例中网站链接的脚本没有通过手工输入代码的方式实现，而是通过【代码片段】面板中快捷命令来完成。【代码片段】面板是 Flash 内置的脚本快捷应用面板，对于不是很了解脚本命令的设计者非常有用。

　　超链接是构成互联网的基础，所有的点击都是通过超链接完成的，作为应用于网络的 Flash 动画当然也不能少了超链接。超链接可以通过脚本命令实现，本实例将讲解在动画中创建超链接的方法，动画的最终效果如图 5-7 所示。

绘制画面背景

01 启动 Flash CC，创建出一个 ActionScript 3.0 新的文档。设置文档舞台的【宽度】参数为 "420 像素"、【高度】参数为 "375 像素"、【背景颜色】为默认的白色，并将创建的文档保存为 "网站链接 .fla"。

02 将本书配套光盘 "第五章 / 素材" 目录下的 "沙漠 .jpg" 图像文件导入到舞台中，并设置导入的图像刚好覆盖住舞台，然后将导入图像所在图层名称命名为 "底图背景"，如图 5-8 所示。

03 在 "底图背景" 图层之上创建一个名为 "按钮" 的新图层，在此图层中输入一个黑色的 "GO HOME" 文字，将其放置在木头指示牌的位置，并为其设置 "投影" 的滤镜效果，如图 5-9 所示。

图 5-8　导入的 "沙漠 .jpg" 图像文件

04 选择输入的文字，将其转换为名称为 "gohome" 的按钮元件。双击此按钮元件切换至 "gohome" 按钮元件编辑窗口中，在 "gohome" 按钮元件编辑窗口 "图层 1" 图层 "指针经过" 帧插入关键帧，将此帧处的文字颜色改为红色（颜色值为 "#990000"），如图 5-10 所示。

颜色为白色，颜色值为 "#FFFFFF"

颜色为红色，颜色值为 "#990000"

图 5-9　设置 "投影" 滤镜的黑色文字　　　　图 5-10　"指针经过" 帧处的红色文字

05 在 "图层 1" 图层 "按下" 帧插入关键帧，将此帧处的红色文字向下向右各位移 1 像素，然后在 "点击" 帧插入关键帧，让 "图层 1" 图层中内容延续到 "点击" 帧，如图 5-11 所示。

06 在 "图层 1" 图层上方创建名为 "图层 2" 的新图层，并将 "图层 2" 图层拖曳到 "图层 1" 图层的下方，然后在 "图层 2" 图层 "点击" 帧插入关键帧，在此帧处绘制一个文字区域范围大小的矩形，这样就可以设置出按钮的响应范围，如图 5-12 所示。

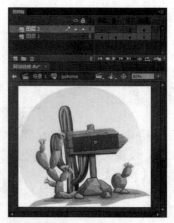

图 5-11 "按下"帧与"点击"帧插入关键帧　　　　图 5-12 "点击"帧中绘制的矩形

07 单击 场景 按钮切换至场景编辑窗口中，在场景编辑窗口中选择"gohome"按钮元件，在【属性】面板【实例名称】输入框中输入"but_go"，设置此按钮实例的名称为"but_go"，如图 5-13 所示。

图 5-13 设置"gohome"按钮的实例名称

08 选择舞台中的"gohome"按钮，单击【窗口】/【代码片段】菜单命令，展开【代码片段】面板，在此面板【ActionScript】/【动作】/【单击以转到 web 页】命令处双击，此时自动展开【动作】面板，并在其中自动输入动作脚本，同时将自动创建一个名称为"Actions"的图层，如图 5-14 所示。

图 5-14 为"gohome"按钮设置动作脚本

09 在【动作】面板中将说明文字删除，将默认的网址改为自己要连接的网址，这里输入作者自己的网站网址 "http://www.51-site.com"，如图 5-15 所示。

图 5-15　修改链接的网址

10 按 Ctrl+Enter 键测试影片，在弹出的影片测试窗口中单击 "GO HOME" 按钮可以看到弹出网页。关闭影片测试窗口，单击【文件】/【保存】菜单命令，将文件保存。

　　至此 "网站链接" 的动画全部制作完成。在这个实例中网站链接的脚本通过【代码片段】面板中快捷命令创建，读者也可以自己试着手工输入代码，这样可以更好的熟悉相关的脚本命令。

实例 57

导航按钮

操作提示：

　　在本实例中将讲解通过 ActionScript 脚本控制导航按钮动画的方法，通过这个例子可以学习到使用 "gotoAndPlay()" 与 "gotoAndStop()" 控制动画跳转的方法。

图 5-16　导航按钮

　　由于 Flash 生成的文件体积小、动态效果强、具有互动性的特点，所以在网站中应用非常广泛，包括网站导航条、网站轮播图、网站 banner 等，甚至整个站点都可以由 Flash 构成。本实例中将制作一个网站导航条，其最终效果如图 5-16 所示。

制作网站导航按钮

01 打开本书配套光盘 "第二章 / 实例" 目录下的 "导航按钮 .fla" 文件，创建一个名为 "灰色渐变" 的影片剪辑元件，切换至 "灰色渐变" 影片剪辑元件编辑窗口，绘制一个灰色渐变的按钮形状，绘制的按钮与之前制作的按钮大小相同，如图 5-17 所示。

02 在【库】面板中双击"按钮 1"影片剪辑元件,切换至"按钮 1"影片剪辑元件编辑窗口中,在此编辑窗口"下条"图层上方创建名为"灰色条"的图层,然后将【库】面板中"灰色渐变"影片剪辑元件拖曳到舞台中,将下方的蓝色按钮覆盖住,如图 5-18 所示。

图 7-17 "灰色渐变"影片剪辑元件 　　　　　　 图 5-18 "按钮 1"影片剪辑元件

03 选择"文字"图层中的"HOME"文字,将其转换为名称为"home"的影片剪辑实例,然后在所有图层的第 15 帧插入帧,设置"按钮 1"影片剪辑元件的播放时间为 15 帧,如图 5-19 所示。

04 在"灰色条"图层第 15 帧插入关键帧,再将"灰色条"图层第 1 帧拖曳到第二帧位置处,将此帧的"灰色渐变"影片剪辑实例水平居中缩小,并在【属性】面板中设置其【Alpha】参数值为"0%"。然后在"灰色条"图层第 2 帧与第 15 帧之前创建传统补间动画,如图 5-20 所示。

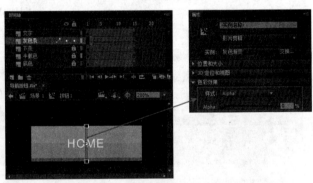

图 5-19 所有图层第 15 帧插入帧 　　　　 图 5-20 第 2 帧处的"灰色渐变"影片剪辑实例

05 在"文字"图层第 2 帧、第 15 帧分别插入关键帧,选择第 15 帧处的"home"影片剪辑实例,在【属性】面板中为其设置【色彩效果】的【色调】为黑色,然后在"文字"图层第 2 帧第 15 帧之间创建传统补间动画,如图 5-21 所示。

06 在"文字"图层上方创建名为"as"的图层,在此图层第 15 帧插入关键帧,然后选择"as"图层第 1 帧,按 F9 键打开【动作】面板,在【动作】面板中输入"stop();"的命令,再选择"as"图层第 15 帧,在【动作】面板中也输入"stop();"的命令。

07 用相同的方法分别在"按钮 2"、"按钮 3"、"按钮 4"、"按钮 5"、"按钮 6"影片剪辑元件中也制作出与"按钮 1"影片剪辑元件相同的动画。

08 创建一个名为"透明按钮"的按钮元件，在此按钮元件的"点击"帧插入关键帧，然后在此帧处绘制一个与"按钮 1"影片剪辑元件大小相同的矩形，如图 5-22 所示。

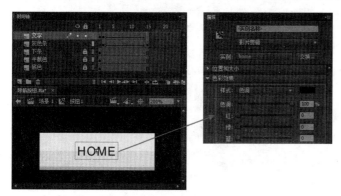

图 5-21　第 15 帧处的"home"影片剪辑实例　　　　图 5-22　"点击"帧处绘制的矩形

09 单击 场景 按钮切换至场景编辑窗口中，在场景编辑窗口"导航条"图层之上创建名为"透明按钮"的图层，从【库】面板中将"透明按钮"按钮元件拖曳到舞台中，并再复制5 个"透明按钮"按钮实例，将这些按钮实例覆盖在"导航条"图层中的各个按钮之上，如图 5-23 所示。

图 5-23　舞台中的各个透明按钮

10 在【属性】面板中依次为"导航条"图层中的"按钮 1"、"按钮 2"、"按钮 3"、"按钮 4"、"按钮 5"、"按钮 6"影片剪辑实例设置【实例名称】为"daohang1"、"daohang2"、"daohang3"、"daohang4"、"daohang5"、"daohang6"。

11 在【属性】面板中依次为"透明按钮"图层中 6 个"透明"按钮实例设置【实例名称】为"but1"、"but 2"、"but 3"、"but 4"、"but 5"、"but 6"。

12 在"透明按钮"图层之上创建名称为"as"的图层，选择"as"的图层第 1 帧，按 F9 键弹出【动作】面板，在【动作】面板中输入动作脚本（见光盘中的源文件）。

13 按 Ctrl+Enter 键测试影片，在弹出的影片测试窗口中将鼠标移至各个按钮，按钮的颜色变成银色，同时文字变为黑色。关闭影片测试窗口，单击菜单栏中的【文件】/【保存】命令，将文件保存。

　　至此"导航按钮"的动画全部制作完成。如果需要将导航按钮链接到网站中，只需按照上一个实例中讲解的方法为按钮添加"navigateToURL"命令即可。

实例 58

拖动鼠标

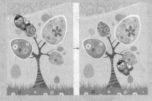

图 5-24　拖动鼠标

操作提示：
　　在本实例中将学习使用【代码片段】中"拖放"命令移动动画对象的方法。

　　制作 Flash 游戏时通常都会对动画对象进行移动的操作，这样的操作通过 ActionScript 可以轻易地完成，使用"startDrag()"与"stopDrag()"的脚本命令即可完成。在本实例中将制作一个移动动画对象的实例，动画最终效果如图 5-24 所示。

制作拖动鼠标移动对象的动画

01 打开本书配套光盘"第六章 / 素材"目录下"拖动鼠标 .fla"文件，在打开的 Flash 文件中有一个背景图像，在【库】面板中有已经制作好的"蜜蜂"影片剪辑元件，如图 5-25 所示。

02 在"背景"图层之上创建名为"蜜蜂"的图层，将【库】面板中"蜜蜂"影片剪辑元件拖曳到舞台中，并在【属性】面板中为其设置"投影"的滤镜效果，如图 5-26 所示。

03 选择"蜜蜂"影片剪辑实例，在【属性】面板【实例名称】输入框中输入"mifeng"，设置此影片剪辑实例的名称为"mifeng"，如图 5-27 所示。

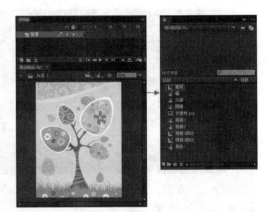

图 5-25　打开的"拖动鼠标 .fla"文件

图 5-26　为"蜜蜂"影片剪辑设置的滤镜效果

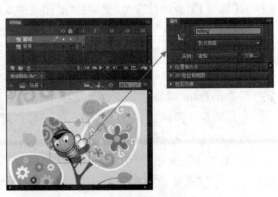

图 5-27　设置"蜜蜂"影片剪辑的实例名称

04 选择舞台中"蜜蜂"影片剪辑实例，打开【代码片段】面板，在此面板【ActionScript】/【动作】/【拖放】命令处双击，此时自动展开【动作】面板，并在其中自动输入动作脚本，同时将自动创建一个名称为"Actions"的图层，如图 5-28 所示。

图 5-28　为"蜜蜂"影片剪辑实例设置动作脚本

05 按 Ctrl+Enter 键测试影片，在弹出的影片测试窗口中单击并拖动蜜蜂图形，蜜蜂随着鼠标移动，松开鼠标蜜蜂图形停止移动。关闭影片测试窗口，单击菜单栏中的【文件】/【保存】命令，将文件保存。

至此"拖动鼠标"的动画全部制作完成。【代码片段】面板对于不是很懂程序语言的动画设计者是一个非常实用的工作，一些简单的互动操作通过它都可以完成，不过多学一些脚本命令，对日常工作也是有很大帮助的。

实例 59

摩天轮

图 5-29　摩天轮

操作提示：

　　本实例中动画对象的旋转是通过"rotation"命令实现的，"rotation"命令用于控制对象旋转一定角度。本实例中没有用到按钮控制动画，是通过"ENTER_FRAME"事件来控制动画的运行，"ENTER_FRAME"事件的含义为进入帧，进入当前帧就执行事件包含的函数。

　　动画对象的位移、变形、旋转以及色彩的变化动画可以通过补间动画完成。如果掌握了 ActionScript 语言，这些动画完全可以通过 ActionScript 脚本命令实现，本实例将制作一个通过 ActionScript 脚本创建对象旋转的动画，其最终效果如图 5-29 所示。

制作摩天轮旋转的动画

01 打开本书配套光盘"第五章 / 素材"目录下的"摩天轮 .fla"文件，在打开的 Flash 文件中有已经制作好的摩天轮图形，如图 5-30 所示。

02 选择"旋转摩天轮"图层中的所有图形，将选择的图形转换为名为"摩天轮"的影片剪辑元件。

03 选择舞台中刚刚转换的"摩天轮"影片剪辑实例，在【属性】面板的【实例名称】输入框中输入"motianlun"，如图 5-31 所示。

图 5-30 打开的"摩天轮 .fla"文件

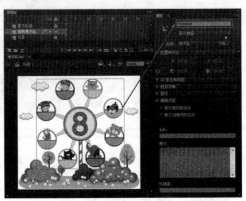

图 5-31 设置"摩天轮"影片剪辑的实例名称

04 在"摩天轮轴"图层之上创建名为"as"的图层,选择"as"的图层第 1 帧,按 F9 键弹出【动作】面板,在【动作】面板中输入如下的动作脚本:

```
motianlun.addEventListener(Event.ENTER_FRAME, fl_Rotate);
function fl_Rotate(event:Event )
{
    motianlun.rotation += 0.5;
}
```

05 按 Ctrl+Enter 键测试影片,在弹出的影片测试窗口中可以观察到摩天轮顺时针旋转的动画。关闭影片测试窗口,单击【文件】/【保存】菜单命令,将文件保存。

至此"摩天轮"的动画全部制作完成。读者根据这个实例可以举一反三,试着创建对象位移、变形、色彩变化的动画。

实例 60

键盘控制动画

图 5-32 键盘控制动画

操作提示:

在本实例中可以学习通过动作脚本制作键盘交互动画的方法，制作此类动画时需要了解各个键盘按键对应的键盘代码，再就是熟悉键盘侦听事件的写法。

在 Flash 中也可以使用键盘来进行动画的交互，尤其制作一些 Flash 游戏时，更需要使用键盘控制对象的移动、变形等。在本实例中将制作一个使用键盘进行交互动画的实例，动画的最终效果如图 5-32 所示。

制作使用键盘缩放对象的动画

01 打开本书配套光盘"第五章 / 素材"目录下的"键盘控制动画 .fla"文件，在打开的 Flash 文件中有一个背景图像和一个热气球影片剪辑，如图 5-33 所示。

02 选择舞台中"热气球动画"影片剪辑实例，在【属性】面板的【实例名称】输入框中输入"qiqiu"，如图 5-34 所示。

图 5-33　打开的"键盘控制动画 .fla"文件　　　图 5-34　设置"热气球动画"影片剪辑的实例名称

03 在"热气球"图层上方创建名为"黑色透明背景"的新图层，在舞台下方绘制一个半透明的黑色长条矩形，如图 5-35 所示。

04 在"黑色透明背景"图层上方创建名为"说明文字"的新图层，在舞台底部半透明黑色长条矩形上方输入白色的"按键盘向上键放大,按键盘向下键缩小"文字，如图 5-36 所示。

图 5-35　绘制的黑色半透明长条矩形　　　　图 5-36　输入的白色文字

05 在"说明文字"图层之上创建名称为"as"的图层，选择"as"的图层第 1 帧，按 F9 键弹出【动作】面板，在【动作】面板中输入如下的动作脚本：

```
function qiqiuPosition(moveX,moveY,scaleNum) {
    with (qiqiu) {
        x+=moveX;
        y+=moveY;
        scaleX+=scaleNum;
        scaleY+=scaleNum;
    }
}
stage.addEventListener(KeyboardEvent.KEY_DOWN,moveqiqiu);
function moveqiqiu(m:KeyboardEvent) {
    switch (m.keyCode) {
        case (38) :
            qiqiuPosition(2,2,0.1);
            break;
        case (40) :
            qiqiuPosition(-2,-2,-0.1);
                break;
    }
}
```

06 按 Ctrl+Enter 键测试影片，在弹出的影片测试窗口中按键盘向上键热气球放大，按键盘向下键热气球缩小。关闭影片测试窗口，单击菜单栏中的【文件】/【保存】命令，将文件保存。

至此"键盘控制动画"的实例全部制作完成。使用键盘控制动画对象和使用鼠标控制动画对象原理都是一样的，只是侦听的事件不同而已。

实例 61

简单相册

图 5-37　简单相册

操作提示：

在本实例中可以学习使用【代码片段】面板控制影片跳转上一帧下一帧，以及使用【代码片段】面板制作影片剪辑淡入淡出动画的方法。

在第三章中介绍过一个相册动画的实例，其中图像是按照时间轴的顺序线性播放的，我们不能控制它的跳转与图像的切换，如果想实现这样的功能就需要使用到 ActionScript 脚本进行操作，本实例将讲解如何使用脚本控制图像播放的动画，其最终效果如图 5-37 所示。

制作简单相册动画

01 启动 Flash CC，创建出一个 ActionScript 3.0 新的文档。设置文档舞台的【宽度】参数为"506 像素"、【高度】参数为"380 像素"、【背景颜色】为砖红色（颜色值为"#EA6060"），并将创建的文档名称保存为"简单相册.fla"。

02 将"图层 1"图层名称命名为"按钮"，然后在舞台上中绘制一个白色圆形中有一个砖红色箭头的图形,将绘制的图形选择,将其转换名称为"arrow"的按钮元件,如图 5-38 所示。

03 将"arrow"按钮实例再复制出一个,并将复制的"arrow"按钮实例水平翻转,然后将两个"arrow"按钮实例放置在舞台底部中间位置,分别在【属性】面板设置它们的实例名称为"but_pre"与"but_next",如图 5-39 所示。

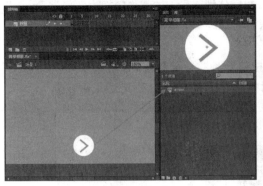

图 5-38　绘制的箭头图形

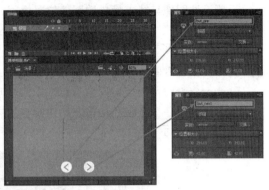

图 5-39　设置两个"arrow"按钮的实例名称

04 在"按钮"图层上方创建一个名为"边框"的新图层,在此图层中绘制一个宽度为"506 像素"、高度为"316 像素"、无笔触颜色、填充颜色为白色、填充颜色 Alpha 参数值为"60%"的矩形,并设置矩形的左顶点与舞台的左顶点对齐,如图 5-40 所示。

05 在"边框"图层上方创建一个名为"相册图"的新图层,然后在"相册图"图层第 1 帧到第 5 帧都插入关键帧,在"边框"与"按钮"图层第 5 帧插入帧,如图 5-41 所示。

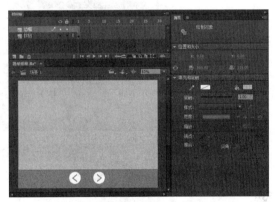

图 5-40　绘制的白色半透明矩形

06 选择"相册图"图层第 1 帧,导入本书配套光盘"第五章 / 素材"目录下的"相册 1.jpg"图像文件,设置导入图像的左顶点【X】轴坐标值为"3"、【Y】轴坐标值也为"3",如图 5-42 所示。

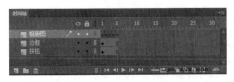

图 5-41　各个图层插入的帧与关键帧

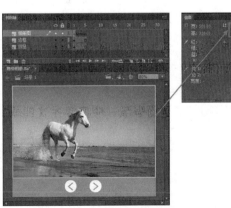

图 5-42　导入图像的位置

07 选择导入的图像,将其转换名称为"pic1"的影片剪辑实例,并在【属性】面板中设置其【实例名称】为"pic1"。

08 按照相同的方法在"相册图"图层第 2 帧、第 3 帧、第 4 帧、第 5 帧分别导入本书配套光盘"第五章 / 素材"目录下的"相册 2.jpg"、"相册 3.jpg"、"相册 4.jpg"、"相册 5.jpg"图像文件,设置这些图像与第 1 帧中的图像位置相同。然后分别将导入的图像转换为名称为"pic2"、"pic3"、"pic4"、"pic5"的影片剪辑元件,并设置它们的【实例名称】分别为"pic2"、"pic3"、"pic4"、"pic5"。

09 选择"按钮"图层中向左方向的"arrow"按钮实例,打开【代码片段】面板,在此面板【ActionScript】/【时间轴导航】/【单击以转到前一帧并停止】命令处双击,此时自动展开【动作】面板,并在其中自动输入动作脚本,同时将自动创建一个名称为"Actions"的图层,如图 5-43 所示。

图 5-43　为向左方向"arrow"按钮实例设置代码

10 再选择向右方向的"arrow"按钮实例,在【代码片段】面板中【ActionScript】/【时间轴导航】/【单击以转到前一帧并停止】命令处双击,在【动作】面板中自动添加动作脚本,如图 5-44 所示。

图 5-44　为向右方向"arrow"按钮实例设置代码

11 在【动作】面板中将注释语句删除，在第 1 行添加"stop();"命令，并在"prevFrame();"与"nextFrame();"命令下方添加"stop();"命令，此时【动作】面板中脚本如下所示：

```
stop();
but_pre.addEventListener(MouseEvent.CLICK, fl_ClickToGoToPreviousFrame);

function fl_ClickToGoToPreviousFrame(event:MouseEvent):void
{
    prevFrame();
    stop();
}
but_next.addEventListener(MouseEvent.CLICK, fl_ClickToGoToNextFrame);

function fl_ClickToGoToNextFrame(event:MouseEvent):void
{
    nextFrame();
    stop();
}
```

此时如果测试影片，在影片测试窗口中单击向右箭头按钮，则切换到下一张图像，单击向左按钮则切换到上一张图像，但是图像切换之间没有过渡效果，下面再通过动作脚本设置图像切换时显示淡入的动画效果。

12 选择"相册图"图层第 1 帧处的"pic1"影片剪辑实例，在【代码片段】面板中【ActionScript】/【动画】/【淡入影片剪辑】命令处双击，则在【动作】面板中添加了相应的图像淡入的动作脚本，如图 5-45 所示。

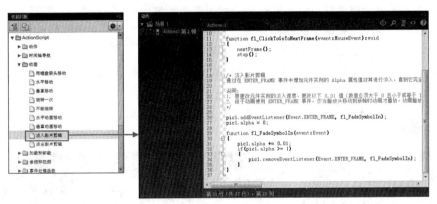

图 5-45　为"pic1"影片剪辑实例设置代码

13 将【动作】面板中"pic1.alpha += 0.01;"命令改为"pic1.alpha += 0.05;"，这样"pic1"影片剪辑实例的动画淡入的效果会快一些。

14 按照相同的方法分别为"相册图"图层第 2 帧、第 3 帧、第 4 帧、第 5 帧处的"pic2"、"pic3"、"pic4"、"pic5"影片剪辑实例通过【代码片段】面板添加"淡入影片剪辑"命令。

15 按 Ctrl+Enter 键测试影片，在弹出的影片测试窗口中单击向右按钮切换到下一张图像，图像以淡入的方式出现，单击单击向左按钮切换到上一张图像，图像以淡入的方式出现。关闭影片测试窗口，单击【文件】/【保存】菜单命令，将文件保存。

至此"简单相册"的实例全部制作完成。将这个实例改一改就可以应用到工作中去，如现在网站中流行的轮播图片，就可以使用这个实例来完成。

实例 62

圣诞快乐

操作提示：

　　本实例中的 ActionScript 脚本命令略微复杂一些，通过实例可以学习到使用 ActionScript 脚本复制影片剪辑，并为复制的影片剪辑设置不同位置、缩放大小以及色彩效果。

图 5-46　圣诞快乐

　　圣诞节快到了，为亲朋好友送上自己亲手做的圣诞贺卡，这可是一份很特别的祝福。本实例将制作一个圣诞快乐的贺卡，其最终效果如图 5-46 所示。

制作圣诞快乐的贺卡动画

01 打开本书配套光盘"第五章 / 素材"目录下"圣诞快乐 .fla"文件，在打开的 Flash 文件中创建一个名为"雪花"的图形元件，并切换至"雪花"图形元件编辑窗口中，在此元件中绘制一个白色的雪花形状图形，如图 5-47 所示。

02 创建一个名为"雪花动画"的影片剪辑元件，并切换至"雪花"影片剪辑元件编辑窗口中，将【库】面板中"雪花"图形元件拖曳到影片剪辑编辑窗口的中心位置，然后在"图层 1"图层第 90 帧插入关键帧，并在"图层 1"图层第 1 帧与第 90 帧之间创建传统补间动画，如图 5-48 所示。

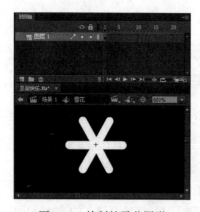

图 5-47　绘制的雪花图形

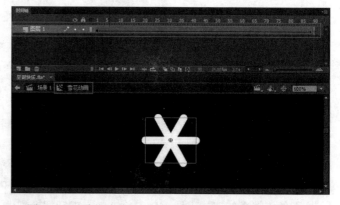

图 5-48　"雪花动画"影片剪辑元件中制作传统补间动画

03 选择"图层 1"图层第 1 帧与第 90 帧之间任意一帧，在【属性】面板的【补间】选项中设置【旋转】参数为"顺时针"，这样为雪花创建出旋转的动画效果，如图 5-49 所示。

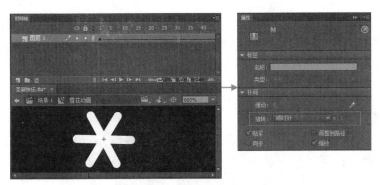

图 5-49　创建的传统补间动画

04 打开【库】面板，在【库】面板的"雪花动画"影片剪辑元件上方单击鼠标右键，在弹出菜单中选择"属性"命令，弹出【元件属性】对话框，在此对话框中将【为 ActionScript 导出】复选框勾选，此时【在第 1 帧中导出】复选框与【类】、【基类】输入框将都被激活，然后在【类】输入框中输入"snow"，如图 5-50 所示。

05 单击　确定　按钮，关闭【元件属性】对话框，然后单击 场景1 按钮切换至场景编辑窗口中，在场景编辑窗口【时间轴】面板中为所有的图层第 3 帧插入帧，设置动画播放时间为 3 帧，如图 5-51 所示。

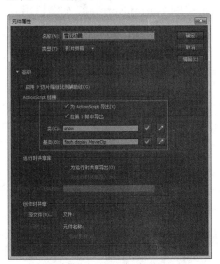

图 5-50　【元件属性】对话框

图 5-51　所有图层第 3 帧插入帧

06 在"遮盖"图层上方创建名称为"as"的图层，在"as"图层第 1 帧、第 2 帧、第 3 帧插入关键帧。再选择"as"图层第 1 帧，打开【动作】面板，在【动作】面板中输入动作脚本（见本书光盘中的源文件）。

07 选择"as"图层第 2 帧，在【动作】面板中输入动作脚本（见本书光盘中的源文件）。

08 选择"as"图层第 2 帧，在【动作】面板中输入如下的动作脚本：

```
gotoAndPlay(2);
```

09 按 Ctrl+Enter 键测试影片，在弹出的影片测试窗口中可以观察到雪花飘落的动画效果。关闭影片测试窗口，单击【文件】/【保存】菜单命令，将文件保存。

至此"圣诞快乐"的实例全部制作完成。在这个实例中雪花对象不是放置在舞台上中通过实例名称调用，而是在【库】面板中通过类的名称进行调用，使用这种方法调用更加灵活方便，更符合面向对象化编程的思想。

实例 63

时尚文字

操作提示：
　　在本实例中可以学习到有关于时间函数的运用方法，以及舞台中设置动态文本框的技巧。

图 5-52　闹钟

Flash 中提供精确的时间控制命令，可以使用相关的 ActionScript 脚本模拟出真实的钟表效果，本实例将制作一个模拟钟表的动画，其最终效果如图 5-52 所示。

制作闹钟动画

01 打开本书配套光盘"第五章 / 素材"目录下"闹钟 .fla"文件，在打开的 Flash 文件中有一个闹钟的图形，在【库】面板中有已经制作好的"分时针"与"秒针"影片剪辑元件，如图 5-53 所示。

02 在"闹钟"图层之上创建名为"日期框"的图层，在钟表的 6 点位置上方绘制一个白色的小矩形，然后将绘制的矩形转换为名为"日期框"的影片剪辑实例，并在【属性】面板中为"日期框"影片剪辑实例设置"投影"的滤镜效果，如图 5-54 所示。

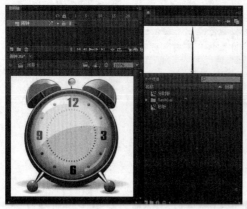

图 5-53　打开的"闹钟 .fla"文件

图 5-54　为"日期框"影片剪辑实例设置滤镜效果

03 在"日期框"图层上方创建名称为"日期"的新图层,在"日期"图层中使用【文本工具】创建 3 个文本框,在【属性】面板中设置【文本类型】为"动态文本",并设置合适的字体与大小,如图 5-55 所示。

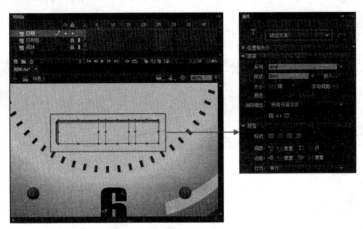

图 5-55　创建的动态文本框

04 在【属性】面板中依次为三个动态文本框设置实例名称为"y_txt"、"m_txt"、"d_txt", 如 图 5-56 所示。

05 在"日期框"图层上方创建名为"分割符号"的新图层,在"分割符号"图层中绘制两条横线将 3 个动态文本框分割出来,这样时钟出现的年月日会用横线分割,如图 5-57 所示。

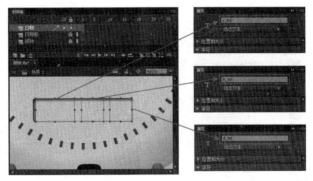

图 5-56　设置动态文本框的实例名称

06 在"日期框"图层上方创建名称为"时针"的新图层, 在"时针"图层中将【库】面板中"分时针"影片剪辑元件拖曳到舞台中,将其指针向下并垂直方向缩小变形一下,放置在钟表的中心位置,将其作为钟表的时针,并在【属性】面板中设置【实例名称】为"sz_mc"如图 5-58 所示。

图 5-57　绘制的分隔符

图 5-58　放置在舞台中的时针

07 将【库】面板中"分时针"影片剪辑元件拖曳到舞台中,使指针向上放置在钟表的中心位置,将其作为钟表的分针,并在【属性】面板中设置【实例名称】为"fz_mc"如图 5-59 所示。

08 将【库】面板中"秒针"影片剪辑元件拖曳到舞台中,使指针向右指向,并将其放置在钟表的中心位置,使其作为钟表的秒针,并在【属性】面板中设置【实例名称】为"mz_mc"如图 5-60 所示。

图 5-59 放置在舞台中的分针   图 5-60 放置在舞台中的秒针

09 在"时针"图层之上创建名称为"as"的新图层,选择"as"的图层第 1 帧,按 F9 键弹出【动作】面板,在【动作】面板中输入动作脚本(见本书光盘中的源文件)。

10 按 Ctrl+Enter 键测试影片,在弹出的影片测试窗口中可以观察到钟表的时针、分针、秒针按照当前的系统时间转动,下面的日期框中显示的是当期系统的日期。然后关闭影片测试窗口,单击【文件】/【保存】菜单命令,将文件保存。

至此,"闹钟"全部制作完成。和现实中的钟表一样,时间是非常准确的,可以把制作的闹钟动画文件放置到桌面上,需要看时间时把动画文件打开即可。

实例 64

足球

操作提示:
　　在本实例中可以学习使用按钮控制动画对象放大或者缩小的方法。对于动画对象的放大与缩小,可以使用"scaleX"与"scaleY"属性命令实现。

图 5-61 足球

在前面的实例中学习过使用键盘控制影片剪辑等比例缩放的方法,本实例再学习如何通过按钮控制影片剪辑进行等比例缩放,实例的最终效果如图 5-61 所示。

制作足球放大缩小的动画

01 打开本书配套光盘"第五章 / 素材"目录下"足球 .fla"文件，在打开的 Flash 文件中有一个草坪与足球的图形，在【库】面板中有已经制作好的"放大"与"缩小"影片剪辑元件，如图 5-62 所示。

02 在"足球"图层之上创建名称为"按钮"的图层，在"按钮"图层中将【库】面板中"放大"与"缩小"影片剪辑元件拖曳到舞台右下角的位置，如图 5-63 所示。

图 5-62　打开的"足球 .fla"文件

图 5-63　"放大"与"缩小"影片
剪辑实例的位置

03 选择舞台中"放大"影片剪辑实例，在【属性】面板中设置【实例名称】为"but_big"，如图 5-64 所示。

04 选择舞台中"缩小"影片剪辑实例，在【属性】面板中设置【实例名称】为"but_small"，如图 5-65 所示。

图 5-64　"放大"影片剪辑实例的实例名称

图 5-65　"缩小"影片剪辑实例的实例名称

05 在"按钮"图层之上创建名称为"as"的图层，选择"as"的图层第 1 帧，按 F9 键弹出【动作】面板，在【动作】面板中输入如下的动作脚本：

```
but_big.addEventListener(MouseEvent.CLICK,fangda);
function fangda( evt:MouseEvent):void {
football.scaleX *= 1.10;
football.scaleY *= 1.10;
}
```

```
but_small.addEventListener( MouseEvent.CLICK, suoxiao);
function suoxiao( evt:MouseEvent):void {
football.scaleX *= 0.9;
football.scaleY *= 0.9;
}
```

06 按 Ctrl+Enter 键测试影片，在弹出的影片测试窗口中单击放大按钮，足球图像将放大；单击缩小按钮，足球图像将缩小。关闭影片测试窗口，单击菜单栏中的【文件】/【保存】命令，将文件保存。

实例 65

户外广告

图 5-66　户外广告

操作提示：

导入外部的图像或者 swf 文件主要是通过两个语句完成，分别是 "Loader" 与 "addChild"，"Loader" 命令用于将外部文件载入到容器中，"addChild" 命令用于将容器中载入的对象添加到场景中。

　　在 Flash 中可以将外部图像或者动画载入到影片中，这样可以减小影片的文件体积，同时可以灵活的替换需要载入的图像或者动画。本实例将制作一个载入外部元素的动画，实例的最终效果如图 5-66 所示。

制作载入外部图像、swf 文件的动画

01 启动 Flash CC，创建一个 ActionScript 3.0 新的文档。设置文档舞台的【宽度】参数为"600 像素"、【高度】参数为"470 像素"、【背景颜色】为黑色，并将创建的文档名称保存为"户外广告 .fla"。

02 将本书配套光盘"第五章 / 素材"目录下"户外广告 .jpg"图像文件导入到舞台中，并设置导入的图像刚好覆盖住舞台，然后将导入图像所在图层名称命名为"户外广告图"，如图 5-67 所示。

03 创建一个名称为"按钮底"的影片剪辑元件，并在"按钮底"影片剪辑元件中绘制一个浅灰色渐变的圆角矩形，如图 5-68 所示。

图 5-67　导入的"户外广告 .jpg"图像文件

04 创建一个名为"按钮底蓝色"的影片剪辑元件，在"按钮底蓝色"影片剪辑元件中绘制一个与"按钮底"影片剪辑元件中浅灰色渐变一样大小的蓝色渐变圆角矩形，如图 5-69 所示。

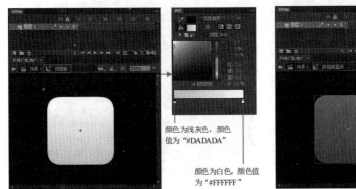

颜色为浅灰色，颜色值为"#DADADA"

颜色为白色，颜色值为"#FFFFFF"

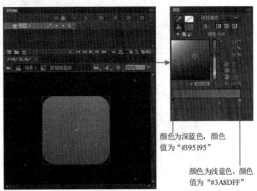

颜色为深蓝色，颜色值为"#395I95"

颜色为浅蓝色，颜色值为"#3A8DFF"

图 5-68　绘制的灰色渐变矩形　　　　　图 5-69　绘制的蓝色渐变矩形

05 创建一个名为"数字 1 按钮"的按钮元件，在"数字 1 按钮"按钮元件中将【库】面板中"按钮底"影片剪辑元件拖曳到舞台中心位置，并在【属性】面板中为"按钮底"影片剪辑实例设置"投影"与"发光"的滤镜效果，如图 5-70 所示。

06 在"数字 1 按钮"按钮元件编辑窗口"图层 1"图层的"点击"帧插入帧，在"指针经过"帧插入空白关键帧，然后在"指针经过"帧处将"按钮底蓝色"影片剪辑元件拖曳到舞台中心处，并为其设置与"按钮底"影片剪辑同样的"投影"与"发光"滤镜效果，如图 5-71 所示。

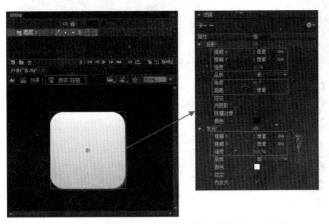

图 5-70　为"按钮底"影片剪辑实例设置滤镜效果　　　　图 5-71　指针经过帧处的"按钮底蓝色"影片剪辑

07 在"图层 1"图层上创建新图层，默认名称为"图层 2"，在"图层 2"图层"弹起"帧处输入黑色的数字"1"文字，将其放置在按钮的中心位置，然后在"指针经过"帧插入关键帧，将此帧处的黑色数字"1"文字改为白色，如图 5-72 所示。

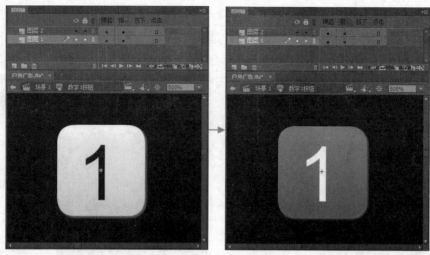

图 5-72　输入的数字 "1"

08 用相同的方法制作出 "数字 2 按钮" 与 "数字 3 按钮" 按钮元件，然后切换回场景舞台中，在场景舞台 "户外广告图" 图层上方创建名称为 "按钮" 的图层，将 "数字 1 按钮"、"数字 2 按钮"、"数字 3 按钮" 按钮元件放置在舞台的右下角，如图 5-73 所示。

09 在 "户外广告图" 图层上方创建名为 "载入" 的图层，在 "载入" 图层中绘制一个与广告牌大小相同的白色矩形，然后将白色矩形转换为名称为 "载入电影" 的影片剪辑元件，设置影片剪辑元件的原点在白色矩形的左上角，如图 5-74 所示。

图 5-73　舞台中的按钮

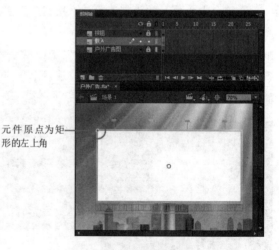

元件原点为矩形的左上角

图 5-74　元件的原点位置

10 在【属性】面板中为 "数字 1 按钮"、"数字 2 按钮"、"数字 3 按钮" 按钮分别设置【实例名称】为 "but1"、"but2"、"but3"，为 "载入电影" 影片剪辑设置【实例名称】为 "mov"。

11 在 "载入" 图层上方创建名称为 "广告牌遮罩" 的图层，在此图层中绘制一个与 "载入" 图层中图样大小的矩形，然后将 "广告牌遮罩" 图层转换为遮罩层，"载入" 图层转换为被遮罩层，如图 5-75 所示。

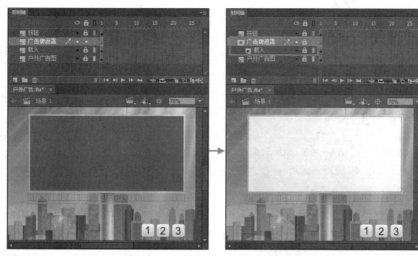

图 5-75　创建的遮罩层与被遮罩层

12 在"按钮"图层之上创建名称为"as"的图层，选择"as"的图层第 1 帧，按键盘 F9 键弹出【动作】面板，在【动作】面板中输入动作脚本（见光盘中源文件）。

提示：

外部载入的"广告 1.jpg"、"广告 2.jpg"图像文件与"房产广告 .swf"动画文件需要放置在与当前 flash 文档同一个目录中否则制作的动画不能加载这几个图像与动画。

13 按 Ctrl+Enter 键测试影片，在弹出的影片测试窗口中单击不同的按钮则广告牌中切换不同的图像与动画。关闭影片测试窗口，单击【文件】/【保存】菜单命令，将文件保存。

至此"户外广告"的实例全部制作完成。载入外部文件在 Flash 网站与多媒体项目中经常会被使用到，如果您经常参与这样项目制作，那就需要熟练掌握外部载入命令的操作方法。

实例 66

导入文字

图 5-76　导入文字

操作提示：

与导入外部图像不同，导入外部文本使用的是"URLrequest()"函数，通过"URLrequest()"函数将外部文本内容导入进来后，再赋值给动画中的文本框。此外实例中还使用了"System.useCodePage = true;"这样的语句，通过这条语句可以使用操作系统的传统代码页来解释外部文本文件，保证载入的文本不会变成乱码。

动画中如果输入很长的文章，以后需要对其进行修改，通常只能打开源文件进行操作，这样非常不方便。Flash 提供了导入文字的脚本命令，可以将外部的 txt 文档中的文本导入到动画中，这样日后进行文本的修改，只需修改对应的 txt 文件即可。本实例中将制作这样一个导入文字的动画，实例的最终效果如图 5-76 所示。

制作导入文字动画

01 启动 Flash CC，创建出一个 ActionScript 3.0 新的文档。设置文档舞台的【宽度】参数为"600 像素"、【高度】参数为"475 像素"、【背景颜色】为默认的白色，并将创建的文档名称保存为"导入文字 .fla"。

02 将本书配套光盘"第五章 / 素材"目录下"小黑板 .jpg"图像文件导入到舞台中，并设置导入的图像刚好覆盖住舞台，然后将导入图像所在图层命名为"背景"，如图 5-77 所示。

03 在"背景"图层之上创建名为"文本框"的图层，并在"文本框"中创建一个文本框，在【属性】面板中设置【文本类型】为"动态文本"，然后在【实例名称】输入框中输入"my_txt"，并设置合适的字体与文字大小，如图 5-78 所示。

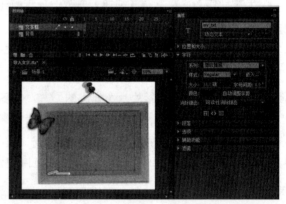

图 5-77　导入的"小黑板 .jpg"图像文件　　　　图 5-78　创建的文本输入框

04 选择舞台中创建的文本框，在【属性】面板中设置【段落】中的【行为】选项为"多行"，如图 5-79 所示。

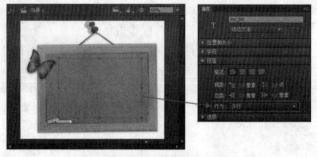

图 5-79　设置文本框的段落属性

提示：

　　文本框默认的【行为】选项为单行，如果不进行设置文本框载入的文字只能显示一行，将【行为】选项设置为多行，可以让加载的文本在文本框中自动换行。

05 打开【组件】面板，将 "UIScrollBar" 组
件拖曳到舞台文本框右侧，将其吸附到文
本输入框上，并将其拉伸为与文本框同样
的高度，如图 5-80 所示。

06 在 "文本框" 图层之上创建名称为 "as"
的图层，选择 "as" 的图层第 1 帧，按键
盘 F9 键弹出【动作】面板，在【动作】
面板中输入如下的动作脚本：

图 5-80　吸附到文本框上的 "UIScrollBar" 组件

```
var req:URLRequest = new URLRequest ("myTxt.txt");
System.useCodePage = true;
var Load:URLLoader = new URLLoader();
function txtLoader(event:Event):void{
        my_txt.text = Load.data;
    }
Load.addEventListener(Event.COMPLETE, txtLoader);
Load.load(req);
```

07 将本书配套光盘 "第五章 / 素材" 目录下 "myTxt.txt" 文本文件拷贝到与制作的文件同
一个目录下。

08 按 Ctrl+Enter 键测试影片，在弹出的影片测试窗口中可以观察到黑板中加载进 "myTxt.
txt" 文本文件中的文字，文本框右侧有一个滚动条，拖动滚动条可以上下移动文本信息。
关闭影片测试窗口，单击【文件】/【保存】菜单命令，将文件保存。

　　至此 "导入文本" 的实例全部制作完成。本实例中除了载入外部文本，还使用了内
置的滚动条组件，通过滚动条组件可以快捷的为文本框添加上文本滚动条。

实例 67

文本滚动条

图 5-81　文本滚动条

操作提示：
　　在本实例中可以学习创建文本框
滚动条的方法，创建文本滚动条最少
需要两个对象，一个是滚动条本身，
再一个是滚动条所在区域的线段，然
后通过 ActionScript 脚本控制滚动条随
着文本在滚动条区域内滑动。

　　上一个 "导入文字" 的实例中使用到 "UIScrollBar" 组件来创建文本滚动条，这个
滚动条有固定的颜色样式，如果想制作出风格独特的滚动条，则需要在 Flash 中手工制
作，并通过 ActionScript 脚本控制滚动条滚动文本。本实例将制作一个文本滚动条的动
画，其最终动画效果如图 5-81 所示。

制作文本滚动条动画

01 启动 Flash CC，创建出一个 ActionScript 3.0 新的文档。设置文档舞台的【宽度】参数为"600 像素"、【高度】参数为"450 像素"、【背景颜色】为默认的白色，并将创建的文档保存为"文本滚动条 .fla"。

02 导入本书配套光盘"第五章 / 素材"目录下"文本背景 .jpg"图像文件到舞台中，并设置导入的图像刚好覆盖住舞台，然后将导入图像所在图层命名为"背景"，如图 5-82 所示。

03 在"背景"图层上方创建一个名为"文本显示区域"新图层，在新图层中绘制一个矩形，然后将其转换为名为"文本区域"的影片剪辑元件，并在【属性】面板中设置【实例名称】为"mc_zhe"，如图 5-83 所示。

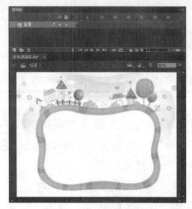

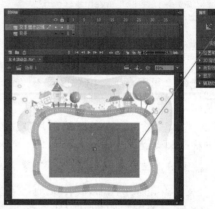

图 5-82　导入的"文本背景 .jpg"图像　　　　　图 5-83　舞台中绘制的矩形

04 创建一个名称为"ScrollBar"的影片剪辑元件，在此元件中将当前图层名称改为"scrollable area"，在"scrollable area"图层中绘制一个细长条的直线，将此直线转换为名为"scrollable area"的影片剪辑实例，并在【属性】面板中设置【实例名称】为"flashmo_scrollable_area"，如图 5-84 所示。

05 在"scrollable area"图层之上创建一个名称为"scroller"的图层、在此图层中绘制一个矩形作为滚动条，将此矩形转换为名为"scroller"的影片剪辑实例，并在【属性】面板中设置【实例名称】为"flashmo_scroller"，，如图 5-85 所示。

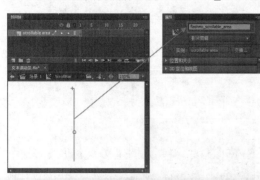

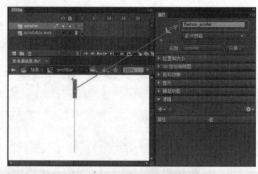

图 5-84　"scrollable area"影片剪辑实例　　　　图 5-85　"scroller"影片剪辑实例

06 在"scroller"图层之上创建一个名称为"action"的图层，选择"action"图层的第 1 帧，按键盘 F9 键弹出【动作】面板，在【动作】面板中输入动作脚本（见光盘中源文件）。

07 单击 场景 1 按钮切换至场景舞台中，在"文本显示区域"图层之上创建一个名为"滚动条"的图层，将【库】面板中将"ScrollBar"影片剪辑元件拖曳到舞台中，将其放置在矩形区域的右侧，缩放合适的大小，然后在【属性】面板中为其设置【实例名称】为"scroll_mc"，在【色彩效果】中为其设置"高级"的色彩效果，如图 5-86 所示。

08 在"滚动条"图层之上创建一个名为"文字"的图层，在此图层中输入文本内容，然后将输入的文本转换为名为"文字"的影片剪辑元件，并在【属性】面板中为其设置【实例名称】为"body_mc"，如图 5-87 所示。

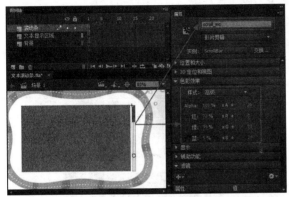

图 5-86 设置"ScrollBar"影片剪辑实例的属性

图 5-87 舞台中输入的文本

09 在"按钮"图层之上创建名称为"as"的图层，选择"as"的图层第 1 帧，按 F9 键弹出【动作】面板，在【动作】面板中输入如下的动作脚本：

```
scroll_mc.scrolling("body_mc", "mc_zhe", 0.15);
```

10 按 Ctrl+Enter 键测试影片，在弹出的影片测试窗口中拖动文字右侧滚动条，文字随着滚动条上下滚动。关闭影片测试窗口，单击【文件】/【保存】菜单命令，将文件保存。

至此"文本滚动条"的实例制作完成。读者在实际工作中需用应用到文本滚动条可以把制作的实例直接调用进来。

实例 68

计算器

图 5-88 计算器

操作提示：

Flash 提供了基本的运算符，通过这些运算符可以实现加、减、乘、除的运算，在本实例中将学习如何运用运算符进行数学运算的方法。

本实例将制作一个计算器的动画，这个计算器可以进行简单的加、减、乘、除运算，对于日常的计算完全可以满足，实例的最终效果如图 5-88 所示。

制作计算器的动画

01 启动 Flash CC，创建出一个 ActionScript 3.0 新的文档。设置文档舞台的【宽度】参数为"320像素"、【高度】参数为"350 像素"、【背景颜色】为默认的白色，并将创建的文档保存为"计算器 .fla"。

02 将当前图层重新命名为"底色"，然后导入本书配套光盘"第五章 / 素材"目录下"斜线底纹 .jpg"图像文件，并设置导入的图像刚好覆盖住舞台，如图 5-89 所示。

03 在"底色"图层上方创建名称为"计算器"的新图层，然后导入本书配套光盘"第五章 / 素材"目录下"计算器 .jpg"图像文件，并设置导入的图像位于舞台中心位置，如图 5-90 所示。

图 5-89　导入的"斜线底纹 .jpg"图像文件

图 5-90　导入的"计算器 .jpg"图像文件

04 创建一个名称为"灰色按钮底"的影片剪辑元件，在"灰色按钮底"影片剪辑元件中绘制一个深灰色的计算器按钮图形，如图 5-91 所示。

05 按照相同的方法创建名为"粉色按钮底"与"黄色按钮底"的影片剪辑元件，在这两个影片剪辑元件中分别绘制出粉色（颜色值为"EC5D6A"）线性渐变与黄色（颜色值为"FFA837"）线性渐变的按钮图形，如图 5-92 所示。

图 5-91　绘制的深灰色按钮

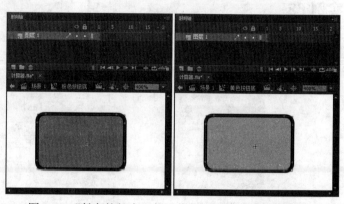

图 5-92　"粉色按钮底"与"黄色按钮底"影片剪辑元件

06 创建一个名为"0"的按钮元件,在"0"按钮元件中将"灰色按钮底"影片剪辑元件拖曳到注册点中心位置,并在其上创建新图层,在新图层中输入白色的数字"0"如图 5-93 所示。

07 在所有图层的"点击"帧插入帧,然后在数字 0 所在图层的"指针经过"帧插入关键帧,将数字 0 的颜色调整为黄色(颜色值为"FFFF00"),再在"按下"帧插入关键帧,将此帧处黄色的数字 0 文字向下移动一个像素,如图 5-94 所示。

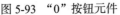
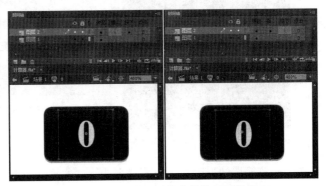

图 5-93 "0"按钮元件　　　　　　　图 5-94 "0"按钮元件中其他帧处的数字

08 按照相同的方法制作出数字"1"~"9"和小数点"."的按钮元件,如图 5-95 所示。

09 和创建数字按钮一样,再通过"粉色按钮底"创建加减乘除的按钮,如图 5-96 所示。

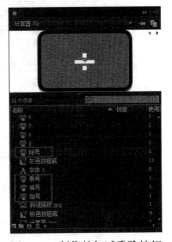

图 5-95 制作的其他数字按钮　　　　　　　图 5-96 制作的加减乘除按钮

10 和创建数字按钮一样,再通过"黄色按钮底"创建"C"、"CE"和"等号"按钮,如图 5-97 所示。

11 单击 场景 1 按钮切换至场景编辑窗口中,在"计算器"图层上方创建名称为"计算器按钮"的新图层,然后将【库】面板中创建的各个按钮放置在计算器的面板中,如图 5-98 所示。

12 通过【属性】面板设置舞台中"0"~"9"按钮的实例名称为"bt0"~"bt9";设置"小数点"按钮的实例名称为"btpoint";设置"加号"、"减号"、"乘号"、"除号"、"等号"按钮的实例名称分别为"btadd"、"btsub"、"btmulti"、"btdiv"、"btequal";设置"CE"与"C"按钮的实例名称为"btce"与"btc"。

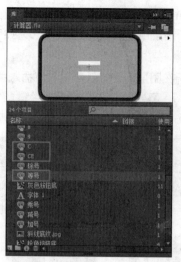

图 5-97　制作的 "C"、"CE" 和 "等号" 按钮

图 5-98　舞台中各个按钮

13 在 "计算器按钮" 图层上方创建名为 "文木框" 的新图层，然后在计算器显示屏位置处创建一个动态文本框，并设置文本框的颜色为黑色、字体大小为 "16"，并设置其实例名称为 "dataText"，如图 5-99 所示。

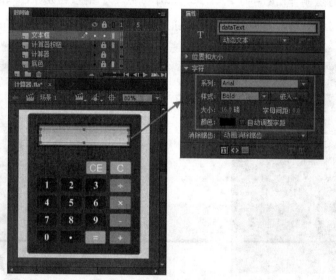

图 5-99　创建的动态文本框

14 在文本框上方创建名称为 "as" 的新图层，在 "as" 图层第 1 帧输入动作脚本（见光盘中源文件）。

15 按 Ctrl+Enter 键测试影片，在弹出的影片测试窗口中按各个数字可以进行加减乘除的运算，运算的结果显示在计算器的显示屏中。关闭影片测试窗口，单击【文件】/【保存】菜单命令，将文件保存。

至此 "计算器" 的实例全部制作完成。将制作的计算器发布到手机中，就可以当做真正的计算器来用了。

实例 69

水面

图 5-100　水面动画效果

操作提示：

本实例的特效通过 AS3.0 提供的滤镜函数来完成。实例中没有将任何元素放置到场景中，都是通过 ActionScript 脚本调用到舞台，这也是程序人员常用的技术手段。

使用 Flash 可以制作出精美的图形特效，在本实例中制作一个鼠标划过画面出现涟漪的动画，实例的最终效果如图 5-100 所示。

制作鼠标经过画面出现涟漪的动画

01 启动 Flash CC，创建出一个新的 ActionScript 3.0 文档。设置文档舞台的【宽度】参数为"600 像素"、【高度】参数为"375 像素"、【背景颜色】为默认的白色，并将创建的文档名称保存为"水面 .fla"。

02 将本书配套光盘"第五章 / 素材"目录下的"cybizhi.jpg"图像文件导入到【库】中，如图 5-101 所示。

03 创建一个名称为"pic"的影片剪辑元件，然后将【库】面板中"cybizhi.jpg"图像文件拖曳到"pic"影片剪辑元件编辑窗口中。

04 选择"pic"影片剪辑元件编辑窗口中"cybizhi.jpg"图像文件，在【信息】面板中设置其左顶点【X】与【Y】轴坐标值全部为"0"，如图 5-102 所示。

图 5-101　导入到【库】中的"cybizhi.jpg"　图 5-102　"pic"影片剪辑元件中的"cybizhi.jpg"图像
　　　　　 图像文件　　　　　　　　　　　　　　　　　　图像

05 在【库】面板中"pic"影片剪辑元件上方单击鼠标右键,在弹出菜单中选择【属性】命令,弹出【元件属性】对话框。

06 在【元件属性】对话框中将【为 ActionScript 导出】复选框勾选,然后在【类】输入框中输入【Mc】,如图 5-103 所示。

07 单击 确定 按钮,关闭【元件属性】对话框,然后单击 场景1 按钮切换至场景编辑窗口中。

08 选择舞台"图层 1"图层第 1 帧,按 F9 键弹出【动作】面板,在【动作】面板中输入动作脚本(见光盘中的源文件)。

09 按 Ctrl+Enter 键测试影片,在弹出的影片测试窗口中可以观察到随着鼠标移动画面上出现水波效果的动画。关闭影片测试窗口,将文件保存。

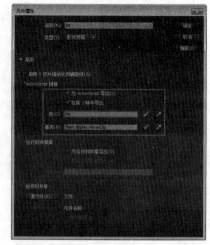

图 5-103 【元件属性】对话框中参数

至此"水面"的实例全部制作完成。这个实例特效是不是很炫啊,把这个特效放置到自己的作品中,会让你的作品增色很多。

实例 70

图像像素溶解

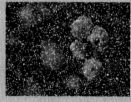

图 5-104 图像像素溶解效果

操作提示:

　　Flash 中像素溶解过渡特效是通过过渡函数"TransitionManager"来完成,通过本实例的学习,可以了解"TransitionManager"函数参数的设置方法。

　　Flash 相册动画中,图像的过渡会用到很多过渡动画效果,在本实例中讲解一种常见的像素溶解的场景过渡动画,其最终效果如图 5-104 所示。

制作图像像素溶解动画

01 启动 Flash CC,创建出一个 ActionScript 3.0 新的文档。设置文档舞台的【宽度】参数为"550 像素"、【高度】参数为"400 像素",【背景颜色】为默认的白色,并将创建的文档保存为"图像像素溶解 .fla"。

02 导入本书配套光盘"第五章 / 素材"目录下"花朵 1.jpg"与"花朵 2.Jpg"图像义件。

03 将"花朵 1.jpg"图像文件转换为名为"元件 1"的影片剪辑元件,将"花朵 2.jpg"图像文件转换为名为"元件 2"的影片剪辑元件。

04 将舞台中的图层命名为"花朵 2"，在"花朵 2"图层上方创建名称为"花朵 1"的新图层，然后将"元件 1"影片剪辑实例放置在"花朵 1"图层中，将"元件 2"影片剪辑实例放置在"花朵 2"图层中，并设置"元件 1"与"元件 2"影片剪辑实例与舞台重合，如图 5-105 所示。

图 5-105　"元件 1"与"元件 2"影片剪辑实例的位置

05 选择舞台中"元件 1"影片剪辑实例，在【属性】面板中设置【实例名称】为"mc1"；再选择舞台中"元件 2"影片剪辑实例，在【属性】面板中设置【实例名称】为"mc2"，如图 5-106 所示。

图 5-106　"元件 1"与"元件 2"的实例名称

06 在"花朵 1"和"花朵 2"图层第 180 帧插入帧，然后将"花朵 2"图层第 1 帧拖曳到第 90 帧位置处，如图 5-107 所示。

图 5-107　"花朵 1"和"花朵 2"图层插入的帧

07 在"花朵 1"图层之上创建名为"as"的新图层，选择"as"的图层第 1 帧，按 F9 键弹出【动作】面板，在【动作】面板中输入如下的动作脚本：

```
import fl.transitions.*;
import fl.transitions.easing.*;
TransitionManager.start(mc1,{type:PixelDissolve,direction:Transition.
OUT,duration:5,easing:Regular.easeIn,xSections:150,ySections:150});
```

08 在"as"图层第 90 帧插入关键帧，选择"as"的图层第 90 帧，在【动作】面板中输入如下的动作脚本：

```
TransitionManager.start(mc2,{type:PixelDissolve,direction:Transition.
OUT,duration:5,easing:Regular.easeIn,xSections:150,ySections:150});
```

09 按 Ctrl+Enter 键测试影片，在弹出的影片测试窗口中可以观察到图像逐渐出现像素格溶解的动画效果。关闭影片测试窗口，将文件保存。

至此"水面"的实例全部制作完成。Flash 提供了 10 多种过渡的函数，"TransitionManager"是其中一种。通过本实例的学习，读者可以很容易地学会其他过渡函数的应用方法，限于篇幅，就不对这些函数做逐一讲解。

实例 71

鼠标跟随文字

图 5-108　鼠标跟随文字

操作提示：

在本实例中可以学习通过 ActionScript 为文本设置动态效果的方法，制作本实例时需注意要将文本框内文字打散为独立的文字，并为每个独立的文字设置不同的实例名称，各个文字的实例名称为同一个序列，这样在 ActionScript 脚本中可以通过数组的形式进行调用。

画面中随着鼠标的移动，一串文字也随着进行移动，这样的动态效果更能让人记住文字的信息，本实例将制作这样的动画特效，实例的最终效果如图 5-108 所示。

制作鼠标跟随文字动画

01 启动 Flash CC，创建出一个 ActionScript 3.0 新的文档。设置文档舞台的【宽度】参数为"600像素"、【高度】参数为"380像素"、【背景颜色】为默认的白色，并将创建的文档名称保存为"鼠标跟随文字 .fla"。

02 导入本书配套光盘"第五章 / 素材"目录下"春天 .jpg"图像文件到舞台中，并设置导入的图像刚好覆盖住舞台，然后将导入图像所在图层命名为"背景"，如图 5-109 所示。

03 在"背景"图层上方创建一个名为"文字"的新图层，在新图层中输入绿色的（颜色值为"#006600"）的"绿树之春不久归，百般红紫斗芳菲"文字，并为文字设置合适的字体与大小，如图 5 110 所示。

图 5-109　导入的"春天 .jpg"图像文件

图 5-110　舞台中输入的文字

04 选择输入的文字，按 Ctrl+B 键执行"分离"命令将文字打散为独立的文字，然后将打散的文字全部选择，在【属性】面板中设置"投影"的滤镜效果，如图 5-111 所示。

 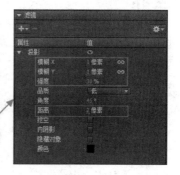

图 5-111　为文字设置的"投影"滤镜效果

05 将打散的 15 个文字分别设置为"文字 1"、"文字 2"、"文字 3"、"文字 4"、"文字 5"、"文字 6"、"文字 7"、"文字 8"、"文字 9"、"文字 10"、"文字 11"、"文字 12"、"文字 13"、"文字 14"、"文字 15"的影片剪辑元件，并在【属性】面板中分别设置它们的【实例名称】为"text1"、"text 2"、"text 3"、"text 4"、"text 5"、"text 6"、"text 7"、"text 8"、"text 9"、"text 10"、"text 11"、"text 12"、"text 13"、"text 14"、"text 15"。

06 在"文字"图层之上创建名称为"as"的图层，选择"as"的图层第 1 帧，按 F9 键弹出【动作】面板，在【动作】面板中输入如下的动作脚本：

```
var wordArray=[text1,text2,text3,text4,text5,text6,text7,text8,text9,text10,text
11,text12,text13,text14,text15];
var wordLen=wordArray.length-1;
this.addEventListener(Event.ENTER_FRAME,moveWord);
function moveWord(me:Event)
{
    wordArray[0].x=stage.mouseX;
    wordArray[0].y=stage.mouseY;
```

```
      var i=0;
      do  {
          wordArray[i+1].x += (wordArray[i].x - wordArray[i+1].x)/2 +10;
          wordArray[i+1].y += (wordArray[i].y - wordArray[i+1].y)/2;
          i++;
      }while(i<wordLen)
}
```

07 按 Ctrl+Enter 键测试影片，在弹出的影片测试窗口中可以观察到鼠标移动文字也随着移动的动画效果。关闭影片测试窗口，将文件保存。

至此"鼠标跟随文字"的实例全部制作完成。将实例中文字换成不同的图形，也能获得不错的效果，读者可以尝试着制作一下。

实例 72

海洋世界

图 5-112　海洋世界

操作提示：

　　本实例中动画对象随鼠标进行旋转移动的效果主要通过 Math（数学）对象来实现，Math 对象中集合了许多常用数学函数，本实例应用到的是 atan2 反正切与 round 取整函数，分别用来计算对象旋转角度与对取得的数值进行四舍五入。

通过 ActionScript 可以创建出很多鼠标特效，本实例中再介绍一种带有缓动效果，可以随着鼠标旋转和跟随鼠标移动的动画特效，实例的最终效果如图 5-112 所示。

制作海洋世界的动画

01 打开本书配套光盘"第五章 / 素材"目录下"海洋世界 .fla"文件，在打开的 Flash 文件中有一个海洋背景图形，在【库】面板中有已经制作好要应用的"海马吐泡泡"影片剪辑元件，如图 5-113 所示。

02 在【库】面板"海马吐泡泡"影片剪辑元件名称处鼠标右键，在弹出菜单中选择"属性"命令，弹出【元件属性】对话框，在此对话框中将【为 ActionScript 导出】复选框勾选，此时【在第 1 帧中导出】复选框与【类】、【基类】输入框将都被激活，然后在【类】输入框中输入"haimapaopao"，如图 5-114 所示。

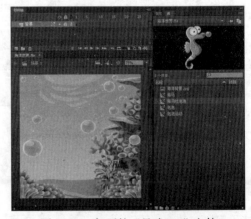

图 5-113　打开的"足球 .fla"文件

03 单击 ▇确定▇ 按钮，关闭【元件属性】对话框，然后在"背景"图层之上创建名称为"as"的新图层，并在【动作】面板中输入如下的脚本：

```
var haima:haimapaopao = new haimapaopao();
addChild(haima);
```

提示：

这两条语句用于将【库】面板中定义的影片剪辑元件加载到舞台中。

04 按 Ctrl+Enter 键测试影片，在弹出的影片测试窗口中可以观察到海马动画被加载到影片测试窗口的左上角，如图 5-115 所示。

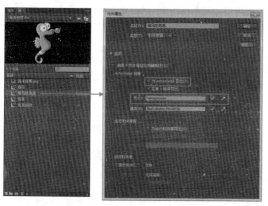

图 5-114　【元件属性】对话框

图 5-115　影片测试窗口中加载的海马动画

05 关闭影片测试窗口，在 as 图层第 1 帧中接着前面输入的脚本继续添加脚本（见本书光盘中的源文件）。

```
haima.addEventListener(Event.ENTER_FRAME, do_stuff);
function do_stuff(event:Event):void {
var myRadians:Number = Math.atan2(mouseY-haima.y, mouseX-haima.x);
var myDegrees:Number = Math.round((myRadians*180/Math.PI));
var yChange:Number = Math.round(mouseY-haima.y);
var xChange:Number = Math.round(mouseX-haima.x);
var yMove:Number = Math.round(yChange/10);
var xMove:Number = Math.round(xChange/10);
haima.y += yMove;
haima.x += xMove;
haima.rotation = myDegrees+90;
}
```

提示：

以上的语句用于将加载到舞台的影片剪辑实例可以随着鼠标的移动而移动。

06 按 Ctrl+Enter 键测试影片，在弹出的影片测试窗口中可以观察到海马随着鼠标移动而移动。关闭影片测试窗口，将文件保存。

至此"海洋世界"的实例全部制作完成。在本实例的基础上为其添加上一些其他的元素，应用 hitTestPoint 和 hitTestObject 函数就可以制作出简单的鼠标碰撞游戏了，读者感兴趣的话可以自己尝试。

实例 73

下拉菜单

操作提示：

　　本实例可以学习创建与编辑类文件的方法，还可以学习到载入外部的 xml 文件作为网站数据的方法。

图 5-116　下拉菜单

　　本实例将制作一个简单的下拉菜单动画，让读者学习使用 ActionScript 创建下拉菜单的方法，实例的最终效果如图 5-116 所示。

制作下拉菜单动画

01 启动 Flash CC，创建出一个 ActionScript 3.0 新的文档。设置文档舞台的【宽度】参数为"610 像素"、【高度】参数为"400 像素"、【背景颜色】为默认的白色，并将创建的文档名称保存为"下拉菜单 .fla"。

02 导入本书配套光盘"第五章 / 素材"目录下"木纹 .jpg"图像文件到【库】中。

03 将当前图层命名为"底图"，然后在"底图"图层中绘制一个与舞台大小相同的矩形，并为其填充导入到库中的"木纹 .jpg"图像文件，如图 5-117 所示。

04 在"底图"图层上方创建一个名为"导航条背景"的新图层，在此图层中绘制一个与舞台等宽的灰色线性渐变的圆角矩形，然后将其转换为名为"主导航底"的影片剪辑元件，如图 5-118 所示。

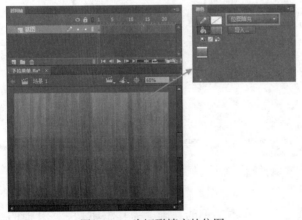

图 5-117　为矩形填充的位图　　　　　　图 5-118　绘制的灰色渐变圆角矩形

05 选择舞台中的"主导航底"影片剪辑实例，在【属性】面板中为其设置"发光"和"投影"的滤镜效果，如图 5-119 所示。

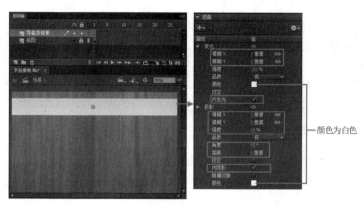

图 5-119 "主导航底"影片剪辑实例的滤镜效果

06 创建一个名为"menuButton"的按钮元件，在此元件"点击"帧中绘制一个宽度为"80 像素"，高度为"25 像素"的矩形，如图 5-120 所示。

07 创建一个名为"item"的影片剪辑元件，在此元件"图层 1"图层中创建一个宽度为"100 像素"、高度为"25"像素的动态文本框，并在【属性】面板中设置其实例名称为"txt"，如图 5-121 所示。

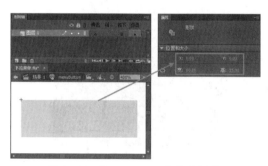

图 5-120 "menuButton"按钮元件

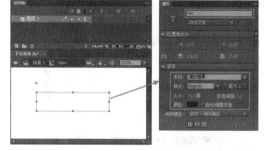

图 5-121 "item"影片剪辑元件中动态文本框

08 在"item"影片剪辑元件"图层 1"图层上方创建新图层，在此图层中将【库】面板中的"menuButton"按钮元件拖曳到动态文本框的上方，并将其拉伸覆盖住动态文本框区域，并在【属性】面板中设置其【实例名称】为"btn"，如图 5-122 所示。

09 创建一个名为"sub"的影片剪辑元件，在此元件"图层 1"图层中创建一个宽度为"80 像素"、高度为"36"像素的动态文本框，并在【属性】面板中设置其实例名称为"txt"，如图 5-123 所示。

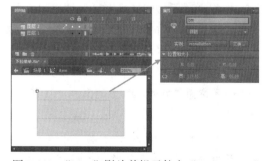

图 5-122 "item"影片剪辑元件中"menuButton"
按钮实例

10 在"sub"影片剪辑元件"图层 1"图层上方创建新图层，在此图层中将【库】面板中"menuButton"按钮元件拖曳到动态文本框的上方，并将其拉伸覆盖住动态文本框区域，并在【属性】面板中设置其【实例名称】为"btn"，如图 5-124 所示。

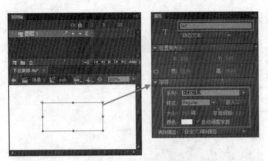

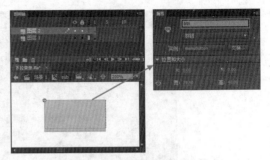

图 5-123 "sub" 影片剪辑元件中动态文本框　　　　图 5-124 "sub" 影片剪辑元件中
　　　　　　　　　　　　　　　　　　　　　　　　　　　"menuButton" 按钮实例

11 创建一个名为 "line" 的影片剪辑元件，在此元件中绘制一个高度为 "60 像素"、宽度为 "1" 像素的灰色（颜色值为 "#B0B0B0"）垂直线段图形，如图 5-125 所示。

12 在【库】面板中分别设置 "item"、"line"、"sub" 影片剪辑元件的【链接】参数为 "item_mc"、"line_mc"、"sub_mc"，如图 5-126 所示。

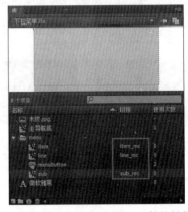

图 2-125 "line" 影片剪辑元件中绘制的线段　　图 5-126 在【库】面板中设置元件的链接参数

13 单击 场景1 按钮切换至场景编辑窗口中，在场景编辑窗口 "导航条背景" 图层上方创建名称为 "as" 的新图层，选择 "as" 图层第 1 帧，在【动作】面板中输入动作脚本（见光盘中的源文件）。

14 在 "下拉菜单 .fla" 同级目录下创建一个名称为 "xml" 的文件夹，在此文件夹中创建一个名称为 "menu.xml" 的文件，在其中输入代码（见光盘中的源文件）。

提示：

　　xml 文件中的内容为下拉菜单中显示的主菜单和二级菜单内容，更改 xml 文件中的内容，下拉菜单中的菜单内容也会随之改变。

15 在 "下拉菜单 .fla" 同级目录下创建一个名为 "ascript" 的文件夹，在此文件夹中创建一个名称为 "menu.as" 的文件，在其中输入脚本（见光盘中的源文件）。

16 将所有的文件都保存，在 "下拉菜单 .fla" 中按 Ctrl+Enter 键对影片进行测试，在弹出的影片测试窗口中可以观察到在导航条中加载了主菜单，鼠标指向主菜单弹出二级菜单的动画效果。

至此"下拉菜单"的实例全部制作完成。本实例的 ActionScript 脚本是写在"ascript"目录下的"menu.as"文件中，然后在"下拉菜单 .fla"文件中写入"import ascript.menu;"脚本将两个文件关联起来。

实例 74

模糊清晰图

图 5-127　模糊清晰图

操作提示：
　　本实例中鼠标隐藏是通过"Mouse.hide();"命令实现，再配合"startDrag()"命令使用，即可实现用动画对象替换鼠标的效果。

网上会经常见到鼠标被其他图形替代的动画，本实例将制作这样一个特效动画，实例的最终效果如图 5-127 所示

制作模糊清晰图动画

01 启动 Flash CC，创建出一个 ActionScript 3.0 新的文档。设置文档舞台的【宽度】参数为"600 像素"、【高度】参数为"375 像素"、【背景颜色】为默认的白色，并将创建的文档名称保存为"模糊清晰图 .fla"。

02 导入本书配套光盘"第五章 / 素材"目录下的"壁纸 .jpg"图像文件到舞台中，并设置导入的图像刚好覆盖住舞台，然后将导入图像所在图层命名为"模糊图"，如图 5-128 所示。

03 选择"模糊图"图层中导入的图像，将其转换为名为"背景图"的影片剪辑，并在【属性】面板中为其设置"模糊"的滤镜效果，如图 5-129 所示。

图 5-128　导入的"壁纸 .jpg"图像

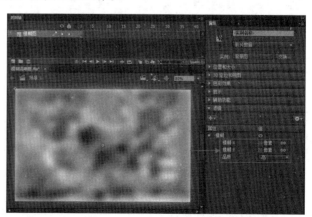

图 5-129　为背景图设置模糊滤镜效果

04 在"模糊图"图层上方创建名为"清晰图"的图层,将【库】面板中"背景图"影片剪辑元件拖曳到舞台中,并设置其位置刚好覆盖住"模糊图"图层中的模糊的图形,如图5-130 所示。

05 在"清晰图"图层上方创建名为"遮罩圆形"的图层,在"遮罩圆形"图层中绘制一个【笔触颜色】为橙色(颜色值为"#FF3300")、【笔触粗细】参数值为"5"的圆形,如图5-131 所示。

图 5-130 "清晰图"图层中图像　　　　图 5-131 绘制的圆形

06 选择绘制的圆形,将其转换为名称为"圆形"的影片剪辑元件,在【属性】面板中设置其【实例名称】为"masking",然后将"遮罩圆形"图层转换为遮罩层,其下方的"清晰图"图层将转换为被遮罩层,如图5-132 所示。

07 在"遮罩圆形"图层上方创建名为"移动圆形"的图层,并在其中绘制一个与"遮罩圆形"图层中圆形大小位置相同的橙色(颜色值为"#FF3300")圆形笔触线段,并将其转换为名称为"圆形线段"的影片剪辑实例,设置其【实例名称】为"focus",如图5-133 所示。

图 5-132 设置"圆形"影片剪辑的实例名称　　　图 5-133 设置"圆形线段"影片剪辑的实例名称

08 在"移动圆形"图层之上创建名为"as"的图层,选择"as"的图层第 1 帧,按 F9 键弹出【动作】面板,在【动作】面板中输入如下的动作脚本:

```
Mouse.hide();
function yd_masking(event:MouseEvent):void{
masking.startDrag(true);
};
addEventListener(MouseEvent.MOUSE_MOVE,yd_masking)
```

```
function yd_focus(e:Event):void{
focus.x=masking.x;
focus.y=masking.y;
};
addEventListener(Event.ENTER_FRAME,yd_focus);
```

09 按 Ctrl+Enter 键测试影片，在弹出的影片测试窗口中可以观察到圆形中的图形是清晰的，圆形外的图形时模糊的，随着鼠标移动圆形也跟着移动,圆形中图形始终保持清晰的状态。关闭影片测试窗口，将文件保存。

　　至此"模糊清晰图"的实例全部制作完成。本实例鼠标消失的特效是比较常见的动画效果，在很多类型动画中都得到广泛应用。

实例 75

烟花动画

操作提示:
　　本实例可以学习创建多个类文件，并将其与动画关联，从而创建出粒子特效动画的方法。

图 5-134　烟花动画

　　在第三章制作过一个烟花燃放的动画，在那个动画中是通过对烟花图形的消失显示以及放大缩小所实现的。在本实例中再通过 Flash 的粒子系统制作一个烟花特效的动画，通过 ActionScript 脚本创建的烟花动画，效果将更加绚丽逼真，实例的最终效果如图 5-134 所示。

制作烟花燃放的动画

01 启动 Flash CC,创建一个 ActionScript 3.0 新的文档。设置文档舞台的【宽度】参数为"600 像素"、【高度】参数为"600 像素"、【背景颜色】为蓝色（颜色值为"#000066"），并将创建的文档保存为"fireworks.fla"。

02 导入本书配套光盘"第五章 / 素材"目录下"烟花背景 .jpg"图像文件到舞台中，并设置导入的图像刚好覆盖住舞台，如图 5-135 所示。

03 创建一个名为"McSkyline"的影片剪辑元件，然后在【库】面板中"McSkyline"影片剪辑元件上方单击鼠标右键，在弹出菜单中选择【属性】命令，弹出【元件属性】对话框，在此对话框中将【为 ActionScript 导出】复选框勾选，此时【在第 1 帧中导出】复选框与【类】、【基类】输入框将都被激活，然后在【类】输入框中输入"McSkyline"，如图 5-136 所示。

图 5-135 导入的"烟花背景 .jpg"图像

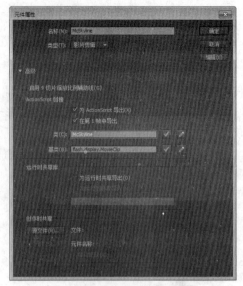

图 5-136 【元件属性】对话框

04 单击 确定 按钮,关闭【元件属性】对话框,然后单击 场景 1 按钮切换至场景编辑窗口中,在场景编辑窗口"图层 1"图层上方创建名称为"as"的新图层,选择"as"图层第 1 帧,在【动作】面板中输入脚本(见光盘中的源文件)。

05 在"fireworks.fla"文件同级目录中创建出名为"com"的文件夹,在"com"文件夹中创建出名为"flashandmath"的文件夹,在"flashandmath"文件夹中创建出名为"dg"的文件夹,在"dg"文件夹中创建出名为"geom3D"和"objects"的文件夹。

06 单击【文件】/【新建】菜单命令,在弹出的【新建文档】对话框中选择"ActionScript 3.0 类"命令,然后在右侧的【类名称】输入栏中输入"Point3D",如图 5-137 所示。

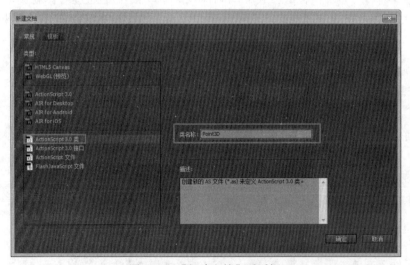

图 5-137 【新建文档】对话框

07 单击 确定 按钮,创建出一个名称为"Point3D.as"的文件,在此文件的输入窗口中输入脚本(见光盘中的源文件)。

08 按 Ctrl+S 键将"Point3D.as"文件保存到"geom3D"文件夹中。

09 再创建一个名为"Particle3D.as"的文件，在此文件的输入窗口中输入脚本（见光盘中的源文件）。

10 按 Ctrl+S 键将"Particle3D.as"文件保存到"objects"文件夹中。

11 再创建一个名为"Particle3DList.as"的文件，在此文件的输入窗口中输入脚本（见光盘中的源文件）。

12 按 Ctrl+S 键将"Particle3DList.as"文件保存到"objects"文件夹中。

13 按 Ctrl+Enter 键测试影片，在弹出的影片测试窗口中可以看到逼真的烟花燃放的动画效果。关闭影片测试窗口，单击【文件】/【保存】菜单命令，将文件保存。

至此"烟花动画"的实例全部制作完成。本实例应用的 Action 相对比较复杂，对于从事设计工作的用户，可以把实例中的脚本拿过来直接套用即可。

实例 76

日历

操作提示：

在本实例中可以全面的学习动态文本框的操作技巧，以及使用 ActionScript 3.0 脚本实现日历与时钟的功能的方法。

图 5-138　日历动画

电子日历是一个很实用的工具，我们可以将它嵌入到网站或者手机中。本实例将制作一个电子日历的动画，实例的最终效果如图 5-138 所示。

绘制出动画背景

01 启动 Flash CC，创建出一个 ActionScript 3.0 新文档。设置文档舞台的【宽度】参数为"620像素"、【高度】参数为"360 像素"、【背景颜色】为默认的白色，并将创建的文档名称保存为"日历 .fla"。

02 导入本书配套光盘"第五章 / 素材"目录下"布纹背景 .jpg"图像文件到【库】中。

03 将当前图层命名为"底纹"，然后在"底纹"图层中绘制一个与舞台大小相同的矩形，并为其填充导入到库中的"布纹背景 .jpg"图像文件，如图 5-139 所示。

04 在"底纹"图层上方创建名称为"日历底"的图层，在此图层中绘制一个比舞台区域略小些的白色圆角矩形，然后将绘制的圆角矩形转换为名为"日历底色"的影片剪辑元件，并在【属性】面板中为其设置"投影"的滤镜效果，如图 5-140 所示。

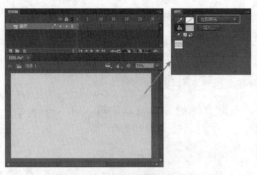

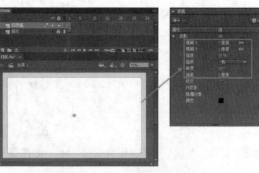

图 5-139　为矩形填充的位图　　　　　　　　　图 5-140　绘制的圆角矩形

05 在"日历底"图层上方创建名为"图像"的新图层,然后导入本书配套光盘"第五章／素材"目录下"路 .jpg"图像文件,并将导入的图像覆盖住圆角矩形,如图 5-141 所示。

06 在"图像"图层上方创建名为"遮罩"的新图层,在"遮罩"图层中绘制一个与"日历底"图层中同样大小并且位置相同的圆角矩形,然后将"遮罩"图层转换为遮罩层,其下方的"图像"图层转换为被遮罩层,如图 5-142 所示。

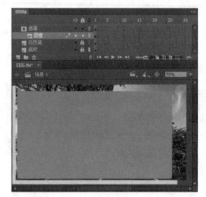

图 5-141　导入的"路 .jpg"图像　　　　　　図 5-142　"遮罩"图层中的圆角矩形

07 在"图像"图层上方创建名为"右侧白底"的新图层,并在其中绘制一个与"日历底"图层一半大小的白色圆角矩形,如图 5-143 所示。

08 在"右侧白底"图层上方创建名为"阴影"的新图层,在此图层中绘制一个略窄些的黑色透明渐变矩形,并将其放置在半个圆角矩形的左侧,如图 5-144 所示。

图 5-143　一半大小的圆角矩形　　　　　　　图 5-144　绘制的黑色透明渐变的矩形

09 在"阴影"图层上方创建名为"标题底图"和"箭头"的新图层,在这两个图层中分别绘制出粉红色(颜色值为"#E15868")的圆角矩形标题底图和白色的箭头图形,如图 5-145 所示。

10 在"阴影"图层上方创建名为"星期日期底"和"箭头 2"的新图层,在这两个图层中分别绘制出半透明的紫色(颜色值为"#593442")圆角矩形和白色的箭头图形,如图 5-146 所示。

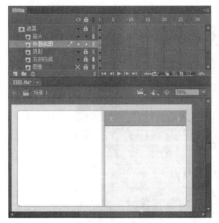

图 5-145　绘制的粉色图形与白色箭头

图 5-146　绘制的紫色圆角矩形与白色箭头

创建各个文本框

01 在"遮罩"图层上方创建名为"静态星期"的新图层,在此图层中输入"SUN"、"MON"、"TUE"、"WED"、"THU"、"FRI"、"STA"文字,将这些静态文字放置在粉色标题底图的下方,如图 5-147 所示。

02 在"静态星期"图层上方创建名为"年月"的新图层,在粉色标题底位置处创建两个动态文本框,在两个动态文本框中间创建一个静态文本框,静态文字框中输入白色的","号文字,并设置两个动态文本框中文字颜色为白色,文字大小为"16 磅",实例名称分别为"mon_txt"与"year_txt",如图 5-148 所示。

图 5-147　舞台中输入的静态文字

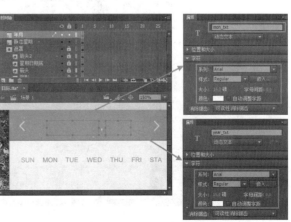

图 5-148　粉色标题框上的动态文本框

提示：

粉色标题底图上方左侧动态文本框用于显示当前的月份，右侧动态文本框用于显示当前的年份。

03 在"年月"图层上方创建名为"动态星期日期"的新图层，在紫色圆角矩形中心位置处创建两个动态文本框，在两个动态文本框中间创建一个白色的","号文字的静态文本框，并设置两个动态文本框中文字颜色为白色，文字大小为"16 磅"，实例名称分别为"w_txt"与"date_txt"，如图 5-149 所示。

图 5-149　输入的静态文字

提示：

紫色圆角矩形上方左侧动态文本框用于显示当前的星期，右侧动态文本框用于显示当前的日期。

04 在"动态星期日期"图层上方创建名为"日期"的新图层，然后再输入的星期文字的下方创建 5 行 7 列共 35 个动态文本框，按照从左至右从上至下的顺序分别设置各个文本框的实例名称为"d0"~"d34"，如图 5-150 所示。

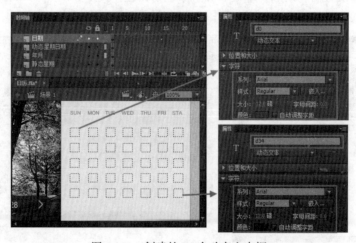

图 5-150　创建的 35 个动态文本框

05 在 "箭头 2" 图层上方创建名为 "横线" 的新图层，然后在刚刚创建动态文本框的下方绘制一条横线，如图 5-151 所示。

06 在 "日期" 图层上方创建名为 "时钟" 的新图层，然后在横线的下方创建三个动态文本框，三个动态文本框中间用 "："分割出来，并从左至右设置三个动态文本框的实例名称分别为 "hh_txt"，"mm_txt"，"ss_txt"，如图 5-152 所示。

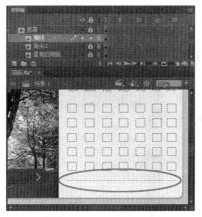
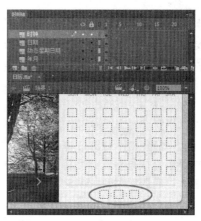

图 5-151　绘制的横线图形　　　　　图 5-152　创建的 3 个动态文本框

07 在所有图层第 2 帧插入帧，然后在 "时钟" 图层上方创建名称为 "as" 的新图层，在 "as" 图层第 1 帧输入动作脚本（见光盘中的源文件）。

08 在 "as" 图层第 2 帧插入关键帧，然后在 "as" 图层第 2 帧输入 "gotoAndPlay(1)；" 脚本。

09 按 Ctrl+Enter 键测试影片，在弹出的影片测试窗口中可以看到显示出日历的动画效果。关闭影片测试窗口，单击【文件】/【保存】菜单命令，将文件保存。

　　至此 "日历" 的实例全部制作完成。本实例对日期与时间的相关函数讲解的比较全面，通过实例学习读者可以尝试着做一个自己喜欢的电子日历。

实例 77

选择题

图 5-153　选择题

操作提示：

　　在本实例中可以学习到在场景中如何应用组件，设置组件参数以及通过 ActionScript 脚本控制组件互动的方法。

通过【组件】面板中提供的组件，可以制作出类似网站中表单提交的动态效果，本实例将制作一个选择题的动画，主要应用到单选按钮 RadioButton 与按钮 Button 组件，实例的最终效果如图 5-153 所示。

制作选择题的动画

01 启动 Flash CC，创建出一个 ActionScript 3.0 新文档。设置文档舞台的【宽度】参数为"600像素"、【高度】参数为"475 像素"、【背景颜色】为默认的白色，并将创建的文档保存为"选择题 .fla"。

02 导入本书配套光盘"第五章 / 素材"目录下"雪地 .jpg"图像文件到舞台中，并设置导入的图像刚好覆盖住舞台，然后将导入图像所在图层命名为"底图"，如图 5-154 所示。

03 在"背景"图层上方创建一个名为"问题"的图层，在此图层中输入红色的"圣诞节趣味答题"题目文字，与小一些的"圣诞节是哪一天？"、"圣诞节是纪念谁的诞辰？"的问题文字，如图 5-155 所示。

图 5-154　导入的"雪地 .jpg"图像文件

04 打开【组件】面板，将"RadioButton"单选按钮组件放置在"圣诞节是哪一天？"文字下方，然后在【属性】面板中设置【实例名称】为"C_1_1"，在【组件参数】选项中设置【groupName】参数为"xiti1"、【lable】参数为"5 月 1 日"、【Value】参数为"1"，如图 5-156 所示。

图 5-155　舞台中输入的文字

图 5-156　设置单选按钮组件的组件参数

提示：

　　同一组单选按钮的【groupName】参数必须相同，否则这些单选按钮就不能进行单选。

05 在刚刚创建的单选按钮下方再复制 3 个单选按钮，依次设置它们的【实例名称】为"C_1_2"、"C_1_3"、"C_1_4"。在【组件参数】中依次设置【lable】参数为"10 月 1 日"、"12 月 25 日"、

"1 月 1 日"，依次设置【Value】参数为"2"、"3"、"4"，这样"圣诞节是哪一天？"文字下方的单选按钮构成一个单选按钮组，如图 5-157 所示。

06 在"圣诞节是纪念谁的诞辰？"文字下方再创建一组 4 个单选按钮，它们的【实例名称】依次为"C_2_1"、"C_2_2"、"C_2_3"、"C_2_4"。在【组件参数】中设置它们的【groupName】参数都为"xiti2"，【lable】参数依次为"老子"、"耶稣"、"圣母玛利亚"、"犹大"，【Value】参数依次为"1"、"2"、"3"、"4"，这样这些单选按钮构成了另外一组单选按钮组，如图 5-158 所示。

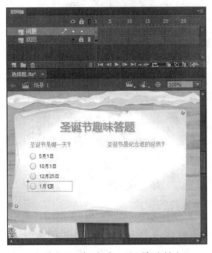

图 5-157　舞台中一组单选按钮

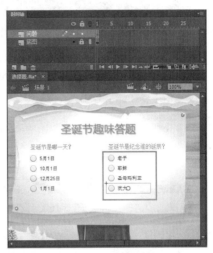

图 5-158　另外一组单选按钮

07 将【组件】面板中"Button"按钮拖曳到两组单选按钮的下方，在【属性】面板中设置【实例名称】为"checkBtn"，在【组件参数】中设置【Lable】参数值为"提交"，如图 5-159 所示。

图 5-159　设置按钮组件的参数

08 在上一个按钮组件的右侧创建另外一个按钮组件，设置其【实例名称】为"resetBtn"，在【组件参数】中设置【Lable】参数值为"重做"，如图 5-160 所示。

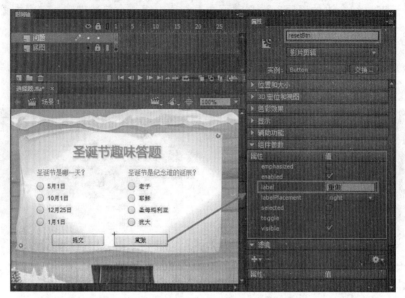

图 5-160　设置另一个按钮组件的参数

09 创建一个名为"对错"的影片剪辑元件，在此元件中"图层 1"图层的前 3 帧都插入关键帧，在第 1 帧中绘制一个红色的圆形线段，在第 2 帧中的圆形线段中绘制一个红色的对勾，在第 3 帧中的圆形线段中绘制一个红色的叉，如图 5-161 所示。

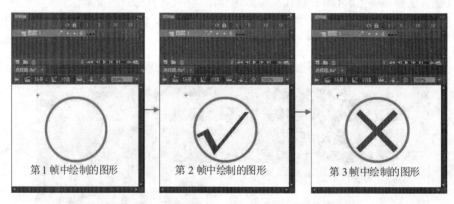

第 1 帧中绘制的图形　　　第 2 帧中绘制的图形　　　第 3 帧中绘制的图形

图 5-161　"对错"影片剪辑元件中绘制的图形

10 在"对错"影片剪辑元件编辑窗口"图层 1"图层上方创建名称为"AS"的图层，并在此图层第 1 帧中输入"stop();"的命令，这样"对错"影片剪辑中的动画在第 1 帧就停止播放。

11 切换回场景舞台中，在场景舞台的"问题"图层上方创建出名为"对错"的新图层，并将【库】面板中"对错"影片剪辑元件向舞台中拖曳出两个，设置合适大小，将它们分别放置在两组单选按钮的右下方，并在【属性】面板中设置左侧的"对错"影片剪辑【实例名称】为"check1_mc"，右侧的"对错"影片剪辑【实例名称】为"check2_mc"如图 5-162 所示。

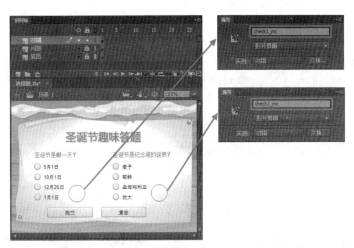

图 5-162   设置两个"对错"影片剪辑的实例名称

12 在"对错"图层之上创建名为"as"的图层，选择"as"的图层第 1 帧，按 F9 键弹出【动作】面板，在【动作】面板中输入脚本（见光盘中的源文件）。

13 按 Ctrl+Enter 键测试影片，在弹出的影片测试窗口中可以对问题进行选择，选择后点击提交按钮会自动判断出回答问题是否正确，正确的打勾，错误的打叉。关闭影片测试窗口，单击【文件】/【保存】菜单命令，将文件保存。

至此"选择题"的实例全部制作完成。组件在制作网站以及课件类的动画中应用的比较多，也是比较基础的应用，希望读者可以好好掌握它们的应用方法。

实例 78

选择题

操作提示：
　　在本实例中可以学习创建和编辑文本输入框组件 TextInput 的方法，以及如何通过 ActionScript 脚本控制 TextInput 组件和 Buttom 组件进行交互。

图 5-163   登录窗口

在 Flash 中输入文本可以通过输入文本框实现，也可以通过【组件】面板中 TextInput 组件完成，本实例将制作一个关于 TextInput 组件应用的动画，其最终效果如图 5-163 所示。

制作登录窗口的动画

01 启动 Flash CC，创建出一个 ActionScript 3.0 新文档。设置舞台的【宽度】参数为"600 像素"、【高度】参数为"420 像素"、【背景颜色】为默认的白色，并将创建的文档名称保存为"登陆窗口 .fla"。

02 将本书配套光盘"第五章 / 素材"目录下"登陆界面 .jpg"图像文件导入到舞台中，并设置导入的图像刚好覆盖住舞台，然后将导入图像所在图层名称命名为"登陆背景"，如图 5-164 所示。

03 在"登陆背景"图层之上创建一个名称为"登陆内容"的新图层，并在"登陆内容"图层中输入深灰色的"用户名："与"密码："两个静态文字，如图 5-165 所示。

图 5-164　导入的图像文件　　　　　　图 5-165　输入的静态文字

04 打开【组件】面板，将【组件】面板中"TextInput"组件拖曳到"用户名"文字的右侧，将组件宽度向右拉伸，并在【属性】面板中设置【实例名称】为"input_name"，如图 5-166 所示。

05 在"密码"文字右侧复制一个相同的"TextInput"组件，将其【实例名称】改为"input_password"，并在【组件参数】中将"displayAsPassword"复选框勾选，这样输入框中就可以输入密码了，如图 5-167 所示。

图 5-166　"用户名"文字右侧的"TextInput"组件　图 5-167　"密码"文字右侧的"TextInput"组件

06 在"密码"文字下方输入红色的"忘记密码"文字，在【属性】面板的【选项】中设置【链接】参数为"http://www.51-site.com"，在【目标】中选择"_blank"，这样输入的文字创建了超链接，如图 5-168 所示。

07 将【组件】面板中"Button"组件拖曳到"忘记密码"文字的右侧，在【属性】面板中设置【实例名称】为"but_submit"，在【组件参数】中设置【lable】参数值为"提交"，如图 5-169 所示。

图 5-168　设置"忘记密码"文字的属性　　　　图 5-169　"Button"组件的参数

08 在刚刚创建的"Button"组件右侧再放置一个"Button"组件，在【属性】面板中设置【实例名称】为"but_reset"，在【组件参数】中设置【lable】参数值为"重填"，如图 5-170 所示。

09 在"登陆背景"图层第 3 帧插入帧，"登陆内容"第 2 帧与第 3 帧插入空白关键帧，然后在"登陆内容"图层第 2 帧中绘制一个红色叉图形，并在红色叉图形右侧输入"登陆失败 请重新输入用户名密码"的文字，如图 5-171 所示。

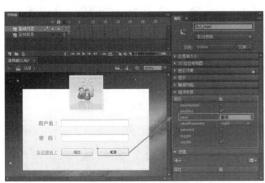

图 5-170　另一个"Button"组件的参数　　　图 5-171　第 2 帧中绘制的红色叉图形与输入的文字

10 将【组件】面板中"Button"组件拖曳到输入的文字下方，在【属性】面板中设置【实例名称】为"but_return"，在【组件参数】中设置【lable】参数值为"返回"，如图 5-172 所示。

11 在"登陆内容"图层第 3 帧中绘制一个绿色的对勾图形，并在绿色对勾图形右侧输入"恭喜你，登陆成功"的文字，如图 5-173 所示。

图 5-172 设置返回"Button"组件的参数

图 5-173 "登陆内容"图层第 3 帧中内容

12 在"登陆内容"图层之上创建名称为"as"的新图层,在【动作】面板中输入动作脚本(见本书光盘中的源文件)。

13 在"as"图层第 2 帧插入关键帧,在【动作】面板中输入如下的动作脚本:

```
stop();
but_return.addEventListener(MouseEvent.CLICK, return1);
function return1(event:MouseEvent):void
{
    gotoAndPlay(1);
}
```

14 在"as"图层第 3 帧插入关键帧,在【动作】面板中输入"stop();"的动作脚本。

15 按 Ctrl+Enter 键测试影片,在弹出的影片测试窗口中可以看到"网站登陆"的界面,在用户名、密码输入框中输入错误的用户名与密码,则弹出"登陆失败"的界面;在用户名、密码输入框中输入正确的用户名与密码,则弹出"登陆成功"的界面。关闭影片测试窗口,单击【文件】/【保存】菜单命令,将文件保存。

至此"登录窗口"的实例全部制作完成。在实际应用中登录窗口要通过网络编程语言与数据库接合使用,如果读者感兴趣可以了解这方面的知识。

实例 79

小窗口浏览大图片

图 5-174 小窗口浏览大图像的动画

操作提示:

本实例中载入的图像与所编写的脚本都是从外部加载进来,通过本例可以学习如何加载外部创建的 as 脚本与图像文件。

限于计算机屏幕的大小，一些大的图片要在有限的范围内显示，就需要对其制作一些动态的效果，以方便用户的浏览。本实例将制作这样一个动画，动画的最终效果如图 5-174 所示。

制作小窗口浏览大图像的动画

01 启动 Flash CC，创建一个 ActionScript 3.0 新文档。设置文档舞台的【宽度】参数为"600 像素"、【高度】参数为"310 像素"、【背景颜色】为默认的白色，并将创建的文档保存为"building.fla"。

02 将本书配套光盘"第五章 / 素材"目录下"building.jpg"图像文件拷贝到与"building.fla"文件的同级目录下。

03 单击菜单栏中【文件】/【新建】命令，在弹出的【新建文档】对话框中选择"ActionScript 3.0 类"命令，然后在右侧的【类名称】输入栏中输入"building"，如图 5-175 所示。

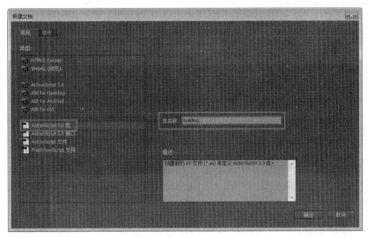

图 5-175 【新建文档】对话框

04 单击 **确定** 按钮，创建出一个名称为"building.as"的文件，在此文件的输入窗口中输入脚本（见本书配套光盘中的源文件）。

05 按 Ctrl+S 键将"building.as"文件保存。

06 切换至"building.fla"文件中，在此文件中选择"图层 1"图层的第 1 帧，按 F9 键弹出【动作】面板，在【动作】面板中输入如下的动作脚本：

```
var IS:building = new building("building.jpg");
addChild(IS);
```

07 按 Ctrl+Enter 键测试影片，在弹出的影片测试窗口中可以观察到随着鼠标，移动图像也在相应的移动，这样可以在小窗口中观看大图像。关闭影片测试窗口，单击【文件】/【保存】菜单命令，将文件保存。

至此"小窗口浏览大图片"的实例全部制作完成。本实例属于图像应用的一个特效，在相册类动画中应用比较多，如果读者需要这样的特效，只需将外部图像文件替换即可。

实例 80

3D 粒子特效

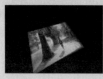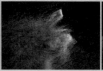

图 5-176　3D 粒子特效动画

操作提示：

在本实例中可以学习到使用 ActionScript 脚本制作 3D 图片旋转的粒子特效动画。

Flash 可以创建出令人惊叹的粒子动画效果，这需要对 ActionScript 3.0 语言有较深入的了解。本实例中将制作一个 3D 粒子特效的动画，让大家感受下 Flash 中创建 3D 特效动画的魅力，动画的最终效果如图 5-176 所示。

制作 3D 粒子特效动画

01 启动 Flash CC，创建一个 ActionScript 3.0 新文档。设置文档舞台的【宽度】参数为"600 像素"、【高度】参数为"400 像素"、【背景颜色】为黑色，并将创建的文档名称保存为"3d 粒子特效 .fla"。

02 将当前图层名称命名为"scripts"，然后展开【动作】面板，在【动作】面板中输入动作脚本（见本书光盘中的源文件）。

03 将本书配套光盘"第五章／素材"目录下"street.jpg"图像文件拷贝到与"3d 粒子特效 .fla"文件的同级目录下。

04 在"3d 粒子特效 .fla"文档同级目录中创建出名为"com"的文件夹，在"com"文件夹中创建出名为"dangries"的文件夹，在"dangries"文件夹中分别创建出名为"bitmapU-tilities"、"display"、"geom3D"、"loaders"、"objects"的文件夹。

05 创建一个名为"PictureAtomizer.as"的文件，在此文件的输入窗口中输入脚本（见本书光盘中的源文件）。

06 按 Ctrl+S 键将"PictureAtomizer.as"文件保存到"bitmapUtilities"文件夹中。

07 创建一个名为"ParticleBoard.as"的文件，在此文件的输入窗口中输入脚本（见本书光盘中的源文件）。

08 按 Ctrl+S 键将"ParticleBoard.as"文件保存到"display"文件夹中。

09 再创建一个名为"RotatingParticleBoard.as"的文件，在此文件的输入窗口中输入脚本（见本书光盘中的源文件）。

10 按 Ctrl+S 键将"RotatingParticleBoard.as"文件保存到"display"文件夹中。

11 再创建一个名为"Point3D.as"的文件，在此文件的输入窗口中输入脚本（见本书光盘中的源文件）。

12 按 Ctrl+S 键将"Point3D.as"文件保存到"geom3D"文件夹中。

13 再创建一个名为"Quaternion.as"的文件，在此文件的输入窗口中输入如下的脚本（见本书光盘中的源文件）。

14 按 Ctrl+S 键将"Quaternion.as"文件保存到"geom3D"文件夹中。

15 再创建一个名为"IndexedLoader.as"的文件，在此文件的输入窗口中输入脚本（见本书光盘中的源文件）。

16 按 Ctrl+S 键将"IndexedLoader.as"文件保存到"loaders"文件夹中。

17 再创建一个名为"PictureLoader.as"的文件，在此文件的输入窗口中输入脚本（见本书光盘中的源文件）。

18 按 Ctrl+S 键将"PictureLoader.as"文件保存到"loaders"文件夹中。

19 再创建一个名为"Particle3D.as"的文件，在此文件的输入窗口中输入脚本（见本书光盘中的源文件）。

20 按 Ctrl+S 键将"Particle3D.as"文件保存到"objects"文件夹中。

21 按 Ctrl+Enter 键测试影片，在弹出的影片测试窗口中可以看到外部的"street.jpg"载入到当前文件中进行 3d 粒子放射的动画效果。关闭影片测试窗口，单击【文件】/【保存】菜单命令，将文件保存。

　　至此"3D 粒子特效"的实例全部制作完成。制作这样的动画时，因为计算量比较大，所以图片尺寸不能太大，否则动画会变得很慢，严重的会造成电脑死机。

实例 81

loading 动画

图 5-177　loading 动画效果

操作提示：

　　在本实例中可以学习到使用 ActionScript 脚本制作 loading 载入动画的方法。通常的 loading 动画会由两部分组成，一个是载入的进度条动画，在一个是提示的载入进度的百分比文字，通过这两个提示可以清晰地知道整个动画加载了多少。

　　当制作的动画文件体积比较大时，为了避免用户盲目的等待，可以为动画设置一个加载的 loading 动画，通过 loading 动画用户可以得知动画加载了多少。本实例将讲解怎样制作一个 loading 载入的动画，实例的最终效果如图 5-177 所示。

制作 loading 载入动画

01 打开本书配套光盘"第五章 / 素材"目录下的"loading.fla"文件，在打开的 Flash 文件中有一个进度条的框，在【库】面板中有已经制作好的进度条的元件，如图 5-178 所示。

02 创建一个名称为"进度"的影片剪辑元件，并切换至"进度"影片剪辑元件编辑窗口中，将当前图层命名为"进度动画"，再将【库】面板中"进度条"影片剪辑元件拖曳到舞台中心位置，如图 5-179 所示。

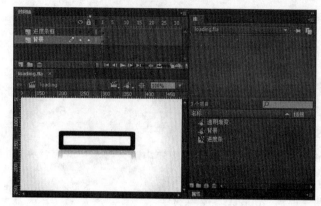

图 5-178 打开的 "loading.fla" 文件   图 5-179 "进度条"影片剪辑实例的位置

03 在"进度动画"图层上方创建一个名为"遮罩"的图层，在此图层中绘制一个与"进度条"影片剪辑实例同样大小位置相同的矩形，如图 5-180 所示。

04 将"遮罩"图层转换为遮罩层，"进度动画"图层转换为被遮罩层，然后在"遮罩"图层上方创建名称为"透明叠加"的新图层，并将【库】面板中"透明渐变"图形元件拖曳到"透明叠加"图层中，使其位置与"遮罩"图层中矩形相同，如图 5-181 所示。

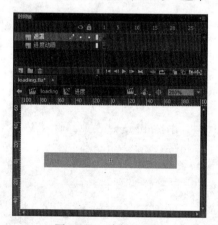
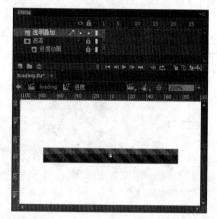

图 5-180 绘制的矩形   图 5-181 "透明渐变"图形实例的位置

05 在所有"透明叠加"与"遮罩"图层第 100 帧插入帧，在"进度动画"图层第 100 帧插入关键帧，然后将"进度动画"图层第 1 帧中的"进度条"影片剪辑实例拖曳到"遮罩"图层中矩形的左端，如图 5-182 所示。

06 在"进度动画"图层第 1 帧与第 100 帧之间创建传统补间动画，然后在"透明叠加"图层上方创建名称为"as"的图层，并在此图层第 1 帧中添加"stop();"的命令，如图 5-183 所示。

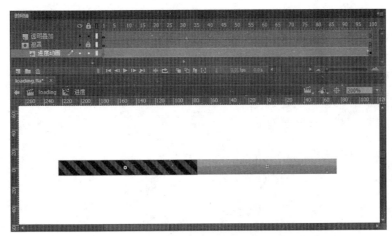

图 5-182　第 1 帧处"进度条"影片剪辑实例的位置

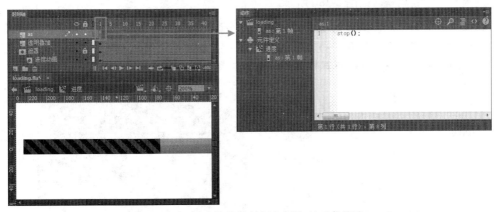

图 5-183　创建的传统补间与添加的动作脚本

07 切换至"loading"场景编辑窗口中，在"进度条框"图层上方创建名为"进度条"的影片剪辑元件，然后将【库】面板中"进度"影片剪辑拖曳到黑色的进度条框中，并设置其【实例名称】为"myload"，如图 5-184 所示。

08 在"进度条"图层上方创建一个名为"下载数值"的图层，在此图层中创建一个动态文本输入框，设置文本输入框的【实例名称】为"mytext"，并设置其合适的字体与大小，如图 5-185 所示。

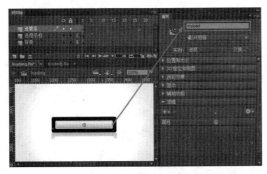

图 5-184　"进度条"影片剪辑实例的名称

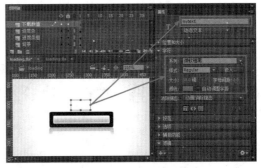

图 5-185　舞台中动态文本框

09 在"下载数值"图层之上创建名为"as"的图层,选择"as"图层第 1 帧,按 F9 键弹出【动作】面板,在【动作】面板中输入如下的动作脚本:

```
addChild(mytext);
System.useCodePage = true;
this.root.loaderInfo.addEventListener(ProgressEvent.PROGRESS, showProgress);
function loadComplete(event:Event):void {
removeChild(mytext);
play();
}
function showProgress(event:ProgressEvent):void {
var p:Number=event.bytesLoaded/event.bytesTotal;
var n:Number=Math.round(p*100);
mytext.text=n.toString()+' % ';
myload.gotoAndPlay( n.toString() );
}
```

10 单击【窗口】/【场景】菜单命令,打开【场景】面板,在此面板中单击【添加场景】■按钮,创建出一个新场景,如图 5-186 所示。

11 在【场景】面板刚刚创建的场景名称右侧单击鼠标,则当前编辑窗口切换至新创建的场景编辑窗口中,在此场景中将本书配套光盘"第五章 / 素材"目录下的"tree.jpg"图像文件拖曳到舞台中,并设置其将舞台覆盖,如图 5-187 所示。

图 5-186 【场景】面板　　　　　　图 5-187 新场景中导入的图像

12 按 Ctrl+Enter 键测试影片,在弹出的影片测试窗口中可以看到进度条一闪而过,然后就显示绿树的图像。关闭影片测试窗口,单击【文件】/【保存】菜单命令,将文件保存。

提示:

Flash CC 测试窗口中取消了宽带设置的功能,不能在测试窗口中看到 loading 载入动画的效果,读者可以试着加载一个大些的影片,发布到网站中观看 loading 动画效果。

至此"loading 动画"的实例全部制作完成。根据制作的实例读者也可以尝试着为自己制作的动画添加上个性的 loading 载入动画。

实例 82

倒计时

操作提示:
　　在本实例中可以学习使用 ActionScript
脚本进行计时,并将计时的数值显示在文
本框中的方法。

图 5-188　倒计时

　　第三章中讲解过一个倒计时的动画,在那个实例中倒计时的数字需要逐帧的制作出
来,很费时费力,如果使用 ActionScript 中对应的脚本,则可以轻松地完成这样的工作,
本实例将讲解如何制作这样的动画,实例的最终效果如图 5-188 所示。

制作倒计时的动画

01　打开本书配套光盘"第五章 / 素材"目录下的"倒计时 .fla"文件,在打开的 Flash 文件
　　中有一个制作好的圆环旋转的动画,如图 5-189 所示。

02　在"圆环"图层上方创建一个名为"读秒"的新图层,然后在"读秒"图层中创建一个
　　动态文本框,动态文本框在圆环的中心位置。选择动态文本输入框,在【属性】面板中
　　设置动态文本框的【实例名称】为"jishi",设置字体颜色为白色,并设置合适的字体与
　　大小,如图 5-190 所示。

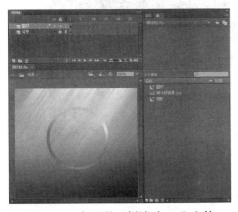

图 5-189　打开的"倒计时 .fla"文件

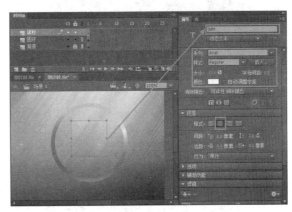

图 5-190　设置动态文本框的属性

03　在【属性】面板中单击 嵌入… 按钮,弹出【字体嵌入】对话框,在此对话框中将【字体范围】
　　中"数字"复选框勾选,如图 5-191 所示。

提示:
　　为动态文本框或者输入文本框设置的是 Flash 自带的设备字体,不需要进行字体嵌入,
如果设置的是其他字体,必须将字体嵌入到动画文件中,否者文本框中不能显示出文字。

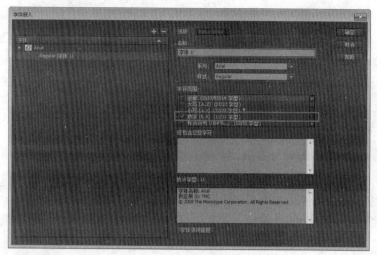

图 5-191 【字体嵌入】对话框

04 单击 <u>确定</u> 按钮关闭字体嵌入对话框，在动态文本输入框的下方创建静态文本输入框，在其中输入白色的"秒"文字，如图 5-192 所示。

05 在"读秒"图层上方创建一个名为"说明文字"的新图层，然后在圆环的下方输入白色的"倒计时"文字，如图 5-193 所示。

图 5-192　输入的白色"秒"文字

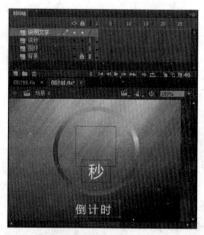

图 5-193　输入的白色"倒计时"文字

06 在"说明文字"图层之上创建名为"Actions"的图层，选择"Actions"的图层第 1 帧，按 F9 键弹出【动作】面板，在【动作】面板中输入如下的动作脚本：。

```
var fl_SecondsToCountDown:Number = 60;
var fl_CountDownTimerInstance:Timer = new Timer(1000, fl_SecondsToCountDown);
fl_CountDownTimerInstance.addEventListener(TimerEvent.TIMER, fl_CountDownTimerHandler);
fl_CountDownTimerInstance.start();

function fl_CountDownTimerHandler(event:TimerEvent):void
{
    jishi.text = fl_SecondsToCountDown + "";
    fl_SecondsToCountDown--;
}
```

07 按 Ctrl+Enter 键测试影片，在弹出的影片测试窗口中可以看到从 60 秒开始倒计时，一直到秒数 1 结束。关闭影片测试窗口，单击【文件】/【保存】菜单命令，将文件保存。

至此"倒计时"的实例全部制作完成。本实例中制作的计时器也可以应用到动画设计中，如让某个画面显示多长时间然后跳转到另一个画面中，读者在学习中要灵活的应用各个实例中的技巧。

实例 83

幸运抽奖

图 5-194 幸运抽奖动画

操作提示：

在本实例中可以学习如何创建抽奖的动画，创建抽奖动画首先需要将奖品的信息放置在转盘中，并将旋转指针也放置在转盘中，然后通过 ActioScript 脚本空间指针在转盘中旋转，最后判断指针停下后指向的参数值，也就是获得的奖品。

现在很多电商都会在自己的网站、APP 或者微信中搞一些抽奖活动，这些抽奖的程序很多是使用 Flash 制作完成的，本实例将讲解这样一个转盘抽奖的动画，实例的最终效果如图 5-194 所示。

制作幸运抽奖动画

01 启动 Flash CC，创建出一个 ActionScript 3.0 新文档。设置文档舞台的【宽度】参数为"520 像素"、【高度】参数为"560 像素"、【背景颜色】为默认的白色，并将创建的文档名称保存为"幸运抽奖 .fla"。

02 创建一个名为"底盘"的影片剪辑元件，在此影片剪辑元件编辑窗口中将当前图层名称命名为"抽奖牌"，然后在"抽奖牌"图层中绘制一个抽奖的圆形转盘图形，转盘图形的宽度与高度都为"510 像素"，如图 5-195 所示。

03 导入本书配套光盘"第五章 / 素材 / 幸运抽奖"目录下"抽奖图标 .ai"图像文件，然后将导入图像中各个图标缩小并放置到转盘图形中，并将导入图像所在图层命名为"抽奖图标 .ai"，如图 5-196 所示。

图 5-195 "抽奖牌"图层中绘制的转盘图形

04 在"抽奖图标 .ai"图层上方创建名为"文字"的新图层，在此图层的各个图标下方输入对应的文字，如图 5-197 所示。

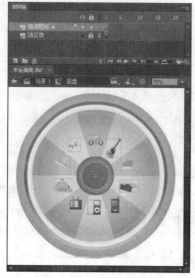
图 5-196 导入的图像所在位置

图 5-197 输入的文字信息

05 创建一个名为"指针"的影片剪辑元件，然后将本书配套光盘"第五章 / 素材 / 幸运抽奖"目录下的"image-9.png"图像文件导入到此元件中，如图 5-198 所示。

06 创建一个名为"开始按钮"的影片剪辑元件，然后将本书配套光盘"第五章 / 素材 / 幸运抽奖"目录下的"iimage-12.png"图像文件导入到此元件中，如图 5-199 所示。

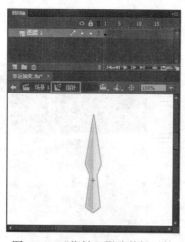
图 5-198 "指针"影片剪辑元件

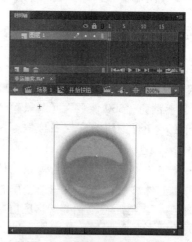
图 5-199 "开始按钮"影片剪辑元件

07 将导入图像所在的图层命名为"圆按钮"，并在此图层第 4 帧插入帧，设置动画播放时间为 4 帧，并在"圆按钮"图层上创建名称为"按钮文字"的新图层如图 5-200 所示。

图 5-200 创建的"按钮文字"图层

08 在"按钮文字"图层第 1 帧~第 4 帧都插入关键帧,并在这 4 帧中分别输入白色的"开始"、"抽奖中"、"恭喜"、"开始"文字,并设置输入的文字在按钮的中心位置,如图 5-201 所示。

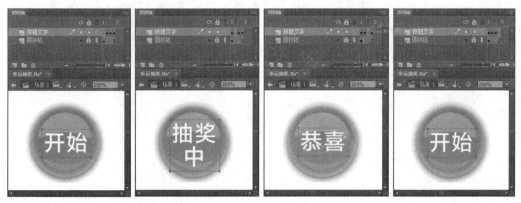

图 5-201 各个关键帧中输入的文字

09 在"按钮文字"图层上方创建名为"as"的新图层,并在"as"图层第 1 帧中输入"stop();"的动作脚本。

10 单击 场景 按钮切换至场景编辑窗口中,将舞台中的图层名称命名为"底盘",然后将【库】面板中"底盘"影片剪辑元件拖曳到舞台上方,并在【属性】面板中设置其【实例名称】为"award_mc",如图 5-202 所示。

11 在"底盘"图层上方创建名称为"指针"的新图层,将【库】面板中"指针"影片剪辑元件拖曳到底盘的中心位置,并在【属性】面板中设置其【实例名称】为"point_mc",如图 5-203 所示。

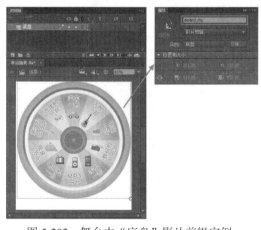

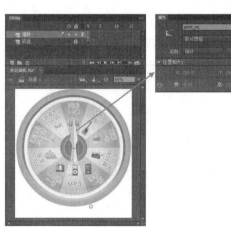

图 5-202 舞台中"底盘"影片剪辑实例　　　　图 5-203 舞台中"指针"影片剪辑实例

12 在"指针"图层上方创建名为"按钮"的新图层,将【库】面板中"开始按钮"影片剪辑元件拖曳到底盘的中心位置,并在【属性】面板中设置其【实例名称】为"start_mc",如图 5-204 所示。

13 在"按钮"图层上方创建名为"文字框"的新图层,在"底盘"影片剪辑实例下方创建一个动态文本框,设置动态文本框中文字颜色为橙色(颜色值为"#CC3300"),并设置其【实例名称】为"txt",如图 5-205 所示。

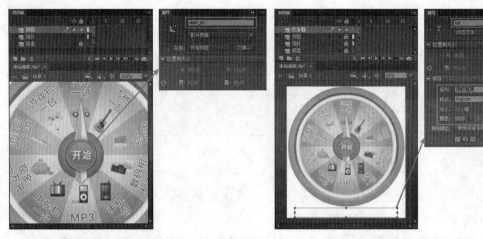

图 5-204　舞台中"开始按钮"影片剪辑实例　　　　图 5-205　创建的动态文本输入框

14 在"文本框"图层之上创建名为"as"的图层，选择"as"的图层第 1 帧，在【动作】面板中输入动作脚本（见本书光盘中的源文件）。

15 按 Ctrl+Enter 键测试影片，在弹出的影片测试窗口中单击"开始"按钮，指针开始旋转，停下后在下方的文本框中显示抽中的奖品。关闭影片测试窗口，单击【文件】/【保存】菜单命令，将文件保存。

　　至此"幸运抽奖"的实例全部制作完成。我们也可以把制作的实例略微调整，放置到自己的网站中搞一个幸运抽奖的活动。

第6章

影音篇
——打造多媒体影音效果

　　欢迎来到第 6 章，在本章将为读者展示 Flash 中打造影音大片的效果——如何在 Flash 应用声音与视频。

　　Flash 动画不同于传统的动画，它融入了多媒体元素，可以把图像、文字、动画以及声音、视频有机的融合在一起，再结合独有的 ActionScript 语言，使动画更加生动活泼，更加具有感染力。此外使用 Flash 不仅可以创建动画，还可以把它变成播放器，用于播放声音、播放视频，在网络中很多视频网站都是使用的 Flash 技术实现的。

　　本章制作的实例包含两部分，一部分是声音的编辑及应用；另一部分是视频的编辑与应用，这两部分实例是按照由简入繁，逐渐加大难度来设置的，如果对 Flash 声音与视频编辑不是很熟悉的读者建议不要跳着学习。

实例 84

小鸟唱歌

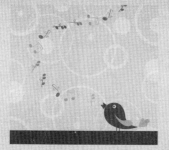

图 6-1　小鸟唱歌

操作提示：

　　本实例是使用 Action 脚本命令将导入到库中的声音文件动态调用到动画中，并对小鸟做了互动处理，鼠标移到小鸟图形上时，小鸟会进行鸣叫，具体操作见下面的讲解。

　　一个好的动画，如果没有音乐与声音的配合，动画效果将大打折扣。所以在动画中添加合适的声音会为动画起到画龙点睛的作用。在本节中我们以第三章制作的"小鸟唱歌"实例为基础，为其添加上动听的音乐与声音效果，看看是不是会让动画效果更加生动呢？实例的最终效果如图 6-1 所示。

制作小鸟唱歌动画

01 打开本书配套光盘"第三章／实例"目录下"小鸟唱歌 .fla"文件。

02 导入本书配套光盘"第六章／素材"目录下"4583.mp3"与"清晨 .mp3"声音文件到库中。

03 在【库】面板"4583.mp3"文件上方单击鼠标右键,在弹出菜单中选择【属性】命令,弹出【声音属性】对话框,在此对话框中单击【ActionScript】标签,然后将"为 ActionScript 导出"复选框勾选,在【类】输入框中输入"bird",如图 6-2 所示。

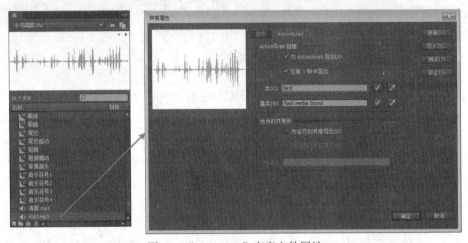

图 6-2 "4583.mp3"声音文件属性

04 在【库】面板"清晨 .mp3"文件上方单击鼠标右键,在弹出菜单中选择【属性】命令,弹出【声音属性】对话框,在此对话框中单击【ActionScript】标签,然后将"为 ActionScript 导出"复选框勾选,在【类】输入框中输入"bgsound",如图 6-3 所示。

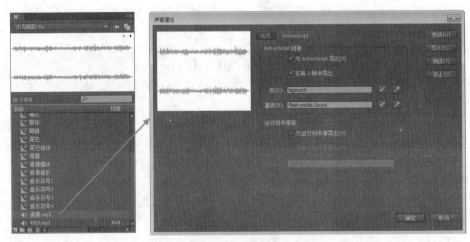

图 6-3 "清晨 .mp3"声音文件属性

05 创建一个名为"透明按钮"的按钮元件,在此元件编辑编辑窗口的"点击"帧插入关键帧,然后在舞台中绘制一个椭圆图形,如图 6-4 所示。

06 单击![场景]按钮切换至场景编辑窗口中，在场景编辑窗口"运动路径"图层之上创建名为"小鸟叫声"的图层，从【库】面板中将"透明按钮"按钮元件拖曳到舞台小鸟图形上方，将略作变形使其覆盖住小鸟图形，然后在【属性】面板【实例名称】输入框中输入"but_sound"，如图 6-5 所示。

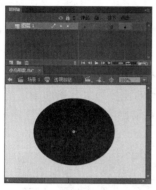

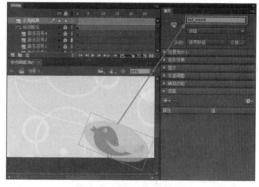

图 6-4　"透明按钮"按钮元件中绘制的椭圆图形　　图 6-5　设置"透明按钮"按钮元件的实例名称

07 在"小鸟叫声"图层之上创建一个名为"as"的图层，选择"as"图层的第 1 帧，按 F9 键弹出【动作】面板，在【动作】面板中输入动作脚本（见本书光盘中的源文件）。

08 选择"as"图层第 330 帧，在【动作】面板中输入"stop();"脚本命令。

09 按 Ctrl+Enter 键测试影片，在弹出的影片测试窗口中可以听到音乐播放的效果，鼠标移至小鸟图形的上方，小鸟开始鸣叫。关闭影片测试窗口，单击【文件】/【保存】菜单命令，将文件保存。

　　到此小鸟唱歌的动画就完成了，是不是感觉和原来的动画完全不一样了，配上音乐与声音效果后动画显得更加生动了。

实例 85

留声机

·图 6-6　小鸟唱歌

操作提示：
　　本实例是使用 Action 脚本命令将外部音乐文件导入到动画中播放，导入音乐文件使用 "load()" 名利，声音播放使用的是 "play()" 命令。

　　Flash 不仅可以播放导入到库中的声音，也可以播放外部的声音文件，这样可以有效地减小文件的体积，管理声音文件也会更加方便，本节将制作一个导入外部声音的实例，实例的最终效果如图 6-6 所示。

制作导入外部音乐播放动画

01 启动 Flash CC,创建出一个 ActionScript 3.0 新的文档。设置文档舞台的【宽度】参数为"400 像素"、【高度】参数为"465 像素"、【背景颜色】为默认的白色,并将创建的文档保存为"留声机 .fla"。

02 将本书配套光盘"第六章 / 素材"目录下"留声机 .jpg"图像文件导入到舞台中,并设置导入的图像刚好覆盖住舞台,然后将导入图像所在图层名称改为"背景",如图 6-7 所示。

03 选择导入的图像,将其转换为名称为"背景"的影片剪辑元件,然后按 Ctrl+C 键将转换的"背景"影片剪辑元件复制,在"背景"图层之上创建名为"背景动画"的图层,按 Ctrl+Shift+V 键将"背景"影片剪辑实例粘贴到"背景动画"图层中并保持原来的位置,如图 6-8 所示。

图 6-7　导入的"留声机 .jpg"图像文件　　图 6-8　"背景动画"图层中粘贴的"背景"影片剪辑实例

04 将"背景动画"图层中"背景"影片剪辑实例转换为名为"背景动画"的影片剪辑,双击此影片剪辑元件,切换至"背景动画"影片剪辑元件编辑窗口中,然后将此编辑窗口中为"背景"影片剪辑实例设置模糊的滤镜效果,如图 6-9 所示。

05 在"背景动画"编辑窗口"图层 1"图层第 20 帧、第 40 帧插入关键帧,然后设置第 20 帧处的"背景"影片剪辑实例的模糊滤镜参数,将其清晰显示,如图 6-10 所示。

 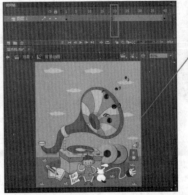

图 6-9　"背景"影片剪辑实例的模糊滤镜　　图 6-10　第 20 帧处"背景"影片剪辑实例的模糊滤镜

06 在"背景动画"编辑窗口"图层 1"图层第 1 帧与第 20 帧、第 20 帧与第 40 帧之间创建传统补间动画，如图 6-11 所示。

图 6-11　创建的传统补间动画

07 单击 ![场景] 按钮切换至场景舞台中，选择"背景动画"图层中"背景动画"影片剪辑实例，在【属性】面板中设置【色彩效果】的【Alpha】参数值为"30%"，如图 6-12 所示。

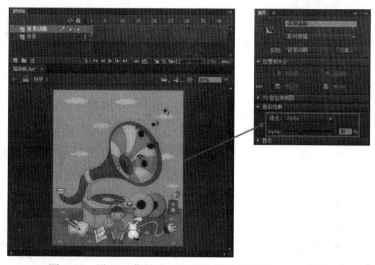

图 6-12　设置"背景动画"影片剪辑实例的 Alpha 参数

08 将本书配套光盘"第六章 / 素材"目录下的"虫儿飞 .mp3"文件拷贝到与当前编辑文档同级的目录下。

09 在"背景动画"图层之上创建名为"as"的图层，选择"as"图层的第 1 帧，在【动作】面板中输入如下的动作脚本：

```
var yinyue: Sound = new Sound();
var url: String = "虫儿飞 .mp3";
var _request: URLRequest = new URLRequest(url);
yinyue.load(_request);
yinyue.play();
```

10 按 Ctrl+Enter 键测试影片，在弹出的影片测试窗口中可以看到留声机图像模糊变换的动画效果，同时同级目录下的"虫儿飞 .mp3"音乐在动画中播放。关闭影片测试窗口，单击【文件】/【保存】菜单命令，将文件保存。

至此留声机的动画全部制作完成，本实例主要讲解了如何使用 ActionScript 脚本载入外部音乐并播放，实例比较基础，主要是为了后面的案例打下基础。

实例 86

留声机

操作提示：

　　本实例主要讲解如何使用 Action 脚本控制同一位置上两个按钮的切换以及如何控制声音文件的播放与暂停。

图 6-13　播放暂停音乐

　　Flash 中提供了很多声音控制的 Action 脚本命令，其中声音的播放与暂停是最基本的控制方法，本实例将讲解使用 Action 脚本命令控制声音的播放与暂停方法，实例的最终效果如图 6-13 所示。

使用 Action 脚本控制声音播放停止

01 打开本书配套光盘"第二章 / 实例"目录下"质感按钮 .fla"文件，在打开的 Flash 文件中有一个已经制作好的"播放"影片剪辑实例，如图 6-14 所示。

02 将打开的"质感按钮 .fla"Flash 文件名称另存为"播放暂停音乐 .fla"。

图 6-14　打开的"质感按钮 .fla"文件　　　　　图 6-15　调整第 2 帧图形的颜色

03 双击舞台中的"播放"影片剪辑实例，切换至"播放"影片剪辑元件编辑窗口中，在"图层 1"图层第 2 帧插入关键帧，将此帧处的图形颜色调整为天蓝色（颜色值为"#009AE0"），如图 6-15 所示。

04 在"图层 1"图层上方创建新图层，在新图层第 2 帧插入关键帧，然后在【动作】面板中分别为新图层的第 1 帧与第 2 帧设置"stop();"的动作脚本命令,如图 6-16 所示。

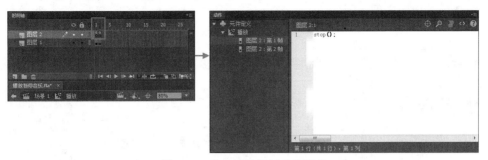

图 6-16　为关键帧设置动作脚本

05 单击 场景1 按钮切换至场景舞台中,选择"播放"图层中"播放"影片剪辑实例,在【属性】面板中设置其【实例名称】为"bf_btn",如图 6-17 所示。

06 在"播放"图层上方创建一个名称为"暂停"的新图层,并在此图层中创建一个名称为"暂停"的影片剪辑元件,按照制作"播放"影片剪辑的方法,在此元件中制作出两个关键帧的暂停图形,如图 6-18 所示。

07 单击 场景1 按钮切换至场景舞台中,选择"暂停"图层中"暂停"影片剪辑实例,在【属性】面板中设置其【实例名称】为"zt_btn",如图 6-19 所示。

08 将本书配套光盘"第六章 / 素材"目录下的"wolf.mp3"文件拷贝到与当前编辑文档同级的目录下。

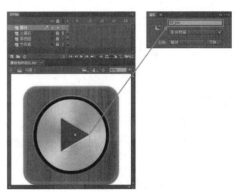

图 6-17　设置"播放"影片剪辑的实例名称

图 6-18　"暂停"影片剪辑元件　　　　　图 6-19　"暂停"影片剪辑元件

09 在"暂停"图层之上创建名称为"as"的图层,选择"as"的图层第 1 帧,在【动作】面板中输入动作脚本(见本书光盘中的源文件)。

10 按 Ctrl+Enter 键测试影片,在弹出的影片测试窗口中可以听到动听的音乐,单击暂停按钮音乐停止播放,同时按钮变为播放按钮,再单击播放按钮音乐又继续播放。关闭影片测试窗口,单击【文件】/【保存】菜单命令,将文件保存。

至此播放暂停音乐动画就全部绘制完成。学习完这个实例就可以为自己的动画配上动听的音乐并加上音乐控制按钮了。

音乐播放器

图 6-20　音乐播放器

操作提示：

在本实例中将学习使用 Action 脚本控制声音播放、音量调整以及加载多个外部音乐的方法，基本包括了声音控制的大部分功能。通过本实例的学习，就可以打造出媲美专业播放软件的音乐播放器。

一个基本的音乐播放器主要包括三部分，一部分为声音控制按钮，包括控制声音播放、暂停、停止以及声音上一段下一段的选择；一部分为音量控制部分，主要控制音量的大小；再一部分为进度控制，控制声音的播放的进度。当然除了这些还有一些其他的辅助功能，如音乐的加载与选择等。本实例将学习如何制作一个基本的音乐播放器，实例的最终效果如图 6-20 所示。

制作音乐播放器

01 打开本书配套光盘"第六章 / 素材"目录下"音乐播放器 .fla"文件，在打开的 Flash 文件中有一个已经制作好的播放器界面，如图 6-21 所示。

图 6-21　打开的"音乐播放器 .fla"文件

02 在【属性】面板中设置"控制按钮"图层中各个控制按钮的【实例名称】分别为"bf_btn"、"zt_btn"、"tz_btn"、"sys_btn"、"xys_btn"，如图 6-22 所示。

03 选择"音量控制"图层中"volume scroller"影片剪辑实例，在【属性】面板中设置其【实例名称】为"ylhk_mc"，如图 6-23 所示。

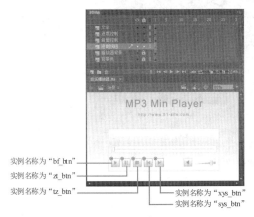

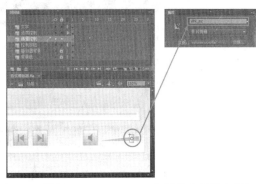

图 6-22　控制按钮的实例名称　　　　图 6-23　设置"volume scroller"影片剪辑的实例名称

04 选择"音量控制"图层中"volume bar"影片剪辑实例，在【属性】面板中设置其【实例名称】为"ylhd_mc"，如图 6-24 所示。

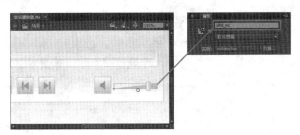

图 6-24　设置"volume bar"影片剪辑的实例名称

05 选择"进度控制"图层中"status bar scroller"影片剪辑实例，在【属性】面板中设置其【实例名称】为"hk_mc"，如图 6-25 所示。

06 选择"进度控制"图层中"progress bar bg"影片剪辑实例，在【属性】面板中设置其【实例名称】为"hd_mc"，如图 6-26 所示。

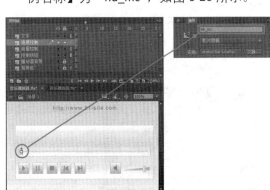

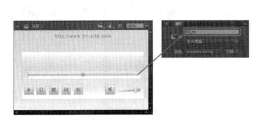

图 6-25　设置"status bar scroller"影片剪辑的实例名称　　图 6-26　设置"progress bar bg"影片剪辑的实例名称

07 在"进度控制"图层上创建名为"声音文字"的新图层，在这个图层中创建出两个动态文本框，在【属性】面板中设置相关的文本属性，如图 6-27 所示。

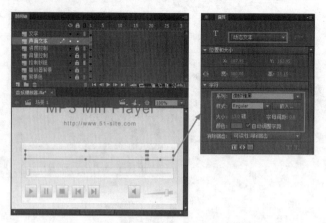

图 6-27 创建的文本框与文本框的属性设置

08 单击【属性】面板字符选项中的 嵌入… 按钮，弹出【字体嵌入】对话框，在此对话框的【字体范围】中将"简体中文"复选框勾选，如图 6-28 所示。

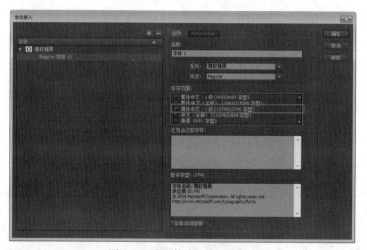

图 6-28 【字体嵌入】对话框

09 单击 确定 按钮，关闭【字体嵌入】对话框，然后选择舞台中左侧的动态文本框，在【属性】面板中设置其【实例名称】为"gm_txt"，如图 6-29 所示。

10 选择舞台中右侧的动态文本框，在【属性】面板中设置其【实例名称】为"jd_txt"，如图 6-30 所示。

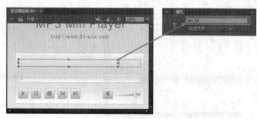

图 6-29 设置左侧动态文本输入框的实例名称

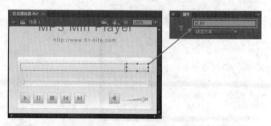

图 6-30 设置右侧动态文本输入框的实例名称

11 将本书配套光盘"第六章 / 素材"目录下的"轻音乐 - 迷情仙境 .mp3"、"轻音乐 - 春天的歌 .mp3"、"轻音乐 - 琵琶语 (古筝).mp3"、"轻音乐 - 鸿雁 (马头琴).mp3"、"wolf.mp3"文件拷贝到与当前编辑文档同级的目录下。

12 在"文字"图层创建名为"as"的图层，选择"as"的图层第 1 帧，按 F9 键弹出【动作】面板，在【动作】面板中输入动作脚本（见本书光盘中的源文件）。

13 按 Ctrl+Enter 键测试影片，在弹出的影片测试窗口中开始播放音乐，点击各个控制按钮可以控制音乐的播放、暂停、停止等。关闭影片测试窗口，单击【文件】/【保存】菜单命令，将文件保存。

至此音乐播放器就全部制作完成，是不是很酷啊，读者可以换上自己喜爱的音乐，当做自己独属的播放器。

实例 88

导入视频播放

图 6-31　导入视频播放

操作提示：
　　在本实例中将学习如何把外部的 flv 视频文件导入到 Flash 中，并使用 Action 语句控制视频的播放、暂停与快进。

Flash 不仅可以导入外部的图像文件还可以将视频文件导入到文件中进行播放。Flash 对导入的视频有格式要求，只能导入 flv 格式的视频文件，如果是其他格式的视频，需要现将其进行格式转换才能使用，本实例将制作一个导入外部视频并通过 Action 脚本控制其播放的实例，实例的最终效果如图 6-31 所示。

制作导入视频播放动画

01 打开本书配套光盘"第六章 / 素材"目录下"导入视频播放 .fla"文件，在打开的 Flash 文件中有一个制作好的视频播放器界面，如图 6-32 所示。

02 选择向左方向的箭头，在【属性】面板中设置【实例名称】为"but_pre"；选择播放按钮，在【属性】面板中设置【实例名称】为"but_play"；选择暂停按钮，在【属性】面板中设置【实例名称】为"but_stop"；选择向右方向按钮，在【属性】面板中设置【实例名称】为"but_next"。

03 在"播放按钮"图层之上创建一个名为"视频显示区域"的新图层，在此图层中绘制一
个与播放器界面中蓝色矩形同样大小的矩形，如图 6-33 所示。

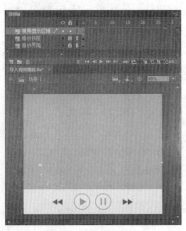

图 6-32　打开的"导入视频播放 .fla"文件　　　　　　　　图 6-33　绘制的矩形

04 在"播放按钮"图层之上创建一个名为
"视频"的新图层。

05 单击【文件】/【导入】/【导入到舞台】
菜单命令，在弹出的【导入】对话框中
选择本书配套光盘"第六章 / 素材"目
录下"海鸥 .flv"视频文件，弹出【导
入视频】对话框，在此对话框中选择"在
SWF 中嵌入 FLV 并在时间轴中播放"，如
图 6-34 所示。

06 单击 下一步 > 按钮，切换至【导入视频】
对话框中的【嵌入】界面，在【符号类型】
中选择"影片剪辑"，如图 6-35 所示。

图 6-34　【导入视频】对话框

07 单击 下一步 > 按钮，切换至【导入视频】对话框中的【完成视频导入】界面，如图 6-36 所示。

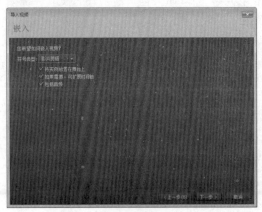

图 6-35　【导入视频】对话框中的　　　　　　　　图 6-36　【导入视频】对话框中的
　　　　　【嵌入】界面　　　　　　　　　　　　　　　　【完成视频导入】界面

08 单击  按钮，将视频导入到舞台中，导入的视频自动转换为影片剪辑元件，并放置在"视频"图层中。

09 选择舞台中导入的视频，将其缩放至合适大小并放置在刚刚绘制矩形的下方，如图 6-37 所示。

10 选择舞台中导入的视频，在【属性】面板中设置【实例名称】为"my_video"，然后将"视频显示区域"图层转换为遮罩层，"视频"图层转换为被遮罩层，如图 6-38 所示。

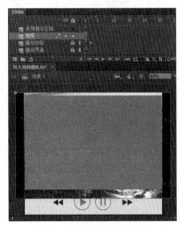
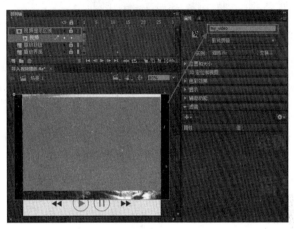

图 6-37　导入的视频　　　　　　图 6-38　设置视频的实例名称

11 在"视频显示区域"图层之上创建一个名为"as"的图层，选择"as"图层第 1 帧，按 F9 键弹出【动作】面板，在【动作】面板中输入如下的动作脚本：

```
my_video.stop();
function play_video(event:MouseEvent ) {
    my_video.play();
}
but_play.addEventListener (MouseEvent.MOUSE_DOWN ,play_video);
function stop_video(event:MouseEvent ) {
    my_video.stop();
}
but_stop.addEventListener (MouseEvent.MOUSE_DOWN ,stop_video);
function next_video(event:MouseEvent ) {
    my_video.gotoAndStop(my_video.currentFrame+20);
}
but_next.addEventListener (MouseEvent.MOUSE_DOWN ,next_video);
function pre_video(event:MouseEvent ) {
    my_video.gotoAndStop(my_video.currentFrame-20);
}
but_pre.addEventListener (MouseEvent.MOUSE_DOWN ,pre_video);
```

12 按 Ctrl+Enter 键测试影片，在弹出的影片测试窗口中单击播放按钮视频开始播放，单击暂停按钮视频暂停播放。关闭影片测试窗口，单击【文件】/【保存】菜单命令，将文件保存。

　　至此导入视频的动画就全部制作完成。通常视频文件都比较大，对于文件体积小的视频，可以内置到 Flash 中进行编辑，对于文件体积大的视频，最好是通过外部导入的方式对其进行编辑。

实例 89

内置视频播放器

操作提示:
　　在本实例中将学习如何创建"FLVPlayback"组件，使用"FLVPlayback"组件播放外部视频文件以及设置"FLVPlayback"组件参数的方法。

图 6-39　内置视频播放器

对于视频文件可以使用 Action 语句进行播放操作，如果对 Action 语句不是很熟悉，Flash 提供了简便的视频控制组件，通过组件不用写任何 Action 语句就可以完美的对视频文件进行播放，本实例将讲解如何应用"FLVPlayback"组件控制创建视频播放器，实例的最终效果如图 6-39 所示。

制作播放外部视频文件动画

01 启动 Flash CC，创建出一个 ActionScript 3.0 新的文档。设置文档舞台的【宽度】参数为"480 像素"、【高度】参数为"320 像素"、【背景颜色】为默认的白色，并将创建的文档名称保存为"内置视频播放器 .fla"。

02 将本书配套光盘"第六章 / 素材"目录下"海狮 .flv"文件拷贝到"内置视频播放器 .fla"文件的同级目录下。

03 打开【组件】面板，将【组件】面板中"FLVPlayback"组件拖曳到舞台中，如图 6-40 所示。

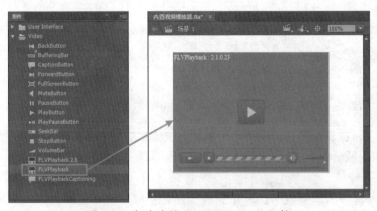

图 6-40　舞台中的"FLVPlayback"组件

04 选择舞台中"FLVPlayback"组件，在【属性】面板中【组件参数】的【source】右侧单击【编辑】按钮，弹出【内容路径】对话框，在此对话中单击【浏览】按钮，在【浏

览源文件】对话框中选择"内置视频播放器 .fla"文件同级目录下的"海狮 .flv"视频文件，
如图 6-41 所示。

图 6-41　选择的"海狮 .flv"视频文件

05 单击 打开(O) 按钮，关闭【浏览源文件】对话框，然后在【内容路径】对话框中将【匹配
源尺寸】复选框勾选，再单击【内容路径】对话框中的 确定 按钮，关闭【内容路径】
对话框，此时舞台中"FLVPlayback"组件中出现视频的画面，如图 6-42 所示。

图 6-42　【内容路径】对话框

06 选择舞台中的"FLVPlayback"组件，单击【组件参数】面板中【skip】选项右侧
的【编辑】 按钮，弹出【选择外观】对话框，在此对话框【外观】选项中选择
"SkinOverPlayStopSeekMuteVol.swf"选项，如图 6-43 所示。

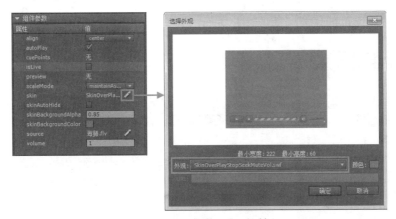

图 6-43　【选择外观】对话框

07 单击 ■确定 按钮关闭【选择外观】对话框,然后设置舞台中"FLVPlayback"组件左顶点【X】、
【Y】坐标值都为"0",这样"FLVPlayback"组件刚好覆盖住舞台区域。

08 按 Ctrl+Enter 键测试影片,在弹出的影片测试窗口中可以看到海狮视频正在播放,并且
通过组件按钮可以控制视频的播放、暂停等。关闭影片测试窗口,单击【文件】/【保存】
菜单命令,将文件保存。

提示:

输出影片后,在创作文件的同级目录下会自动生成一个"SkinOverPlayStopSeekMuteVol.
swf"文件,"SkinOverPlayStopSeekMuteVol.swf"是视频播放器的皮肤文件,将播放视频的
swf 文件发布到网络上是需要将"SkinOverPlayStopSeekMuteVol.swf"文件一并发布。

至此使用组件播放视频的动画全部制作完成。Flash 视频播放组件提供了很多的皮肤
选项,读者可以选择一款自己满意的皮肤来创建视频播放的动画。

实例 90

简单视频播放器

操作提示:

本实例将讲解导入视频、播放暂停
视频以及停止视频的 Action 语句的应用
方法。

图 6-44 简单视频播放器

视频文件不同于图像文件,它的文件都很大,如果将其内置到 Flash 中,生成的文
件也会增大,造成文件下载时间增长,不利于网络用户的浏览。所以视频文件都是使用
外部导入的方式,通过 Action 脚本控制其播放停止等,本实例将讲解如果通过 Action 脚
本控制外部视频文件的播放,其最终效果如图 6-44 所示。

制作简单视频播放器动画

01 启动 Flash CC,创建出一个 ActionScript 3.0 新的文档。设置文档舞台的【宽度】参数为"600
像素"、【高度】参数为"527 像素"、【背景颜色】为黑色,并将创建的文档名称保存为"简
单视频播放器 .fla"。

02 将本书配套光盘"第六章 / 素材"目录下"潮流电视 .jpg"图像文件导入到舞台中,并
设置导入的图像刚好覆盖住舞台,然后将导入图像所在图层名称改为"电视",如图 6-45
所示。

03 在"电视"图层上方创建名为"按钮"图层,在"按钮"图层中创建出"播放"、"暂停"、"返回"三个按钮元件,并将这三个按钮放置在电视机三个按钮位置处,如图 6-46 所示。

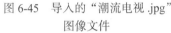

图 6-45 导入的"潮流电视 .jpg"
图像文件

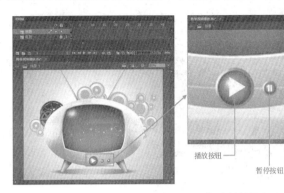

图 6-46 "按钮"图层中绘制的按钮

04 在【属性】面板中设置"播放"按钮的【实例名称】为"but_play";"暂停"按钮的【实例名称】为"but_stop";"返回"按钮的【实例名称】为"but_return"。

05 在"按钮"图层上方创建名称为"载入视频"图层,然后在"载入视频"图层上方创建名称为"视频遮罩"图层,并在"视频遮罩"图层中绘制出与电视屏幕同样大小的图形,如图 6-47 所示。

图 6-47 在"视频遮罩"图层中绘制的图形

06 将本书配套光盘"第六章 / 素材"目录下的"海豚表演 .flv"文件拷贝到与当前编辑文档同级的目录下。

07 将"视频遮罩"图层转换为遮罩层,"载入视频"图层转换为被遮罩层,然后在"视频遮罩"图层之上创建名称为"as"的图层,选择"as"的图层第 1 帧,在【动作】面板中输入动作脚本(见本书光盘中的源文件)。

08 按 Ctrl+Enter 键测试影片,在弹出的影片测试窗口中可以看到电视机中出现海豚画面,单击播放按钮视频开始播放,单击暂停按钮视频暂停播放,单击返回按钮视频回到第 1 帧播放。关闭影片测试窗口,单击【文件】/【保存】菜单命令,将文件保存。

至此视频播放器的动画全部制作完成。本实例讲解的是最基本的视频控制 Action 语句,希望读者可以熟练掌握这些命令。

实例 91

视频播放器

图 6-48　视频播放器

操作提示：

　　在本实例中将学习使用 Action 脚本控制视频文件播放、加载视频进度以及控制视频音量的方法，包含了视频控制的大部分功能，通过本实例的学习，就可以创建出精美的视频播放器。

　　一个完整的视频播放器主要由视频控制、进度控制、与音量控制三部分构成。视频控制用于控制视频的播放、暂停与停止等；进度控制用于控制视频播放的时间进度；音量控制用于控制视频文件的音量大小。本实例将学习如何制作一个完整视频播放器的方法，实例的最终效果如图 6-48 所示。

制作视频播放器动画

01 打开本书配套光盘"第六章 / 素材"目录下"player.fla"文件，在打开的 Flash 文件的库面板中已经将各个播放控件制作好，如图 6-49 所示。

02 将"图层 1"图层名称更改为"背景"，导入本书配套光盘"第六章 / 素材"目录下的"视频背景 .jpg"图像文件，将其导入到舞台中，并设置导入的图像刚好覆盖住舞台，如图 6-50 所示。

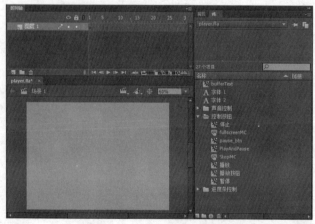

图 6-49　打开的"player.tla"文件

图 6-50　导入的"视频背景 .jpg"
图像文件

03 在"背景"图层上方创建名为"播放器"的新图层，导入本书配套光盘"第六章 / 素材"目录下的"播放器界面 .png"图像文件，将其导入到舞台中，并将其放置在舞台中央的位置，如图 6-51 所示。

04 在"背景"图层上方创建名为"倒影"的新图层，导入本书配套光盘"第六章 / 素材"目录下的"倒影 .png"图像文件，将其导入到舞台中，并将其放置在播放器的下方，如图 6-52 所示。

图 6-51　导入的"播放器界面 .png"图像文件

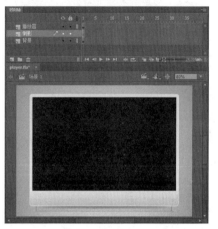

图 6-52　导入的"倒影 .png"图像文件

05 展开【库】面板中的"控制按钮"文件夹，设置其中的"fullscreenMC"、"PlayAndPause"、"StopMC"影片剪辑元件的【链接】参数为"fullscreenMC"、"PlayAndPause"、"StopMC"，如图 6-53 所示。

06 展开【库】面板中"声音控制"文件夹，设置其中的"volCtrl_mc"、"volumeBar"、"volumeIcon"影片剪辑元件的【链接】参数为"volCtrl_mc"、"volumeBar"、"volumeIcon"，如图 6-54 所示。

图 6-53　设置视频控制按钮的链接参数

图 6-54　设置声音控制按钮的链接参数

07 展开【库】面板中"进度条控制"文件夹，设置其中的"processBar"影片剪辑元件的【链接】参数为"processBar"，如图 6-55 所示。

08 在【库】面板中设置"bufferText"影片剪辑元件的【链接】参数为"bufferText",如图 6-56 所示。

图 6-55 设置进度条控制按钮的链接参数 　　图 6-56 设置"bufferText"影片
剪辑元件的链接参数

09 将本书配套光盘"第六章 / 素材"目录下的"小鱼 .flv"文件拷贝到与当前编辑文档同级的目录下。

10 单击【文件】/【新建】菜单命令,在弹出的【新建文档】对话框中选择"ActionScript 3.0 类"命令,然后在右侧的【类名称】输入栏中输入"player",如图 6-57 所示。

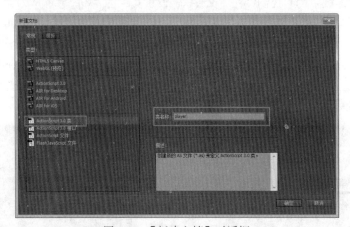

图 6-57 【新建文档】对话框

11 单击 确定 按钮,创建出一个名称为"player.as"的文件,在此文件的输入窗口中输入脚本(见本书配套光盘中的源文件)。

12 按 Ctrl+S 键,将"player.as"文件保存。

13 切换至"player.fla"文件中,按 Ctrl+Enter 键测试影片,在弹出的影片测试窗口中可以看到播放器中播放的视频,点击各个控制按钮可以控制视频的播放以及音量的调整等。关闭影片测试窗口,单击【文件】/【保存】菜单命令,将文件保存。

　　至此视频播放器就全部制作完成。看着有很多代码,感觉很复杂,其实把它们分解出来,每一段都是独立的代码,每段功能都做了标注,读者可以认真研究一下。

第 **7** 章

终极篇
——商业案例制作

欢迎来到第 7 章 Flash 的终极应用，本章将为读者展示 Flash 在商业案例中的综合应用。

由于 Flash 制作动画文件具有容量小，交互性强，速度快，支持声音、视频多媒体元素等特性，所以 Flash 动画在网络与移动领域得到广泛应用，如使用 Flash 制作的网络广告、教师使用的课件、网上喜闻乐见的 Flash 小游戏等等。本章中将通过实例讲解 Flash 在网络与移动媒体的几个重要应用，包括 Flash 广告、Flash 贺卡、Flash 课件、Flash 游戏以及 Android 手机应用程序。

实例 92

网站 banner

图 7-1　网站 banner

操作提示：
　　本实例可以学习制作网站 banner 的方法，包括如何制作 banner 中图像的切换、banner 中文字的过场以及装饰性元素动画的创建。

在网站中通常都会有一个或者多个 banner，这些 banner 有单一的静态图片，也有多图展示的。静态图很简单，把制作好的图片放上即可，而对于多图展示的 banner 则需要通过专业工具制作出来，现在网上流行的有两种方法，一种是 js 代码创建的网站 banner，再一种是 Flash 工具制作的网站 banner。在本实例中：则讲解使用 Flash 制作网站 banner，实例的最终效果如图 7-1 所示。

绘制背景动画

01 启动 Flash CC，创建出一个 ActionScript 3.0 新的文档。设置文档舞台的【宽度】参数为 "900 像素"、【高度】参数为 "215 像素"、【背景颜色】为蓝色（颜色值为 "#003399"），并将创建的文档名称保存为 "网站 banner.fla"。

02 将 "图层 1" 图层名称命名为 "背景动画"，然后将本书配套光盘 "第七章 / 素材 /banner" 目录下 "banner 底图 .jpg" 图像文件导入到舞台中，并设置导入的图像与舞台重合，如图 7-2 所示。

03 将导入的 "banner 底图 .jpg" 图像文件转换为名称为 "背景" 的影片剪辑元件，然后在 "背景动画" 图层第 41 帧插入关键帧，第 120 帧插入帧，如图 7-3 所示。

图 7-2　导入的 "banner 底图 .jpg" 图像文件　　　　图 7-3　"背景动画" 图层插入的帧

04 选择 "背景动画" 图层第 1 帧中的 "背景" 影片剪辑实例，在【属性】面板中设置【色彩效果】中【样式】选项为 "高级"，然后设置【R】、【G】、【B】参数值全部为 "255"，如图 7-4 所示。

05 在 "背景动画" 图层第 1 帧与第 41 帧之间创建传统补间动画，然后在 "背景动画" 图层之上创建名为 "人物动画" 的新图层，如图 7-5 所示。

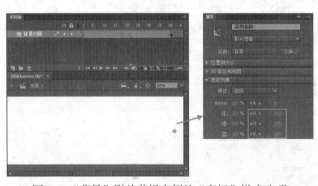 

图 7-4　"背景" 影片剪辑实例的 "高级" 样式选项　　　图 7-5　创建的传统补间动画
与新建的图层

06 在 "人物动画" 图层中导入本书配套光盘 "第七章 / 素材 /banner" 目录下的 "小孩 .png" 图像文件，然后将导入的图像放置在背景图像的右侧，并将其转换为名称为 "儿童" 的影片剪辑元件，如图 7-6 所示。

07 在 "人物动画" 图层第 75 帧插入关键帧，然后将 "人物动画" 图层第 41 帧处的 "儿童" 影片剪辑实例垂直向下移动一小段距离，并设置其 Alpha 参数值为 "0%"，如图 7-7 所示。

图 7-6 "儿童"影片剪辑实例的位置

08 在"人物动画"图层第 41 帧与第 75 帧之间创建传统补间动画，如图 7-8 所示。

图 7-7 第 41 帧处的"儿童"影片剪辑实例 　　　图 7-8 "人物动画"图层中创建
　　　　　　　　　　　　　　　　　　　　　　　　　　　 的传统补间动画

至此背景画面动画制作完成，接下来制作 banner 条中说明性文字的动画。

制作文字动画

01 在"人物动画"图层之上创建名为"英文大标题"的新图层，然后导入本书配套光盘"第七章 / 素材 /banner"目录下"大英文文字 .png"图像文件，将其放置在舞台的左上方位置，并将其转换为名为"英文标题"的影片剪辑元件，如图 7-9 所示。

02 将"英文大标题"图层第 1 帧拖曳到第 30 帧位置，然后在"英文大标题"图层第 63 帧插入关键帧，如图 7-10 所示。

图 7-9 "英文标题"影片剪辑实例 　　　　　图 7-10 "英文大标题"图层中的帧

03 选择"英文大标题"图层第 30 帧处的"英文标题"影片剪辑实例,在【属性】面板中为其设置"模糊"的滤镜效果,并设置其"Alpha"参数值为"0%",如图 7-11 所示。

04 在"英文大标题"图层第 30 帧与第 63 帧之间创建传统补间动画,然后在"英文大标题"图层上方创建名称为"小文字"的新图层,如图 7-12 所示。

图 7-11 "英文标题"影片剪辑实例
的滤镜效果与 Alpha 参数值

图 7-12 创建的"小文字"图层

05 在"小义字"图层第 64 帧插入关键帧,然后在舞台中输入"天地眷顾 开启城市纯'氧'生活时代"文字,并将输入的文字转换为名称为"文字"的影片剪辑元件,如图 7-13 所示。

06 双击"小文字"图层"文字"影片剪辑实例,切换至"文字"影片剪辑元件编辑窗口,选择舞台中的文字,按 Ctrl+B 键将选择的文字打散,然后将各个单独的文字转换为名为"文字 1"~"文字 14"的影片剪辑元件,如图 7-14 所示。

图 7-13 输入的小文字

图 7-14 "文字 1"~"文字 14"的影片剪辑元件

07 选择"文字 1"~"文字 14"影片剪辑实例,单击【修改】/【时间轴】/【分散到图层】菜单命令,将各个影片剪辑实例分散到各个图层中,如图 7-15 所示。

08 选择"文字 1"图层中的"文字 1"影片剪辑实例,为其创建补间动画,并设置补间动画的时间为 12 帧,如图 7-16 所示。

09 选择"文字 1"图层第 12 帧,在此帧位置处单击鼠标右键,在弹出菜单中选择【插入关键帧】/【全部】命令,然后选择"文字 1"图层第 1 帧中的"文字 1",将其水平翻转并水平方向缩小,如图 7-17 所示。

10 在舞台中选择"文字 1"影片剪辑实例,在【属性】面板中设置【色彩效果】的【Alpha】参数值为"0%",图 7-18 所示。

图 7-15　分散的各个图层　　　　图 7-16　为"文字 1"影片剪辑实例设置补间动画

图 7-17　水平方向缩小的
"文字 1"影片剪辑实例

图 7-18　设置"文字 1"影片剪辑
实例的 Alpha 参数值

11 将时间轴播放指针拖曳到第 12 帧处，设置"文字 1"影片剪辑实例的【Alpha】参数值为"100%"，图 7-19 所示。

12 在"文字 1"影片剪辑实例上方单击鼠标右键，在弹出菜单中选择"复制动画"命令，然后在"文字 2"~"文字 14"影片剪辑实例上方单击鼠标右键，选择"粘贴动画"命令，为其他的文字也添加了相同的补间动画，如图 7-20 所示。

图 7-19　第 12 帧处"文字 1"影片剪辑实例的 Alpha 参数值　　　图 7-20　为各个文字粘贴动画

13 将"文字 2"~"文字 14"图层中的帧依次向后拖曳一段距离，让各个文字动画依次播放，然后在所有帧第 160 帧插入帧，如图 7-21 所示。

图 7-21　各个图层中的帧依次向后播放

至此"网站 banner"动画中的文字动画部分制作完成，接下来为 banner 添加一些装饰性的动画效果，整个动画工程就大工完成了。

制作装饰性的动画

01 单击 █ 场景 按钮切换至场景编辑窗口中，创建一个名为"白点飘移"的影片剪辑元件，在此元件编辑窗口中绘制一个白色圆点，并将此白色圆点转换为名为"白点"的图形元件，如图 7-22 所示。

02 在"白点飘移"影片剪辑元件编辑窗口"图层 1"图层第 40 帧、第 241 帧、第 243 帧、第 274 帧插入关键帧，将各个关键帧处的"白点"图形元件依次向右拖曳，然后在各个关键帧之间创建传统补间动画，如图 7-23 所示。

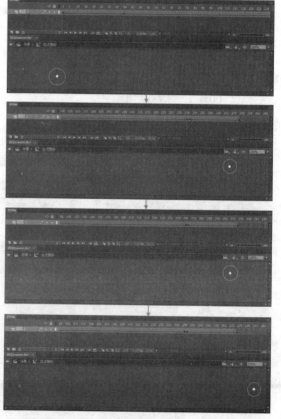

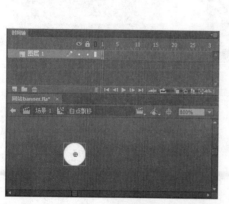

图 7-22　"白点飘移"影片剪辑元件编辑窗口

图 7-23　各个关键帧处的"白点"图形元件

03 将"图层 1"图层中第 1 帧与第 274 帧处的"白点"图形元件的"Alpha"参数值设置为"0%"。

04 创建一个名为"白点动画"的影片剪辑，将"白点飘移"影片剪辑实例拖曳多个并放置在不同的图层中，各个图层中的"白点飘移"影片剪辑实例放置在不同的帧上，如图 7-24 所示。

05 单击 <kbd>场景 1</kbd> 按钮切换至场景编辑窗口中，在"背景动画"图层上方创建名为"小点动画"的新图层，将【库】面板中"白点动画"拖曳到舞台的左下方，如图 7-25 所示。

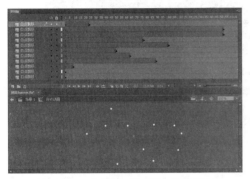

图 7-24　"白色动画"影片剪辑元件　　　　图 7-25　舞台中的"白点动画"影片剪辑实例

06 将本书配套光盘"第七章 / 素材 /banner"目录下"image 43.png"和"image 46.png"图像文件导入到库中，然后创建"云朵 1"与"云朵 2"影片剪辑元件，在"云朵 1"与"云朵 2"影片剪辑中放置导入的图像，如图 7-26 所示。

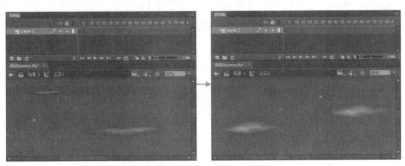

图 7-26　"云朵 1"与"云朵 2"影片剪辑实例

07 创建一个名为"云朵动画"的影片剪辑元件，将"云朵 1"与"云朵 2"影片剪辑元件拖曳到"云朵动画"影片剪辑元件中，并在此元件中制作出多个白云从右至左飘动的动画，如图 7-27 所示。

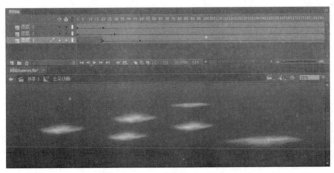

图 7-27　"云朵动画"影片剪辑元件

08 单击 场景1 按钮切换至场景编辑窗口中，在"小点动画"图层上方创建名为"云朵"的新图层，将【库】面板中"云朵动画"拖曳到舞台的右上方，然后在"云朵"图层第 26 帧与第 58 帧之间创建"云朵动画"由透明到完全显示的传统补间动画，如图 7-28 所示。

图 7-28 "云朵"图层中创建的传统补间动画

09 在"小文字"图层之上创建名为"as"的新图层，在 as 图层第 120 帧插入关键帧，打开【动作】面板，在【动作】面板中输入"stop();"脚本命令。

10 按 Ctrl+Enter 键测试影片，在弹出的影片测试窗口中可以观察到网站 banner 的动画效果。关闭影片测试窗口，单击【文件】/【保存】菜单命令，将文件保存。

至此"网站 banner"动画全部制作完成。相对于其他类型的动画，"网站 banner"动画主要突出的是画面的美感，画面内容要与网站栏目主题相符合，功能性相对较弱，所以要在动画效果的制作上多花些心思。

实例 93

网络广告

图 7-29 网络广告

操作提示：

　　本实例可以学习制作网络广告的方法，网络广告通常是由几个关键画面组成，每个关键画面中都有自己重点推荐的产品和诱人的广告语，几个关键画面会循环播放，而且画面中有指引点击的按钮，让用户点击进入相关网站中了解更多的产品促销信息。

　　在浏览网页的过程中，经常会看到各种各样的广告，这些广告有些是 gif 图像，有些是视频，还有很大一部分是使用 Flash 制作的。使用 Flash 制作的广告成本低、动态效果好、文件小，还具有交互性，得到很多客户的青睐。本实例将制作一个网络广告的动画，动画的最终效果如图 7-29 所示。

制作第一幅广告界面动画

01 启动 Flash CC，创建出一个 ActionScript 3.0 新的文档。设置文档舞台的【宽度】参数为"400 像素"、【高度】参数为"300 像素"、【背景颜色】为默认的白色，并将创建的文档名称保存为"网络广告 .fla"。

02 将"图层 1"图层名称命名为"底色"，然后在此图层中绘制一个与舞台大小相同的矩形，并为其填充黄色（颜色值为"#F0D109"）到土黄色（颜色值为"#F2A61A"）的径向渐变，如图 7-30 所示。

03 创建一个名称为"货架"的影片剪辑元件，在此元件中绘制一个货架的图形，如图 7-31 所示。

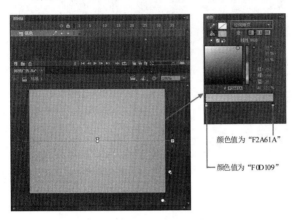

图 7-30　绘制的矩形

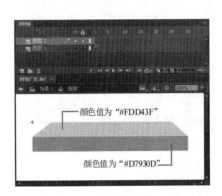

图 7-31　绘制的货架图形

04 单击 [场景 1] 按钮切换至场景编辑窗口中，将【库】面板中"货架"影片剪辑实例拖曳到舞台中，舞台中共放置 9 个货架影片剪辑实例，将它们整齐地排列到舞台中，如图 7-32 所示。

05 导入本书配套光盘"第七章 / 素材 / 网络广告"目录下"商品图标 .ai"图像文件，将各个商品放置在货架上，将货架上的商品由左至右，由上至下分别转换为名称为"物品 1"~"物品 9"的影片剪辑元件，如图 7-33 所示。

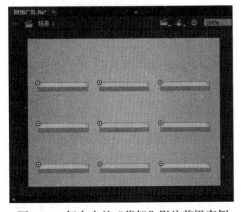

图 7-32　舞台中的"货架"影片剪辑实例

图 7-33　货架上的商品

06 将舞台中所有"货架"影片剪辑实例与"物品1"~"物品9"影片剪辑实例选择,单击【修改】/【时间轴】/【分散到图层】菜单命令,将9个"货架"影片剪辑实例与"物品1"~"物品9"影片剪辑实例分散到各个图层中,如图7-34所示。

07 在所有"货架"图层和"物品1"~"物品9"图层第20帧插入关键帧,然后将【时间轴】面板中的播放指针拖曳到第1帧,将第1行的货架和物品拖曳到舞台的左侧,第2行的货架和物品拖曳到舞台的右侧,第3行的货架和物品拖曳到舞台的左侧,如图7-35所示。

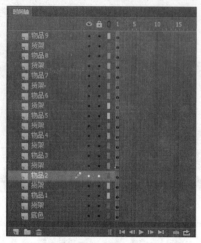
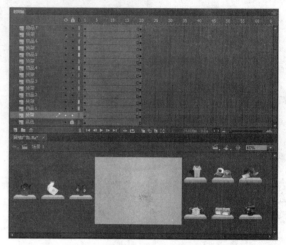

图7-34　分散的图层　　　　　　　　　　　　　图7-35　第1帧中的货架与物品

08 选择所有的货架与物品,设置其【Alpha】参数值为"0%",并在所有"货架"图层和"物品1"~"物品9"图层第1帧与第20帧之间创建传统补间动画,如图7-36所示。

09 在"物品9"图层上方创建名称为"输入框背景"与"边框"的新图层,在这两个图层中绘制白色的矩形与蓝色的镂空边框图形,两个图形大小与舞台相同,如图7-37所示。

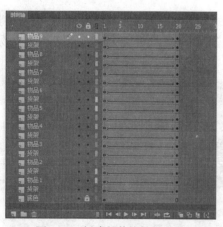
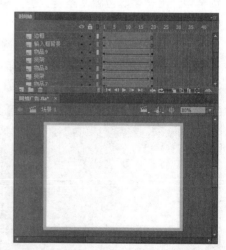

图7-36　创建的传统补间动画　　　　　　　　　图7-37　绘制的矩形与边框图形

10 选择"输入框背景"中的白色矩形,按 Ctrl+C 键将其复制,然后在"物品9"图层上方创建名称为"遮罩"的图层,按 Ctrl+Shift+V 键将复制的白色矩形粘贴到"遮罩"图层中并保持原来的位置,如图7-38所示。

11 将"遮罩"图层转换为遮罩层，并将其下方的所有"货架"图层与"物品 1"~"物品 9"
图层转换为被遮罩层，如图 7-39 所示。

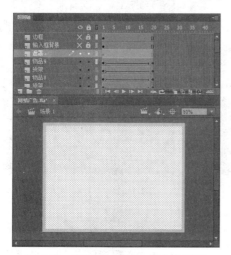

图 7-38　"遮罩"图层中的白色矩形

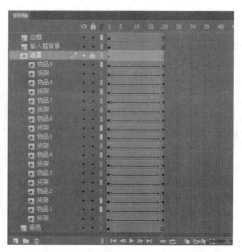

图 7-39　创建的遮罩层与被遮罩层

12 在所有图层第 240 帧插入帧，设置动画播放时间为 240 帧时间。然后在"物品 2"图层
第 35 帧至第 42 帧之间创建"物品 2"影片剪辑实例放大再缩小到原来大小的动画效果，
如图 7-40 所示。

13 分别在"物品 4"图层第 45 帧与第 52 帧，"物品 5"图层第 76 帧与第 83 帧，"物品 6"
图层第 54 帧与第 61 帧，"物品 8"图层第 64 帧与第 71 帧之间创建出与"物品 2"图层
中相同的补间动画，如图 7-41 所示。

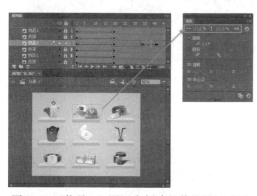

图 7-40　"物品 2"图层中创建的传统补间动画

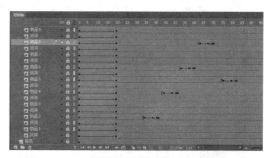

图 7-41　各个物品图层中创建的传统补间动画

制作第二幅广告界面动画

01 在"遮罩"图层第 100 帧插入关键帧，将"输入框背景"与"边框"图层第 1 帧拖曳到
第 100 帧的位置，然后在"遮罩"、"输入框背景"与"边框"图层第 120 帧处插入关键帧，
如图 7-42 所示。

02 将"遮罩"、"输入框背景"与"边框"图层第 120 帧处的图形全部选择，将其等比例缩
小为输入框的样式，如图 7-43 所示。

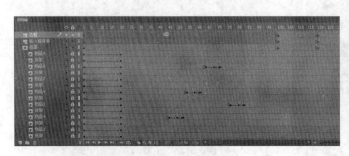

图 7-42　图层中创建的关键帧　　　　　　　　图 7-43　等比例缩小的图形

03 将"输入框背景"第 100 帧处白色矩形的【Alpha】参数值设置为"0%"，如图 7-44 所示。

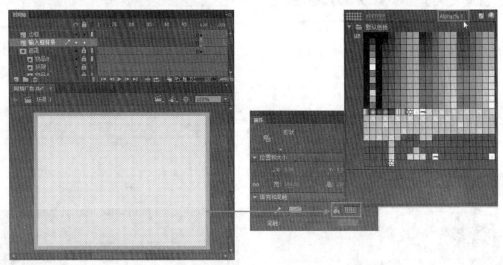

图 7-44　设置矩形的 Alpha 参数值为"0%"

04 在"遮罩"、"输入框背景"与"边框"
图层第 100 帧与第 120 帧之间创建补间
形状动画，如图 7-45 所示。

05 在"边框"图层上方创建名称为"文字
动画"的新图层，在此图层第 125 帧处
插入关键帧，然后在舞台中输入"海量

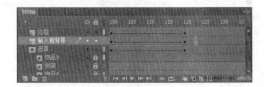

图 7-45　创建补间形状动画

商品任你淘"文字，为其设置合适的字体与颜色，并将其向左侧旋转，为其添加"投影"
滤镜效果，如图 7-46 所示。

06 将输入的文字转换为名为"文字"的影片剪辑元件，然后再将"文字"影片剪辑转换位
名为"文字动画"的影片剪辑元件，双击"文字动画"影片剪辑实例，进入到"文字动画"
影片剪辑元件编辑窗口中，如图 7-47 所示。

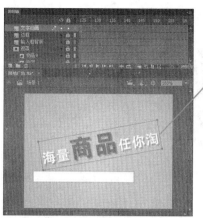

图 7-46 输入的"海量商品任你淘"文字

图 7-47 "文字动画"影片剪辑元件

07 在"图层 1"图层第 5 帧与第 10 帧插入关键帧，将第 5 帧处的"文字"影片剪辑实例向右旋转，然后在"图层 1"图层第 1 帧与第 5 帧，第 5 帧与第 10 帧之间创建传统补间动画，如图 7-48 所示。

08 单击 场景1 按钮切换至场景编辑窗口中，在"文字动画"图层之上创建名为"写字动画"的新图层，在此图层第 125 帧插入关键帧，在此帧处白色输入框位置输入红色的"http://www.51-site.com"文字，如图 7-49 所示。

09 选择"写字动画"图层中红色文字，按 Ctrl+B 键将文字打散为独立的文字，然后在此图层中制作出文字逐个出现的动画效果，如图 7-50 所示。

图 7-48 第 5 帧处"文字"影片剪辑实例

图 7-49 输入的红色文字

图 7-50 "写字动画"图层中的动画

10 在"写字动画"图层之上创建名为"按钮"的新图层，在此图层第 175 帧插入关键帧，在此帧中制作一个红色渐变，白色"抢购"文字的"按钮"影片剪辑实例，如图 7-51 所示。

11 在"按钮"图层之上创建名为"鼠标"的新图层，在此图层第 175 帧插入关键帧，在此帧中绘制一个手型的图形，如图 7-52 所示。

图 7-51　制作的红色按钮

图 7-52　绘制的手型图形

12 将手型图形转换为名为"鼠标"的影片剪辑，再将"鼠标"影片剪辑转换为名为"鼠标动画"的影片剪辑，双击"鼠标动画"影片剪辑实例，切换至"鼠标动画"影片剪辑元件编辑窗口中，在此元件编辑窗口中制作出"鼠标"影片剪辑实例上下晃动的传统补间动画，如图 7-53 所示。

13 创建一个名为"透明按钮"按钮元件，在此元件"点击"帧插入关键帧，在此帧中绘制一个矩形，如图 7-54 所示。

14 单击  场景 按钮切换至场景编辑窗口中，在"鼠标"图层之上创建名为"透明按钮"的新图层，在此图层第 175 帧插入关键帧，在此帧中将"透明按钮"按钮元件拖曳到右侧按钮与鼠标的上方，

图 7-53　"鼠标动画"影片剪辑元件中
创建的动画

将它们覆盖住，并在【属性】面板【实例名称】输入栏中输入"but_dianji"，如图 7-55 所示。

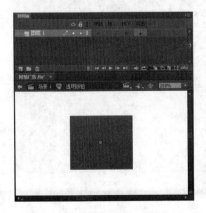

图 7-54　"透明按钮"按钮元件

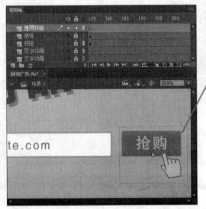

图 7-55　舞台中"透明按钮"按钮元件

15 在"透明按钮"图层上方创建名为"as"的图层,在此图层第 175 帧插入关键帧,然后打开【动作】面板,在【动作】面板中输入如下的动作脚本:

```
but_dianji.addEventListener(MouseEvent.CLICK, gotoweb);

function gotoweb(event:MouseEvent):void
{
    navigateToURL(new URLRequest("http://www.51-site.com"), "_blank");
}
```

16 按 Ctrl+Enter 键测试影片,在弹出的影片测试窗口中可以观察到制作的网络广告动画效果。关闭影片测试窗口,单击【文件】/【保存】菜单命令,将文件保存。

　　至此"网络广告"动画全部制作完成。对于网络广告动画的制作,关键在于创意,要让客户看到后很有购买的欲望,想了解广告中的产品。

实例 94

相册

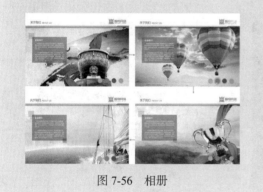

操作提示:

　　本实例中可以学习制作企业宣传相册的方法,还可以学到动态按钮以及图像之间转场过渡动画的制作技巧。

图 7-56　相册

　　本实例中将制作一个企业形象展示的相册动画,动画的最终效果如图 7-56 所示。

制作相册画面

01 启动 Flash CC,创建出一个 ActionScript 3.0 新的文档。设置文档舞台的【宽度】参数为"950 像素"、【高度】参数为"650 像素"、【背景颜色】为默认的白色,并将创建的文档保存为"相册 .fla"。

02 将本书配套光盘"第七章 / 素材 / 相册"目录下"pic1.jpg"图像文件导入到舞台中,放置在舞台的下方,然后将导入图像所在图层名称命名为"图 1",并将导入的图像转换为名称为"图 1"的影片剪辑元件,如图 7-57 所示。

03 在"图 1"图层上方创建名为"底图遮罩"的新图层,在此图层中绘制一个宽度 950 像素,高度 535 像素的矩形,将其放置在舞台下方,然后将"底图遮罩"转换为遮罩层,"图 1"图层转换为被遮罩层,如图 7-58 所示。

图 7-57　导入的 "pic1.jpg" 图像文件

图 7-58　"底图遮罩" 与 "图 1" 图层

04 在 "底图遮罩" 图层上方创建名为 "底图" 的图层文件夹，将 "底图遮罩" 与 "图 1" 图层放置在 "底图" 图层文件夹中，然后在 "底图" 图层文件夹上方创建名称为 "分隔条" 图层，在此图层中绘制一个灰色（颜色值为 "#C9C9CA"）与紫色（颜色值为 "#E83469"）相间的长条矩形，如图 7-59 所示。

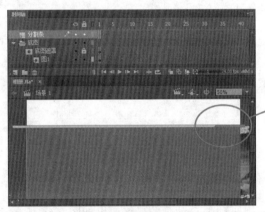

图 7-59　"分隔条" 图层中绘制的图形

05 在 "分割条" 图层下方创建名为 "倒影" 的图层，在此图层中绘制分割条的阴影图形，然后将绘制的阴影图形转换为名称为 "阴影" 的影片剪辑元件，如图 7-60 所示。

06 在 "分割条" 图层上方创建名为 "分割遮罩" 的新图层，在此图层中绘制一个与舞台宽度同宽的矩形，然后将此图层转换为遮罩层，其下方的 "分割条" 与 "倒影" 图层转换为被遮罩层，如图 7-61 所示。

图 7-60　"阴影" 影片剪辑实例

07 在"分割遮罩"图层之上创建名为"标题"的新图层，在分隔条左上方输入灰色的"关于我们"与"ABOUT US"文字，然后将输入的文字转换为名为"标题"的图形元件，如图 7-62 所示。

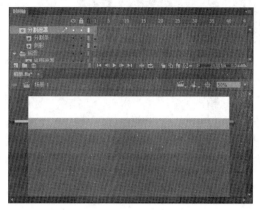

图 7-61　"分割遮罩"图层

图 7-62　"标题"图形元件

08 在"标题"图层之上创建名为"标志"的图层，在此图层中导入本书配套光盘"第七章 / 素材 / 相册"目录下"标志 .ai"图像文件，将导入的图像缩放合适的大小，在其右侧输入紫色（颜色值为"#E83469"）的"鼎智翔网络"与"http://www.51-site.com"文字，将标志与文字转换为名为"标志动画"的影片剪辑元件，将其放置在"分隔条"右上方，如图 7-63 所示。

09 在"底图"图层文件夹上方创建名为"圆形"的图层，在舞台右下方绘制 4 个大小相同的小圆形，4 个圆形颜色分别为橙色（颜色值为"#F39801"）、紫色（颜色值为"#E73068"）、蓝色（颜色值为"#004098"）、灰色（颜色值为"#A0A0A0"），如图 7-64 所示。

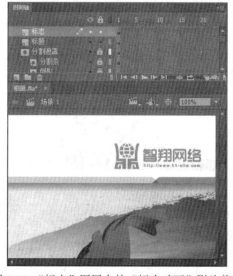

图 7-63　"标志"图层中的"标志动画"影片剪辑

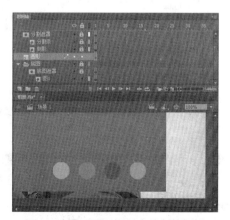

图 7-64　"圆形"图层中绘制的圆形

10 将 4 个圆形分别转换为名为"圆形 1"、"圆形 2"、"圆形 3"、"圆形 4"的影片剪辑，并为 4 个影片剪辑实例设置"投影"的滤镜效果，如图 7-65 所示。

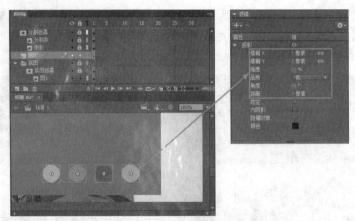

图 7-65 影片剪辑实例的"投影"滤镜效果

　　至此相册的整体画面就制作出来了，相册中一些基本元素也全部制作出来，接下来该制作相册中的动画。

制作相册图像与文字动画

01 在所有图层第 515 帧插入帧，设置动画播放时间为 515 帧，然后在"图 1"图层第 129 帧插入关键帧，第 130 帧插入空白关键帧。将第 1 帧处的"图 1"图形实例左侧与舞台左边缘对齐，将第 129 帧处的"图 1"图形实例右侧与舞台右边缘对齐，如图 7-66 所示。

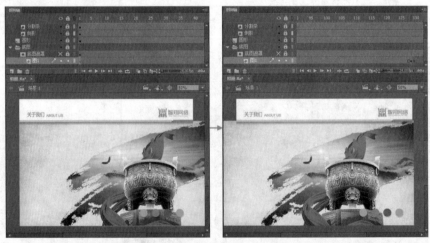

图 7-66 "图 1"图层中的图像

02 将"图 1"图层第 1 帧中"图 1"图形实例的【Alpha】参数值设为 0%，然后在"图 1"图层第 1 帧与第 129 帧之间创建传统补间动画，如图 7-67 所示。

03 在"图 1"图层第 20 帧插入关键帧，设置此帧处的"图 1"图形实例的【Alpha】参数值设为 100%，如图 7-68 所示。

04 在"图 1"图层之上创建名为"图 2"、"图 3"、"图 4"的新图层，分别在"图 2"、"图 3"、"图 4"图层中导入本书配套光盘"第七章 / 素材 / 相册"目录下的"pic2.jpg"、"pic3.jpg"、"pic4.jpg"图像文件，将这些导入的图像放置在舞台的底部，如图 7-69 所示。

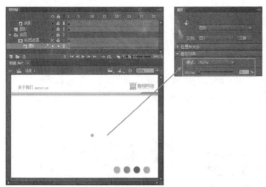

图 7-67　第 1 帧处的"图 1"图形实例　　　　图 7-68　第 20 帧处的"图 1"图形实例

图 7-69　导入的"pic2.jpg"、"pic3.jpg"、"pic4.jpg"图像文件

05 在"图 2"、"图 3"、"图 4"图层中制作与"图 1"图层中同样的动画，然后依次将"图 2"、
"图 3"、"图 4"图层中的帧向后拖曳，让各个图层中图像依次出现，如图 7-70 所示。

06 在"圆形"图层之上创建一个名为"文字内容"的图层文件夹，再创建一个名为"小色块"
的图层，在"小色块"图层中绘制一个红色（颜色值为"#E73068"）的矩形，放置在舞
台左侧，然后将"小色块"放置在"文字内容"图层文件夹中，如图 7-71 所示。

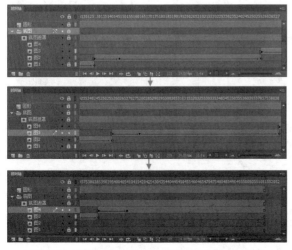

图 7-70　"图 2"、"图 3"、"图 4"图层中的帧　　　图 7-71　绘制的红色矩形

07 在"小色块"图层之上创建名为"副标题 1"的图层,在此图层中输入白色的"企业简介"文字,将输入的文字转换为名为"副标题 1"的影片剪辑元件,并将此元件放置在红色矩形的左上角,如图 7-72 所示。

08 在"副标题 1"图层之上创建名为"文字内容 1"的图层,在此图层中输入白色的段落文字,将输入的文字转换为名为"文字内容 1"的影片剪辑元件,并将此元件放置在"副标题 1"影片剪辑的下方,如图 7-73 所示。

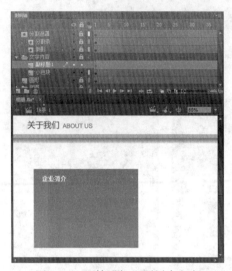

图 7-72 "副标题 1"图层中文字   图 7-73 输入的段落文字

09 将"小色块"图层中绘制的矩形转换为名为"文字内容动画 1"的影片剪辑元件,并且双击此元件,切换至"文字内容动画 1"影片剪辑元件编辑窗口。

10 在"文字内容动画 1"的影片剪辑元件中制作出矩形块被拉伸出来,并伴有小方块装饰的动画效果,如图 7-74 所示。

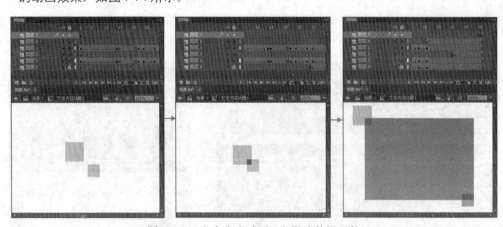

图 7-74 "文字内容动画 1"影片剪辑元件

11 单击 场景 1 按钮,切换至场景中,在"副标题 1"与"文字内容 1"图层中制作出"副标题 1"与"文字内容 1"影片剪辑有透明到完全显示的传统补间动画,然后将它们的帧分别向后移动,如图 7-75 所示。

图 7-75 "副标题 1"与"文字内容 1"图层中动画

至此相册图像与文字动画就全部制作完成，接下来就是制作最后的互动部分，这需要使用到 ActionScript 脚本来完成。

制作相册的按钮互动

01 在"圆形"图层上方创建名为"底部按钮"的图层文件夹，将"圆形"图层放置在"底部按钮"的图层文件夹中，选择"圆形"图层中"圆形 1"影片剪辑实例，按 Ctrl+C 键将其复制。

02 在"圆形"图层上方创建名为"圆形放大"的新图层，再按 Ctrl+Shift+V 键将"圆形 1"影片剪辑实例粘贴到"圆形放大"图层中，并保持原来的位置。

03 将"圆形 1"影片剪辑实例转换为名为"图形放大"的影片剪辑元件，双击此元件切换至"图形放大"影片剪辑元件编辑窗口中，在此元件中制作出"圆形 1"影片剪辑实例放大并逐渐变透明的传统补间动画，如图 7-76 所示。

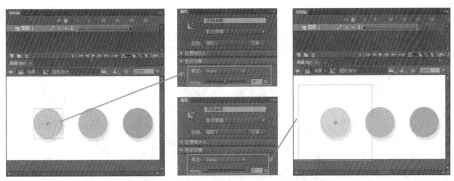

图 7-76 制作的传统补间动画

04 将刚刚制作的动画复制，在创建一个新图层，将复制的动画粘贴新图层中，并将新图层中的帧向后拖曳一些，如图 7-77 所示。

05 单击 场景 1 按钮，切换至场景中，将"图形放大"影片剪辑实例再复制三个，将三个"图形放大"影片剪辑实例分别放置在"圆形 2"、"圆形 3"、"圆形 4"影片剪辑实例的上方，如图 7-78 所示。

06 将"图形放大"图层中四个"图形放大"影片剪辑实例从左至右分别设置它们的【实例名称】为"yuan1"、"yuan2"、"yuan3"、"yuan4"。

07 在"图形放大"图层上方创建一个名为"点击按钮"的新图层,然后创建一个比"圆形1"影片剪辑实例略微大些的透明按钮,按钮元件的名称为"透明按钮",并"点击按钮"图层中放置4个"透明按钮",位置在4个圆形的上方,如图7-79所示。

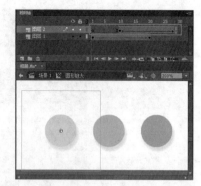

图 7-77　新图层中复制的帧

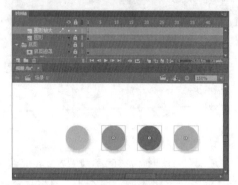

图 7-78　复制的三个"图形放大"影片剪辑实例的位置

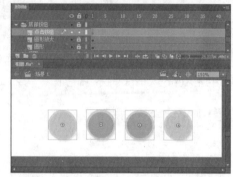

图 7-79　"点击按钮"图层中的"透明按钮"按钮实例

08 从左至右分别设置4个"透明按钮"的【实例名称】为"but1"、"but2"、"but3"、"but4"。

09 在"标志"图层上方创建一个名为"帧标签"的新图层,在此图层中每个图形动画起始帧的位置处插入关键帧,并分别设置帧标签的名称为"a1"、"a2"、"a3"、"a4",如图7-80所示。

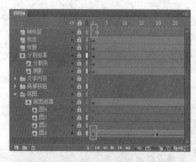

图 7-80　"帧标签"图层中的关键帧

10 在"帧标签"图层上方创建一个名称为"as"的新图层，在此图层第 1 帧中输入脚本（见光盘中的源文件）。

11 在"as"图层每个图形动画结束的位置插入关键帧，在这些关键帧中输入"stop();"动作脚本，设置每幅画面出现后先停止播放。

12 按 Ctrl+Enter 键测试影片，在弹出的影片测试窗口中可以观察到图像出现的动画，鼠标指向右下方各个圆点上图像进行切换。关闭影片测试窗口，单击【文件】/【保存】菜单命令，将文件保存。

至此"相册"动画全部制作完成。通过 Flash 的包装后，是不是显得企业形象更加高大上了呢？

实例 95

新春贺卡

图 7-81　新春贺卡

操作提示：

做 Flash 贺卡最重要的是创意而不是技术，由于贺卡的特殊性，情节非常简单，影片也很简短，一般仅仅只有几秒钟，设计者一定要在很短的时间内表达出意图，并且要给人留下深刻的印象。如何在很有限的时间内表达出想要的主题，并把气氛烘托起来，这些都需要设计者通过自己的思考得到答案。本实例只讲解基本的制作思路与应用技巧，但是最重要的情节设计与主题表现要由你自己来完成。

本实例将制作一个新年贺卡的动画，其最终效果如图 7-81 所示。

制作贺卡的第一个画面动画

01 启动 Flash CC，创建出一个 ActionScript 3.0 新的文档。设置文档舞台的【宽度】参数为"600 像素"、【高度】参数为"400 像素"、【背景颜色】为默认的白色，并将创建的文档名称保存为"新春贺卡 .fla"。

02 导入"第七章 / 素材 / 新春贺卡"目录下"大门 .jpg"图像文件，将其转换为名为"大门"的影片剪辑元件，再创建两个名称为"左门"与"右门"的图层，将"大门"影片剪辑左右对称的分别放置在这两个图层中，如图 7-82 所示。

03 创建名称为"灯笼"的影片剪辑元件，在"灯笼"影片剪辑元件中绘制一个灯笼图形，如图 7-83 所示。

图 7-82　舞台中的"大门"影片剪辑实例

图 7-83　绘制的灯笼图形

04 创建名为"灯笼动画"的影片剪辑元件，将"灯笼"影片剪辑元件拖曳到"灯笼动画"影片剪辑元件中，在"灯笼动画"影片剪辑元件中制作出"灯笼"影片剪辑实例左右摇摆的传统补间动画，如图 7-84 所示。

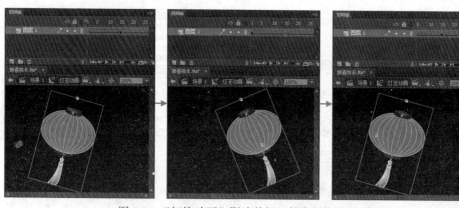

图 7-84　"灯笼动画"影片剪辑元件中制作的动画

05 在"右门"图层之上创建名为"灯笼左"与"灯笼右"的新图层，然后将"灯笼动画"影片剪辑元件放置到"灯笼左"与"灯笼右"图层中，并将"灯笼左"图层中"灯笼动画"影片剪辑实例放置在舞台左上方，"灯笼右"图层中"灯笼动画"影片剪辑实例放置在舞台右上方，如图 7-85 所示。

06 在"灯笼右"图层之上创建名为"文字"的新图层，在此图层中输入"新春到 开门送福了"的金色（颜色值为"#A26100"）文字，为此文字设置"发光"与"投影"的滤镜效果，如图 7-86 所示。

图 7-85　舞台中"灯笼动画"影片剪辑实例

图 7-86 文字的滤镜效果

07 创建一个名为"画面 1"图层文件夹,将"左门"、"右门"、"灯笼左"、"灯笼右"、"文字"图层放置在"画面 1"图层文件夹中,并在所有图层第 710 帧插入帧,设置动画播放时间为 710 帧,如图 7-87 所示。

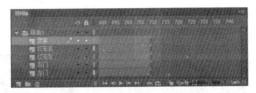

图 7-87 "画面 1"图层文件夹

08 在"左门"与"右门"图层第 60 帧与第 85 帧处插入关键帧,将"左门"图层第 85 帧"大门"影片剪辑放置在舞台左侧,设置其 Alpha 参数值为 0%,再将"右门"图层第 85 帧"大门"影片剪辑放置在舞台右侧,设置其 Alpha 参数值为 0%,然后在"左门"与"右门"图层第 60 帧与第 85 帧之间创建传统补间动画,如图 7-88 所示。

09 在"灯笼左"图层第 60 帧与第 85 帧处插入关键帧,设置"灯笼左"图层第 85 帧"灯笼动画"影片剪辑 Alpha 参数值为 0%,然后在"灯笼左"图层第 60 帧与第 85 帧之间创建传统补间动画,如图 7-89 所示。

图 7-88 "左门"与"右门"图层中　　　　图 7-89 第 85 帧处"灯笼动画"
　　　创建的传统补间动画　　　　　　　　　影片剪辑实例

10 双击"文字"图层中"文字动画"影片剪辑实例，切换至"文字动画"影片剪辑元件编辑窗口中，在此元件中制作出文字逐个由大到小逐渐淡入的动画传统补间动画，如图7-90 所示。

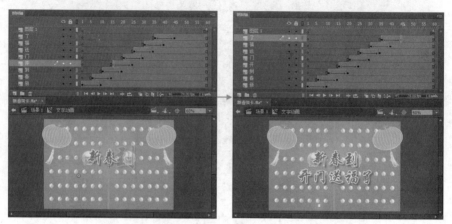

图 7-90 "文字动画"影片剪辑元件中制作的动画

11 单击 场景1按钮，切换至场景中，在"文字"图层第 60 帧与第 85 帧处插入关键帧，设置"文字"图层第 85 帧"文字动画"影片剪辑 Alpha 参数值为 0%，然后在"文字"图层第 60 帧与第 85 帧之间创建传统补间动画，如图 7-91 所示。

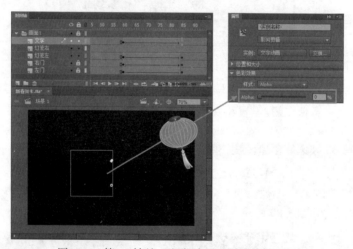

图 7-91 第 85 帧处"文字动画"影片剪辑实例

制作贺卡的第二个画面动画

01 在"左门"图层下方创建名为"画面 2"的图层文件夹，并在"画面 2"图层文件夹中创建名为"图 1"的图层，在此图层中导入本书配套光盘"第七章 / 素材 / 新春贺卡"目录下的"背景 4.jpg"图像文件，并设置导入的图像与舞台重合，如图 7-92 所示。

02 创建一个名为"鞭炮动画"的影片剪辑元件，在此元件编辑窗口中导入本书配套光盘"第七章 / 素材 / 新春贺卡"目录下的"鞭炮 .png"图像文件，将其放置在舞台中心位置，然后创建新图层"图层 2"，在此图层中绘制出燃放鞭炮的手柄，如图 7-93 所示。

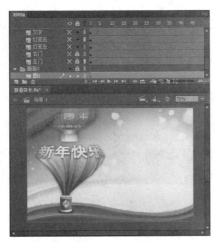

图 7-92　导入的"背景 4.jpg"图像文件

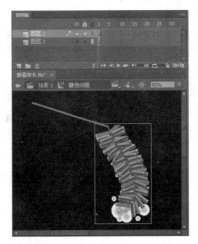

图 7-93　"鞭炮动画"影片剪辑元件

03 选择"鞭炮 .png"图像文件,将其转换为名为"鞭炮"的图形元件,再将其转换为名为"晃动鞭炮"的图形元件,在此图形元件中制作出"鞭炮"晃动的传统补间动画,如图 7-94 所示。

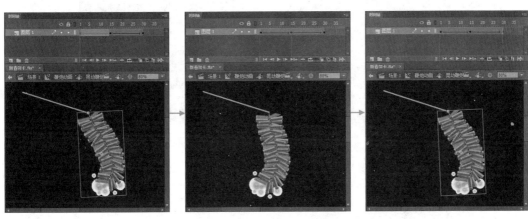

图 7-94　"晃动鞭炮"图形元件中鞭炮晃动动画

04 切换至"鞭炮动画"影片剪辑元件窗口中,在"图层 1"图层之上创建新图层"图层 3"。打开本书配套光盘"第七章 / 素材 / 新春贺卡"目录下的"鞭炮礼花 .fla"Flash 文件;将其中"元件 2"图形元件导入到"图层 3"中多个,将这几个"元件 2"图形元件缩放合适的大小,将多个"元件 2"图形元件转换为名称为"燃放的鞭炮"影片剪辑元件,如图 7-95 所示。

05 双击"燃放的鞭炮"影片剪辑元件,切换至"燃放的鞭炮"影片剪辑元件编辑窗口中,在此元件中制作出鞭炮爆炸的逐帧动画,如图 7-96 所示。

图 7-95　"燃放的鞭炮"影片剪辑元件

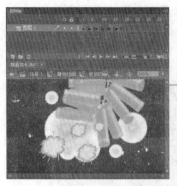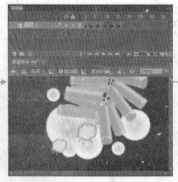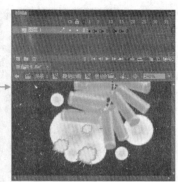

图 7-96 "燃放的鞭炮"影片剪辑元件

06 切换至"鞭炮动画"影片剪辑元件窗口中，在此影片剪辑元件中制作出鞭炮随着手柄摇晃同时爆竹爆炸的动画效果，如图 7-97 所示。

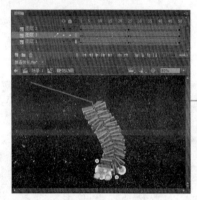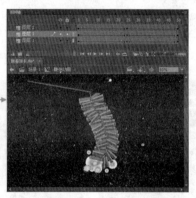

图 7-97 "鞭炮动画"影片剪辑元件

07 单击 **场景 1** 按钮，切换至场景中，在"图 1"图层上方创建名为"鞭炮"的图层，在此图层第 90 帧插入关键帧，将【库】面板中"鞭炮动画"影片剪辑拖曳到此帧中，将其水平翻转后放置到舞台的右侧，如图 7-98 所示。

08 在"鞭炮"图层上方创建名为"鞭炮爆炸"的新图层，在此图层第 90 帧插入关键帧，将【库】面板中"燃放的鞭炮"影片剪辑元件拖曳到此帧中，将其复制两个放置到鞭炮的下方，如图 7-99 所示。

图 7-98 "鞭炮动画"影片剪辑的位置   图 7-99 "燃放的鞭炮"影片剪辑的位置

09 在"鞭炮爆炸"图层上方创建名为"鞭炮声"的新图层，在此图层第 90 帧插入关键帧，然后导入本书配套光盘"第七章 / 素材 / 新春贺卡"目录下的"streamsound 13.mp3"声音文件，将其导入到"鞭炮声"图层第 90 帧，如图 7-100 所示。

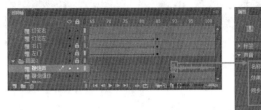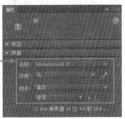

图 7-100 "鞭炮声"图层中导入的声音

制作贺卡的第三个画面动画

01 在"画面 1"图层文件夹上方创建名为"画面 3"的图层文件夹，并在"画面 3"图层文件夹中创建名为"图 2"的图层，在此图层中导入本书配套光盘"第七章 / 素材 / 新春贺卡"目录下的"背景 2.jpg"图像文件，并设置导入的图像与舞台重合，如图 7-101 所示。

02 将导入的"背景 2.jpg"图像文件转换为名为"定格背景"的图形元件，将"图 2"图层第 1 帧拖曳到第 180 帧位置，并在第 201 帧插入关键帧，然后在第 180 帧与第 201 帧之间创建图像淡入的传统补间动画，如图 7-102 所示。

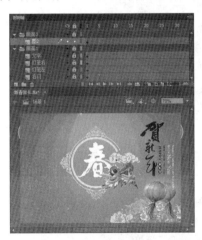

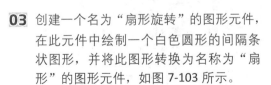

图 7-101 导入的"背景 2.jpg"图像文件　图 7-102 "图 2"图层中创建的传统补间动画

03 创建一个名为"扇形旋转"的图形元件，在此元件中绘制一个白色圆形的间隔条状图形，并将此图形转换为名称为"扇形"的图形元件，如图 7-103 所示。

04 在"扇形旋转"图形元件的"图层 1"图层第 1 帧与第 210 帧之间创建"扇形"图形元件逆时针旋转的传统补间动画，如图 7-104 所示。

图 7-103 "扇形旋转"图形元件中绘制的图形

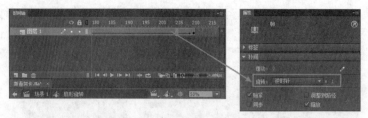

图 7-104 "扇形旋转"图形元件中创建的传统补间动画

05 单击 ▦ 场景1 按钮，切换至场景中，在"图 2"图层上方创建名为"旋转光"的新图层，在此图层第 188 帧插入关键帧，将"扇形旋转"图形元件拖曳到舞台中心位置，然后在此图层第 188 帧与第 212 帧之间创建图形淡入传统补间动画，如图 7-105 所示。

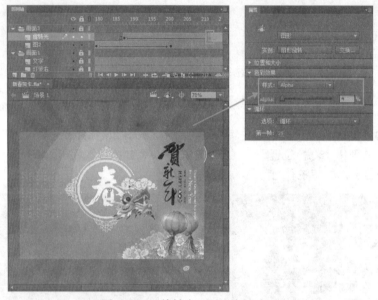

图 7-105 "旋转光"图层中的动画

06 在"旋转光"图层之上创建名为"标题文字"的新图层，在此图层中第 212 帧与第 229 帧之间创建黄色的"恭祝"文字在舞台左侧由上至下淡入的动画效果，如图 7-106 所示。

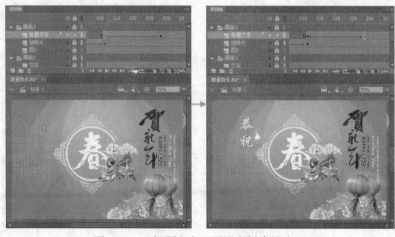

图 7-106 "标题文字"图层中创建的动画

07 在"标题文字"图层之上创建名为"恭贺文字"的新图层,在此图层中第 229 帧插入关键帧,然后在此帧中输入黄色的贺卡文字,如图 7-107 所示。

08 创建出黄色文字由右向左逐列显示的遮罩动画,如图 7-108 所示。

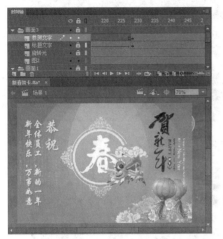

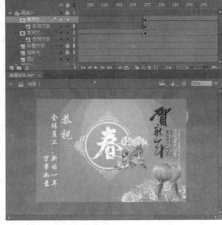

图 7-107 "恭贺文字"图层中输入的黄色文字　　　　　图 7-108 创建的文字遮罩动画

09 创建一个名为"礼花动画 1"的影片剪辑元件,在此元件中制作出礼花弹上升的图形补间动画,如图 7-109 所示。

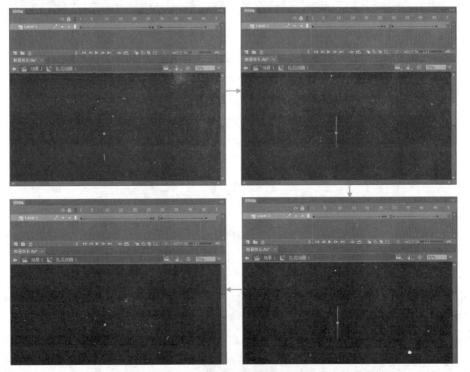

图 7-109 "礼花动画 1"影片剪辑元件

10 创建一个名为"礼花动画 2"的影片剪辑元件,在此元件中制作出礼花发散的动画效果,如图 7-110 所示。

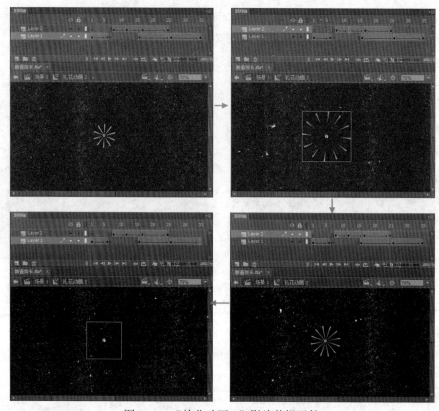

图 7-110 "礼花动画 2"影片剪辑元件

11 创建一个名为"多个礼花动画"的影片剪辑元件，在此元件中将"礼花动画 1"与"礼花动画 2"影片剪辑元件拖曳进来，并复制多个，分散到各个图层的不同帧中，制作出多个礼花燃放的动画效果，如图 7-111 所示。

12 单击 ■场景1 按钮，切换至场景中，在文字遮罩动画的图层之上创建名为"礼花动画"的图层，在此图层第 320 帧插入关键帧，在此帧中将"多个礼花动画"影片剪辑拖曳到舞台中，如图 7-112 所示。

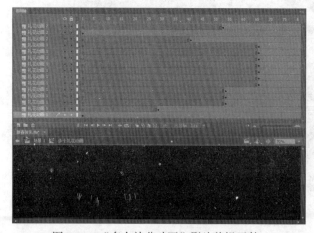

图 7-111 "多个礼花动画"影片剪辑元件

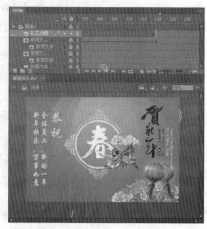

图 7-112 "礼花动画"图层中"多个礼花动画"影片剪辑

13 在"礼花动画"图层上方创建名为"礼花音效"的新图层,在此图层第 320 帧插入关键帧,然后导入本书配套光盘"第七章 / 素材 / 新春贺卡"目录下的"礼花音效 .mp3"声音文件,将其导入到"礼花音效"图层第 320 帧,如图 7-113 所示。

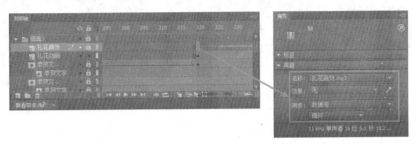

图 7-113 "礼花音效"图层中导入的声音

14 创建一个名为"重放按钮"的按钮元件,在此元件中创建出"replay"文字的按钮,如图 7-114 所示。

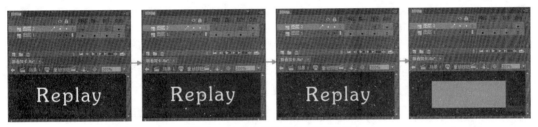

图 7-114 "重放按钮"按钮元件

15 在"礼花音效"图层上方创建名为"重放按钮"的新图层,在此图层第 401 帧插入关键帧,并在此帧中将"重放按钮"按钮元件放置在舞台的左下方,并在【属性】面板中设置【实例名称】为"but1",如图 7-115 所示。

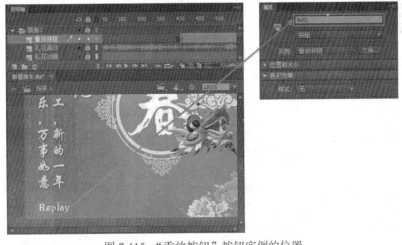

图 7-115 "重放按钮"按钮实例的位置

16 在"画面 3"图层文件夹上方创建名称为"背景音乐"的新图层,然后导入本书配套光盘"第七章 / 素材 / 新春贺卡"目录下的"streamsound 1.mp3"声音文件,将其导入到"背景音乐"图层中,如图 7-116 所示。

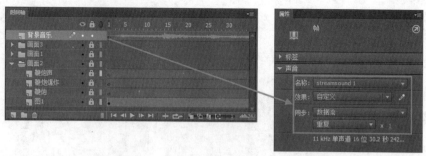

图 7-116　"背景音乐"图层中导入的声音

17 在"背景音乐"图层上方创建名为"as"的新图层，在此图层第 401 帧插入关键帧，然后在此帧中输入如下的脚本：

```
function play1(event:MouseEvent ) {
    gotoAndPlay(1);
}
but1.addEventListener (MouseEvent.MOUSE_DOWN ,play1);
```

18 在"as"图层最后一帧插入关键帧，在此帧中输入"stop();"的动作脚本。

19 按 Ctrl+Enter 键测试影片，在弹出的影片测试窗口中可以观察到新春贺卡的各个画面动画。然后关闭影片测试窗口，单击【文件】/【保存】菜单命令，将文件保存。

　　至此"新春贺卡"动画全部制作完成。在贺卡中加上自己祝福的语言，在新春来临之际送给远方的亲人朋友吧。

实例 96

课件

操作提示：

　　本实例中将学习到制作课件的基本思路与创作技巧。包括如何构造画面、添加文字信息，创建按钮以及使用 ActionScript 创建按钮互动。

图 7-117　课件

　　Flash 以其超强的动感画质和多事件的触发机制，为课件的制作提供了强有力的支持，使用 Flash 可使制作课件的过程变得更加轻松，同时也提高了制作课件的效率，节省了开发时间。本实例将制作一个简单的课件，实例的最终效果如图 7-117 所示。

制作课件引导页面

01 启动 Flash CC，创建出一个 ActionScript 3.0 新文档。设置文档舞台的【宽度】参数为"600 像素"、【高度】参数为"600 像素"、【背景颜色】为默认的白色，并将创建的文档名称保存为"课件 .fla"。

02 将当前图层名称改为"底图"，在此图层中绘制出淡青色（颜色值为"#CAE0D1"）矩形与浅绿色（颜色值为"#A2D8B4"）矩形相间的图形，此图形将舞台完全覆盖住，如图 7-118 所示。

03 在"底图"图层上方创建名为"黑板"的新图层，在此图层中导入本书配套光盘"第七章 / 素材 / 课件"目录下的"黑板 .ai"图像文件，并将导入的图像缩放合适的大小，并转换为名为"黑板"的影片剪辑元件，再将其转换为名称为"黑板图"的影片剪辑元件，并在"黑板图"影片剪辑元件中为"黑板"影片剪辑元件设置"投影"的滤镜效果，如图 7-119 所示。

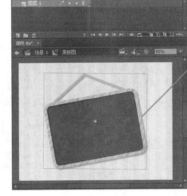

图 7-118 "底图"图层中绘制的图形　　　　图 7-119 "黑板图"影片剪辑元件

04 切换回场景舞台中，在"黑板"图层上方创建名为"钉子"的新图层，在此图层中绘制出黑板挂绳上的钉子图形，如图 7-120 所示。

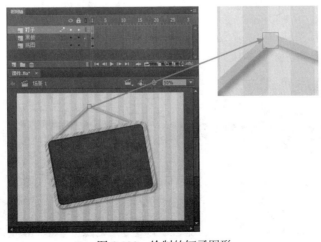

图 7-120 绘制的钉子图形

05 在所有图层第 400 帧插入帧，设置动画播放时间为 400 帧，然后在"黑板"图层中制作出黑板图形由右向左，再由左向右摇晃的传统补间动画，如图 7-121 所示。

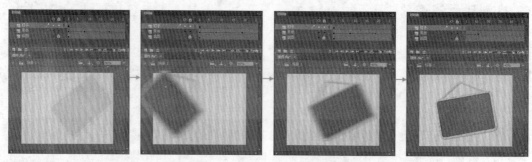

图 7-121 "黑板"图层中制作的动画

06 在"钉子"图层上方创建新图层，在此图层中输入"WELCOME"文字，将输入的文字打散为独立的文字，并将各个独立的文字转换为与文字相同名字的影片剪辑元件，并将各个独立的文字分散独立的图层中，然后在各个文字图层上方的新图层中绘制出文字的运动路径，将各个文字沿着路径放置，如图 7-122 所示。

图 7-122 "WELCOME"文字沿着路径放置

07 在各个文字图层中制作出文字沿着路径运动的传统补间动画，并将各个文字图层中的帧向后拖曳一段距离，如图 7-123 所示。

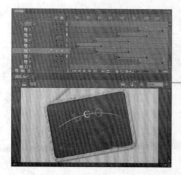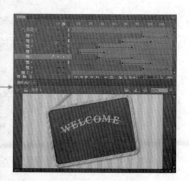

图 7-123 各个独立文字图层中制作的传统补间动画

08 在运动路径图层上方创建名为"my"的新图层，并在此图层第 108 帧与第 121 帧之间创建出白色的"MY"文字淡显的传统补间动画，如图 7-124 所示。

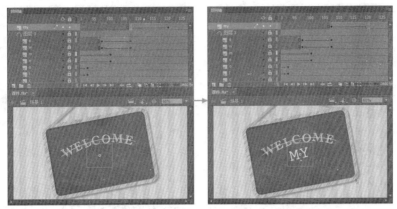

图 7-124 "my"图层中制作的传统补间动画

09 在"my"图层上方创建名为"family"的新图层，并在此图层第 121 帧至第 135 帧之间创建出白色的"FAMILY"文字由大到小渐变的传统补间动画，如图 7-125 所示。

图 7-125 "family"图层中制作的传统补间动画

10 创建一个名为"箭头动画"的影片剪辑元件，在此元件中制作出箭头图形由左向右运动的传统补间动画，如图 7-126 所示。

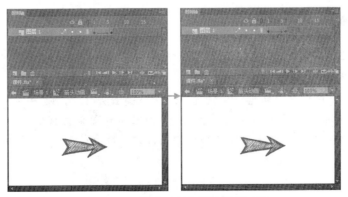

图 7-126 "箭头动画"影片剪辑元件

11 返回场景中，在"family"图层上方创建名为"箭头"的新图层，并在此图层第 135 帧与第 150 帧之间创建"箭头动画"影片剪辑实例淡显的传统补间动画，如图 7-127 所示。

图 7-127 "箭头"图层中制作的动画

12 在"箭头"图层上方创建名为"进入按钮"的新图层，并在此图层第 143 帧与第 158 帧中制作"课程按钮"按钮元件淡显的传统补间动画，并在【属性】面板中设置"课程按钮"按钮实例的【实例名称】为"but_go"，如图 7-128 所示。

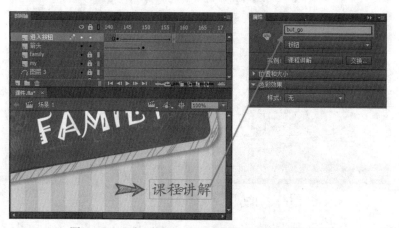

图 7-128 "进入按钮"图层中制作的传统补间动画

制作课件的内容第一个页面

01 在所有图层第 180 帧处插入空白关键帧，播放到这一帧时，这些图层中的内容全部消失，如图 7-129 所示。

02 在"进入按钮"图层之上创建名为"粉色背景"的新图层，在此图层中绘制一个浅粉色（颜色值为"#F7DCDC"）背景粉色（颜色值为"#F8D3D6"）波浪线的背景图形，此图形刚好覆盖住舞台，然后将绘制的图形转换为名称为"背景"的影片剪辑元件，如图 7-130 所示。

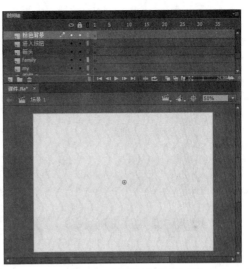

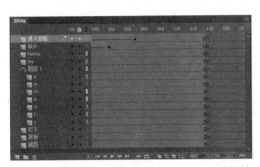

图 7-129 所有图层第 180 帧处插入空白关键帧　　　　图 7-130　绘制的粉色背景图形

03 将"粉色背景"图层第 1 帧拖曳到第 160 帧，然后在"粉色背景"图层第 160 帧与第 180 帧之间创建"背景"影片剪辑从透明到完全显示的传统补间动画，如图 7-131 所示。

04 在"粉色背景"图层上方创建名为"粉色展板底色"与"粉色展板边框"的新图层，在"粉色展板底色"与"粉色展板边框"图层第 180 帧插入关键帧。在"粉色展板底色"图层中导入本书配套光盘"第七章 / 素材 / 课件"目录下的"白板底色 .png"图像文件；在"粉色展板边框"图层中导入本书配套光盘"第七章 / 素材 / 课件"目录下的"白板边框 .png"图像文件，将这两个导入的图像放置在舞台中心位置，如图 7-132 所示。

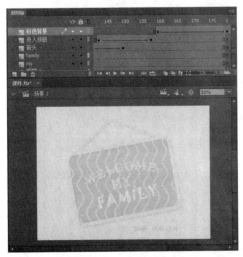

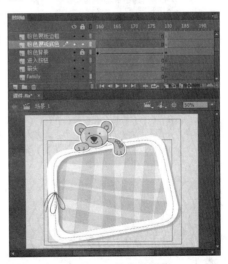

图 7-131 "粉色背景"图层中制作的传统补间动画　　　图 7-132　导入的图像

05 将"白板底色 .png"图像文件转换为名为"小熊展板底色"的影片剪辑，再将"白板边框 .png"图像文件转换为名为"小熊展板边框"的影片剪辑，然后在"粉色展板底色"与"粉色展板边框"图层第 180 帧与第 204 帧之间创建由透明到完全显示，从上至下运动的传统补间动画，如图 7-133 所示。

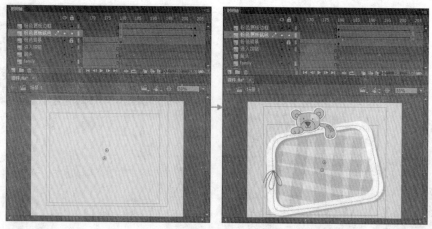

图 7-133 "粉色展板底色"与"粉色展板边框"图层中制作的动画

06 在"小熊展板边框"图层上方创建名为"文字"的新图层,在此图层第 204 帧插入关键帧,在此帧中输入棕色(颜色值为"#993300")的文字,将输入的文字转换为名为"文字"的影片剪辑,并在此图层第 204 帧与第 224 帧之间创建透明到完全显示的传统补间动画,如图 7-134 所示。

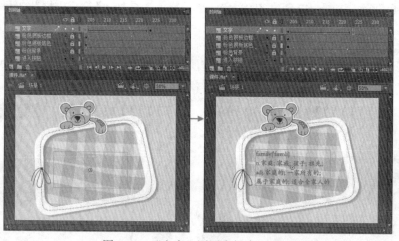

图 7-134 "文字"图层中创建的动画

07 创建一个名为"喇叭"的影片剪辑元件,在此元件中制作出喇叭放出声音的动画效果,如图 7-135 所示。

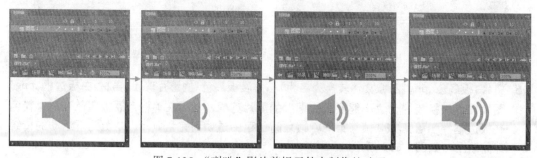

图 7-135 "喇叭"影片剪辑元件中制作的动画

08 创建一个名为"喇叭动画"的影片剪辑元件，在此元件"图层 1"图层中放置"喇叭"影片剪辑元件中最后一个图形，然后在"图层 2"图层第 2 帧放置"喇叭"影片剪辑元件，在"图层 4"图层第 2 帧中导入本书配套光盘"第七章 / 素材 / 课件"目录下"家庭 .mp3"文件，最后在"图层 3"图层第 1 帧与第 2 帧中设置"stop();"的动作脚本，如图 7-136 所示。

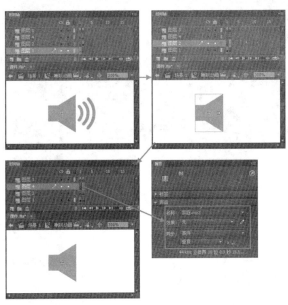

图 7-136　"喇叭动画"影片剪辑中制作的动画

09 单击 场景 1 按钮，切换至场景中，在"文字"图层之上创建名为"喇叭"的新图层，在此图层第 204 帧插入关键帧，在此关键帧中将"喇叭动画"影片剪辑放置在文字的右上角，并在此图层第 204 帧与第 224 帧之间创建"喇叭动画"影片剪辑实例从透明到完全显示的传统补间动画，如图 7-137 所示。

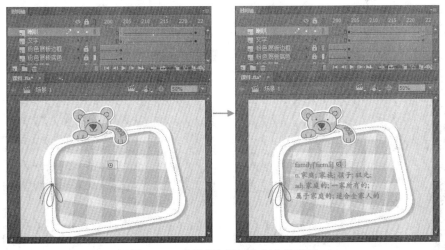

图 7-137　"喇叭"图层中制作的动画

10 选择第 224 帧处的"喇叭动画"影片剪辑实例，在【属性】面板中设置其【实例名称】为"laba"。

11 在"喇叭"图层上方创建名为"按钮"的图层，在此图层第 204 帧插入关键帧，并在此帧的喇叭图形上方放置"透明按钮"的按钮元件，并设置"透明按钮"按钮元件的实例名称为"but_sound"，如图 7-138 所示。

12 在"按钮"图层上方创建名为"箭头"的图层，在此图层第 224 帧插入关键帧，并在舞台右下方放置向左和向右的箭头，并在箭头旁放置名称为"上一页"与"下一页"的按钮实例，如图 7-139 所示。

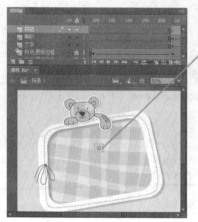

图 7-138 "透明按钮"按钮元件

图 7-139 上一页与下一页按钮

13 选择"上一页"按钮实例，设置其实例名为"but_previous"，再选择"下一页"按钮实例，设置其实例名称为"but_next"。

制作课件内容第二个页面

01 在"文字"与"喇叭"图层第 261 帧与第 284 帧之间创建由完全显示到透明的传统补间动画，并在"文字"与"喇叭"图层第 285 帧插入空白关键帧，然后在"按钮"与"箭头"图层第 261 帧插入空白关键帧，如图 7-140 所示。

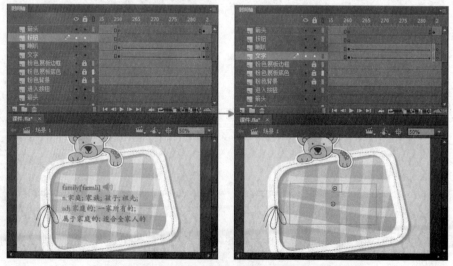

图 7-140 各个图层中创建的传统补间动画与插入的帧

02 在"粉色展板底色"图层上方创建名为"照片"的新图层,在此图层第 261 帧插入关键帧,在此帧导入本书配套光盘"第七章 / 素材 / 课件"目录下的"家庭照片 .JPG"图像文件,将导入的图像缩放并旋转一定角度,然后放置在相框内,再将此图像转换为名称为"照片"的影片剪辑元件,如图 7-141 所示。

图 7-141　导入的"家庭照片 .JPG"图像文件

03 为"照片"影片剪辑实例设置模糊的滤镜效果,并在"照片"图层第 261 帧与第 284 帧之间创建由模糊到清晰显示的传统补间动画,如图 7-142 所示。

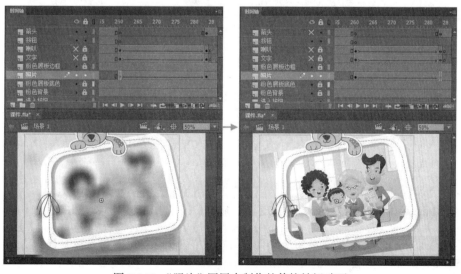

图 7-142　"照片"图层中制作的传统补间动画

04 在"照片"图层上方创建名为"照片遮罩"的图层,在此图层第 261 帧插入关键帧,并在此帧中绘制出与相框同样大小的图形,然后将"照片遮罩"图层转换为遮罩层,"照片"图层转换为被遮罩层,如图 7-143 所示。

05 在"粉色展板边框"图层上方创建名为"我的母亲"的图层,在此图层第 284 帧插入关键帧,在此帧中输入深红色（颜色值为"#990000"）的"She's my mother"文字，为其设置投影的效果，将其放置在相框的左上方，如图 7-144 所示。

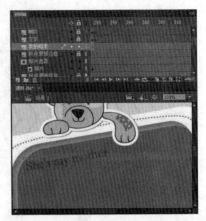

图 7-143　转换的遮罩层与被遮罩层　　　　图 7-144　"我的母亲"图层中输入的文字

06 将文字转换为名为"文字 1"的影片剪辑元件，在将此元件转换为名为"文字 1 动画"，双击此元件切换到此"文字 1 动画"元件编辑窗口中。

07 在"文字 1 动画"影片剪辑元件编辑窗口"图层 1"图层第 2 帧与第 17 帧之间创建出文字从右到左、由完全显示到透明的传统补间动画，在"图层 2"图层第 2 帧导入本书配套光盘"第七章 / 素材 / 课件"目录下的"我的母亲 .mp3"声音文件，并在"图层 3"图层第 1 帧与第 17 帧中输入"stop();"的动作脚本，如图 7-145 所示。

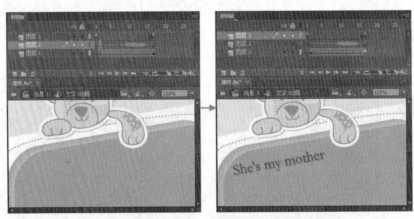

图 7-145　"文字 1 动画"影片剪辑元件

08 单击 场景 按钮，切换至场景中，选择舞台中"文字 1 动画"影片剪辑实例，设置"文字 1 动画"影片剪辑实例的实例名称为"wenzi1"。

09 在"我的母亲"图层之上创建名为"我的父亲"、"我的奶奶"、"这是我"三个新图层，在这三个图层第 284 帧中制作出与"我的母亲"图层中一样的"文字 2 动画"、"文字 3 动画"、"文字 4 动画"影片剪辑，这三个影片剪辑中文字为"He is my farther"、"She is my grandmother"、"This is me"，如图 7-146 所示。

10 设置"文字 2 动画"、"文字 3 动画"、"文字 4 动画"影片剪辑实例的实例名称分别为"wenzi2"、"wenzi3"、"wenzi4"。

11 在"这是我"图层上方创建名为"人物按钮"的图层，在"人物按钮"图层中绘制 4 个透明按钮，这 4 个透明按钮分别在 4 个人物上方，分别设置这 4 个透明按钮的实例名称为"but_mother"、"but_me"、"but_grandmother"、"but_father"，如图 7-147 所示。

12 在"箭头"图层第 284 帧插入关键帧，在舞台右下方放置与第 224 帧同样的向左和向右的箭头与"上一页"、"下一页"的按钮实例，并设置"上一页"按钮实例的实例名称为"but_previous2"，设置"下一页"按钮实例的实例名称为"but_next2"，如图 7-148 所示。

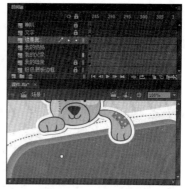

图 7-146　创建的新图层

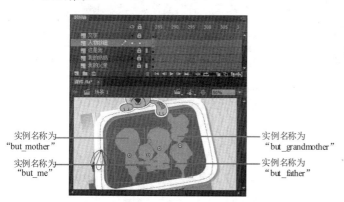

实例名称为"but_mother"　　实例名称为"but_grandmother"
实例名称为"but_me"　　实例名称为"but_father"

图 7-147　"人物按钮"图层中各个透明按钮

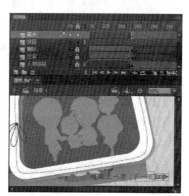

图 7-148　第 284 帧中上一页与下一页按钮

制作课件结束页面

01 在"照片"图层第 330 帧与第 350 帧之间创建"照片"影片剪辑实例从完全显示到透明的传统补间动画，如图 7-149 所示。

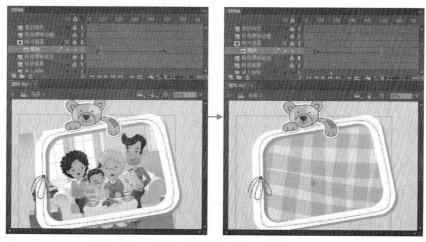

图 7-149　"照片"图层中制作的传统补间动画

02 在"照片遮罩"图层第 350 帧处插入空白关键帧，在"我的母亲"、"我的父亲"、"我的奶奶"、"这是我"、"人物按钮"、"箭头图层"第 330 帧处插入空白关键帧，如图 7-150 所示。

03 在"人物按钮"图层上方创建名称为"结束"的新图层，在"结束"图层第 350 帧与第 366 帧之间创建"END"的文字由大到小由透明到完全显示的传统补间动画，如图 7-151 所示。

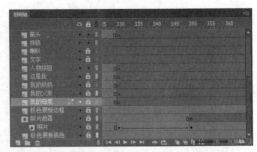

图 7-150 各个图层插入的空白关键帧

图 7-151 "结束"图层中制作的传统补间动画

04 创建一个名为"结束文字动画"的影片剪辑元件，在此元件中制作出"END"文字放大的动画，如图 7-152 所示。

05 在"人物按钮"图层上方创建名为"结束放大"的新图层，在此图层第 336 帧插入关键帧，在此帧处将"结束文字动画"影片剪辑元件放置在"结束放大"图层中，将其放置在"END"文字下方。

06 在"结束"图层上方创建名为"返回箭头"与"返回按钮"的新图层，在"返回箭头"图层第 366 帧与第 381 帧之间创建返回箭头由透明到完全显示的

图 7-152 "结束文字动画"影片剪辑元件

传统补间动画，在"返回按钮"图层第 366 帧与第 381 帧之间创建"返回按钮"按钮实例由透明到完全显示的传统补间动画，如图 7-153 所示。

07 选择"返回按钮"按钮实例，设置"返回按钮"按钮实例的【实例名称】为"but_return"。

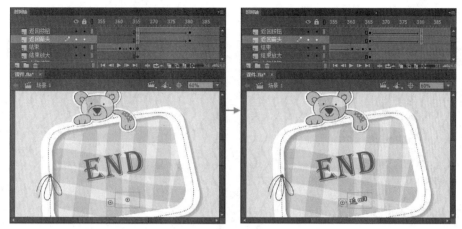

图 7-153　创建的传统补间动画

至此所有的画面都制作完成了，接下来要把这些画面关联起来，那就要由 ActionScript 脚本来完成。

输入动作脚本

01 在"箭头"图层上方创建名为"帧标签"的新图层，在此图层第 160 帧、第 261 帧、第 330 帧插入关键，设置"帧标签"图层，第 1 帧的帧标签名称为"changjing1"；第 160 帧的帧标签名称为"changjing2"；第 261 帧的帧标签名称为"changjing3"；第 330 帧的帧标签名称为"end"。

02 在"帧标签"图层上方创建名称为"as"的新图层，在"as"图册第 159 帧插入关键帧，在此帧输入如下的动作脚本：

```
stop();
function play1(event:MouseEvent ) {
    gotoAndPlay("changjing2");
}
but_go.addEventListener (MouseEvent.MOUSE_DOWN ,play1);
```

03 在"as"图册第 224 帧插入关键帧，在此帧输入动作脚本（见本书光盘中的源文件）。

04 在"as"图册第 260 帧插入关键帧，在此帧输入"stop();"的动作脚本。

05 在"as"图册第 329 帧插入关键帧，在此帧输入动作脚本（见本书光盘中的源文件）。

06 在"as"图册第 400 帧插入关键帧，在此帧输入如下的动作脚本：

```
stop();
function playreturn(event:MouseEvent ) {
    gotoAndPlay("changjing1");
}
but_return.addEventListener (MouseEvent.MOUSE_DOWN ,playreturn);
```

07 按 Ctrl+Enter 键测试影片，在弹出的影片测试窗口中可以观察到课件的各个页面效果。关闭影片测试窗口，单击【文件】/【保存】菜单命令，将文件保存。

至此"课件"的动画全部制作完成。制作此类动画，一定要理清设计的思路，课件制作完成之后，还要进行多次的调试、试用、修改、完善，以确保课件运行的流畅性。

实例 97

拼图游戏

图 7-154 拼图游戏

操作提示：

　　本实例中将学习到制作 Flash 游戏的基本思路与方法。包括游戏前期的准备、游戏中出现的元素制作，以及脚本语言的编写等。

　　使用 Flash 软件可以创作出许多具有完整故事情节，强大交互性，高品质的游戏作品。与那些大型网络游戏相比，Flash 游戏看起来还比较简单，但作为一种新的媒介，Flash 游戏凭借其独特的视觉效果吸引了无数玩家。在本实例中将介绍一个简单的拼图游戏，实例的最终效果如图 7-154 所示。

制作游戏开始界面

01 启动 Flash CC，创建出一个 ActionScript 3.0 新的文档。设置文档舞台的【宽度】参数为"588 像素"、【高度】参数为"422 像素"、【背景颜色】为默认的浅灰色（颜色值为"#CCCCCC"），并将创建的文档名称保存为"拼图游戏 .fla"。

02 在【库】面板中创建名为"开始背景"的图形元件，在此元件中创建名为"背景"的图层，在此图层中制作由青色（颜色值为"#17A7CA"）到黄色（颜色值为"#FEFF85"）的线性渐变矩形，此矩形大小与舞台大小相同，如图 7-155 所示。

03 在"背景"图层上方创建一个名称为"星星"的图层，在此图层中绘制青色（颜色值为"#21999D"）与白色相间的星星图形，并将绘制的星星图形转换为名为"星星"的图形元件，

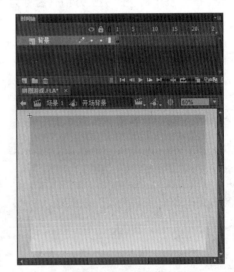

图 7-155　绘制的渐变颜色矩形

在【属性】面板中设置"星星"图形元件【Alpha】参数值为"33%"，如图 7-156 所示。

04 单击 场景 按钮，切换至场景舞台中，将"图层 1"图层的名称修改为"背景"，然后将【库】面板中"开始背景"图形元件拖曳到舞台中覆盖住舞台。

05 在"背景"图层上方创建名为"拼图"的新图层，然后在此图层中放置制作的"拼图"图形元件，将"拼图"图形元件放置在舞台的右下方，如图 7-157 所示。

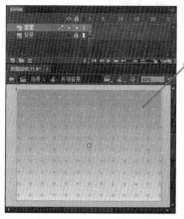

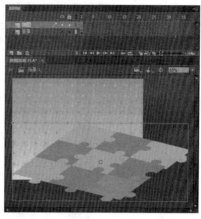

图 7-156　绘制的星星图形　　　　　　图 7-157　"拼图"图形元件的位置

06 在"拼图"图层上方创建名为"恐龙"的新图层，将本书配套光盘"第七章 / 素材 / 拼图游戏"目录下"调皮恐龙 .ai"图像文件导入到"恐龙"图层中，将其放置在舞台中央位置，并将此图形转换为名称为"恐龙"的影片剪辑元件，如图 7-158 所示。

07 在"拼图"图层上方创建名为"阴影"的新图层，在此图层中绘制一个青色（颜色值为"#046D59"）到青色（颜色值为"#046D59"）透明径向渐变的椭圆图形，如图 7-159 所示。

图 7-158　"恐龙"影片剪辑元件的位置　　　　图 7-159　绘制的阴影图形

08 在"恐龙"图层上方创建名为"文字"的新图层，在此图层中输入蓝色（颜色值为"#3E4682"）的"拼图游戏"文字，并将"拼图游戏"文字转换为名称为"游戏名称"的影片剪辑元件，并为此元件设置"发光"的滤镜效果，如图 7-160 所示。

09 创建一个名为"开始游戏"的按钮元件，在此元件中导入本书配套光盘"第七章 / 素材 / 拼图游戏"目录下"圆形按钮 .ai"图像文件，"圆形按钮 .ai"图像上方创建白色的"开始"文字，如图 7-161 所示。

图 7-160　输入的"拼图游戏"文字

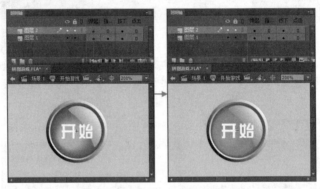

图 7-161　"开始游戏"按钮元件

10 单击 ![场景] 按钮，切换至场景舞台中，在"文字"图层上方创建名为"按钮"的新图层，将【库】面板中"开始游戏"按钮元件拖曳到舞台的右下方，并在【属性】面板中设置其实例名称为"Play_Btn"，如图 7-162 所示。

11 在"按钮"图层上方创建名为"遮罩层"的新图层，在此图层中绘制与舞台同样大小的矩形，并将"遮罩层"图层转换为遮罩图层，将其下方的图层都转换为被遮罩层，如图 7-163 所示。

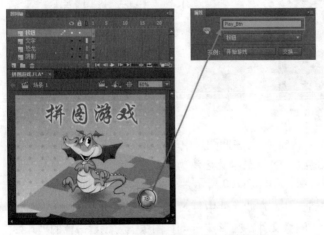

图 7-162　舞台中的"开始游戏"按钮元件

图 7-163　转换的遮罩层与被遮罩层

库面板中制作游戏元素

01 在【库】面板中创建一个名为"开始界面"的文件夹，将之前创建的库元素放置在此文件夹中，如图 7-164 所示。

02 在【库】面板中创建一个名为"游戏界面"的文件夹，在此文件夹中创建名为"卡通[游戏失败时]"、"卡通[游戏胜利时]"、"卡通[游戏进行时]"的影片剪辑元件，将本书配套光盘"第七章/素材/拼图游戏"目录下"表情.ai"图像中哀伤的表情、开口大笑的表情和微笑的表情分别导入到这三个影片剪辑元件中，如图 7-165 所示。

图 7-164 【库】面板中"开始界面"文件夹

图 7-165 各个表情元件

03 在【库】面板中设置"卡通[游戏失败时]"、"卡通[游戏胜利时]"、"卡通[游戏进行时]"影片剪辑元件的【链接】名分别为"falser"、"winner"、"player"，如图 7-166 所示。

04 创建一个名为"over"的影片剪辑元件，在此元件中输入"胜利"的土黄色（颜色值为"#FFF463"）描边文字，然后在【库】面板中设置"over"影片剪辑元件的【链接】名称为"over"，如图 7-167 所示。

图 7-166 设置元件的链接名称　　　　图 7-167 制作的"over"影片剪辑元件

05 创建一个名为"背景"的影片剪辑元件，在此元件中绘制与舞台大小相同的蓝色（颜色值为"#0EA1BC"）矩形，然后在【库】面板中设置"背景"影片剪辑元件的【链接】名为"bg"，如图 7-168 所示。

06 创建一个名为"计时器"的影片剪辑元件，在此元件中创建名称为"背景"和"边框"的图层，在这两个图层中创建出进度条背景和进度条边框，如图 7-169 所示。

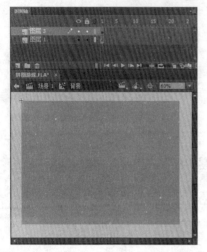

图 7-168　创建的"背景"影片剪辑元件　　　　　图 7-169　创建的进度条背景和进度条边框

07 在"背景"图层之上创建名为"进度条"的新图层，在此图层中绘制出蓝色线性渐变的进度条图形，并将其转换为名称为"时间进度条"的影片剪辑元件，如图 7-170 所示。

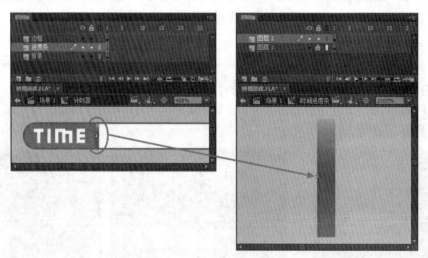

图 7-170　"时间进度条"影片剪辑元件

08 在"计时器"影片剪辑元件进度条的右侧输入白色的"时间："文字，在白色的"时间"文字右侧创建一个文字颜色为白色、实例名称为"Time_txt"的动态文本框，如图 7-171 所示。

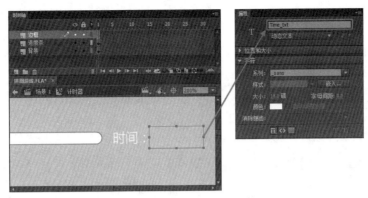

图 7-171　创建的文字和动态文本框

09 创建一个名为"计分器"的影片剪辑元件，在此元件中绘制出计分器的图形与文字，如图 7-172 所示。

10 在计分器图形上方创建一个字体颜色为白色动态文本框，并设置动态文本框的【实例名称】为"score_txt"，如图 7-173 所示。

图 7-172　"计分器"影片剪辑元件

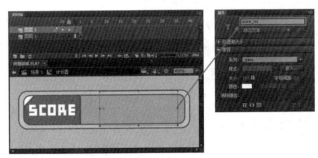

图 7-173　创建的动态文本框

11 在【库】面板中设置"计分器"与"计时器"的【链接】名称为"score_mc"与"time_mc"。

创建程序文件

01 将本书配套光盘"第七章 / 素材 / 拼图游戏"目录下"IMG.JPG"与"IMGS.JPG"图像文件拷贝到与当前编辑的"拼图游戏 .fla"文件同级目录下。

02 创建一个基于"ActionScript 3.0 类"的新文件，设置文件名称为"Game.as"，在此文件的输入窗口中输入脚本（见本书光盘中的源文件）。

03 按 Ctrl+S 键，将"Game.as"文件保存。

04 切换至"拼图游戏 .fla"文件中，按 Ctrl+Enter 键测试影片，在弹出的影片测试窗口中可以测试拼图游戏的效果。关闭影片测试窗口，单击【文件】/【保存】菜单命令，将文件保存。

至此"拼图游戏"的动画全部制作完成。制作游戏类的 Flash，需要设计者对 ActionScript 脚本有较深的掌握。此外，对于一些大型的 Flash 游戏，通常会由多人协作完成，包括美工设计人员和程序开发人员，读者可以根据自己的特点和兴趣有选择性的从事设计或程序开发工作。

实例 98

打气球

图 7-174　打气球

操作提示：
　　本实例中将介绍制作 Flash 射击类游戏的基本思路与方法。涉及自定义鼠标，鼠标跟随，鼠标事件，简单动画，文本框等方面。

　　随着互联网的发展和 Flash 软件功能的不断增强，网络上的 Flash 游戏随处可见，类型也各种各样，如益智类、动作类、棋牌类、射击类等，本实例将制作一个简单的射击类游戏，实例的最终效果如图 7-174 所示。

制作游戏所需要的动画

01 启动 Flash CC，创建出一个 ActionScript 3.0 新的文档。设置文档舞台的【宽度】参数为"800 像素"、【高度】参数为"600 像素"、【背景颜色】为黑色，并将创建的文档名称保存为"打气球 .fla"。

02 将本书配套光盘"第七章 / 素材 / 打气球"目录下的"打气球背景 .jpg"与"29.gif"图像文件导入到【库】中。

03 在【库】面板中创建名为"按钮"的文件夹，在其中创建名为"按钮开始游戏"的按钮元件，在此元件中将导入的"29.gif"图像文件作为按钮底图，并在上方输入白色的"PLAY"文字，如图 7-175 所示。

04 在【库】面板中"按钮"的文件夹中创建名为"按钮重新开始"的按钮元件，在此元件中将导入的"29.gif"图像文件作为按钮底图，并在上方输入白色的"REPLAY"文字，如图 7-176 所示。

图 7-175　"按钮开始游戏"按钮元件

图 7-176　"按钮重新开始"按钮元件

05 在【库】面板中创建名为"素材"的文件夹，将"打气球背景 .jpg"与"29.gif"图像文件放置在此文件夹中，如图 7-177 所示。

06 将本书配套光盘"第七章 / 素材 / 打气球"目录下的"013kt006.mp3"声音文件导入到【库】
面板"素材"文件夹中，并设置其【链接】参数为"pao"，如图 7-178 所示。

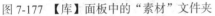

图 7-177　【库】面板中的"素材"文件夹　　图 7-178　库中导入的"013kt006.mp3"声音文件

07 在【库】面板中创建名为"组件"的文件夹，在其中创建名为"背景 2.0"的影片剪辑元
件，在此元件中将导入的"打气球背景 .jpg"图像文件放置在此元件中，并在【库】面
板中设置其【链接】参数为"BgGround"，如图 7-179 所示。

图 7-179　"背景 2.0"影片剪辑元件

08 在【库】面板"组件"文件夹中创建
名为"时间条"的影片剪辑元件，在
此元件中绘制一个填充颜色为棕色（颜
色值为"#993300"）的长条矩形，设
置矩形的长度为"600 像素"，高度为"20
像素"，并在长条矩形上方绘制白色透
明渐变的矩形，使其产生凸起的效果，
如图 7-180 所示。

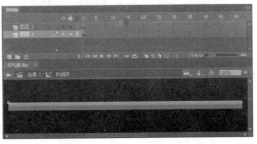

图 7-180　"时间条"影片剪辑元件

09 在【库】面板中创建名为"泡泡"的文件夹,在其中创建名为"气球蓝色"的影片剪辑元件,在此元件中绘制出蓝色气球图形,如图 7-181 所示。

10 在绘制的气球所在图层上方创建新图层,在新图层第 5 帧插入帧,第 2 帧插入关键帧,并在第 2 帧中绘制出蓝色气球爆炸的图形,如图 7-182 所示。

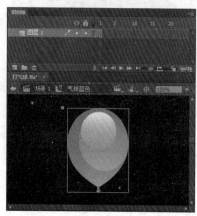
图 7-181 绘制的蓝色气球图形

图 7-182 绘制的气球爆炸图形

11 在气球爆炸所在图层上方创建名为"action"图层,在第 2 帧插入空白关键帧,并在第 1 帧中输入"stop();"的动作脚本,如图 7-183 所示。

12 按照制作"气球蓝色"影片剪辑元件的方法制作出名为"气球黄色"、"气球绿色"、"气球紫色"的影片剪辑元件,在这几个元件中分别制作黄色的气球、绿色的气球与紫色的气球。

13 在【库】面板中设置"气球蓝色"、"气球黄色"、"气球绿色"、"气球紫色"的【链接】参数分别为"com.bubble.BubblePink"、"com.bubble.BubbleYellow"、"com.bubble.BubblePurple"、"com.bubble.BubbleGreen",如图 7-184 所示。

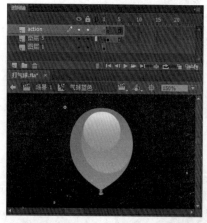
图 7-183 action 图层中的帧

图 7-184 【库】面板中设置元件的链接参数

14 在【库】面板中创建名为"游戏界面"的文件夹,在其中创建名为"界面开始游戏"的影片剪辑元件,在此元件中创建出"text"和"button"的图层,在"text"图层中书写蓝色(颜色值为"#0066CC")的"打气球"文字,"button"图层中放置"按钮开始游戏"按钮元件,并设置此元件实例名称为"btnStart",在如图 7-185 所示。

图 7-185 "界面开始游戏"影片剪辑元件

15 在"游戏界面"文件夹中创建名为"界面游戏进行"的影片剪辑元件，在此元件中创建出 "timeline" 图层，将"时间条"影片剪辑元件放置在"timeline"图层中，并设置"时间条"影片剪辑实例名称为"timeLine"，如图 7-186 所示。

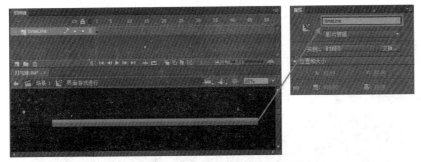

图 7-186 "时间条"影片剪辑实例的位置

16 在"timeline"图层下方创建名为"text"的图层，在"时间条"影片剪辑实例左侧输入蓝色（颜色值为"#0099FF"）的白色描边文字"时间："，在"时间条"影片剪辑实例右侧输入蓝色（颜色值为"#0099FF"）的白色描边文字"分数："，并在"分数："文字右侧创建动态文本框，设置动态文本框的【实例名称】为"txtScore"，如图 7-187 所示。

图 7-187 "text"的图层中文字与动态文本框

17 在"游戏界面"文件夹中创建名为"界面游戏结束"的影片剪辑元件，在此元件中创建出 "text" 图层，在"text"图层中书写蓝色（颜色值为"#0066CC"）的"游戏结束"文字，在"游戏结束"文字下方放置小一些的蓝色（颜色值为"#0066CC"）"你的得分是："

文字，在"你的得分是："文字右侧放置一个动态文本框，设置动态文本框的【实例名称】为"txtTotalScore"，如图 7-188 所示。

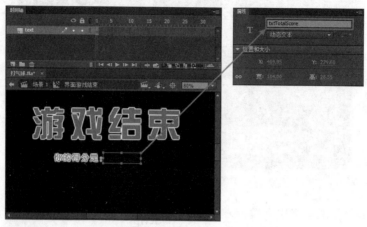

图 7-188 "界面游戏结束"元件中文字

18 在"text"图层上方创建名为"button"的图层，将"按钮重新开始"按钮元件拖曳到"你的得分是："文字的下方，并设置此按钮元件的【实例名称】为"btnRestart"，如图 7-189 所示。

19 在【库】面板中设置"界面开始游戏"、"界面游戏结束"、"界面游戏进行"影片剪辑元件的【链接】参数分别为"com.view.GameStartView"、"com.view.GameOverView"、"com.view.GameIngView"。

图 7-189 "button"图层中的按钮

至此游戏中所需的元素全部制作完成，接下来使用 ActionScript 编写游戏运行的程序。

制作程序文件

01 在当前编辑文档同级目录中创建名为"com"的文件夹，在"com"文件夹中创建一个基于"ActionScript 3.0 类"的新文件，设置文件名称为"BubbleMain.as"，在此文件的输入窗口中输入脚本（见本书光盘中的源文件）。

02 在"com"的文件夹中创建名称为"bubble"的文件夹，在"bubble"文件夹中创建一个

基于 "ActionScript 3.0 类" 的新文件，设置文件名称为 "Bubble.as"，在此文件的输入窗口中输入脚本（见本书光盘中的源文件）。

03 在 "com" 的文件夹中创建名称为 "view" 的文件夹，在 "view" 文件夹中创建一个基于 "ActionScript 3.0 类" 的新文件，设置文件名称为 "GameIngView.as"，在此文件的输入窗口中输入脚本（见本书光盘中的源文件）。

04 在 "view" 文件夹中创建一个基于 "ActionScript 3.0 类" 的新文件，设置文件名称为 "GameStartView.as"，在此文件的输入窗口中输入脚本（见本书光盘中的源文件）。

05 在 "view" 文件夹中创建一个基于 "ActionScript 3.0 类" 的新文件，设置文件名称为 "GameOverView.as"，在此文件的输入窗口中输入脚本（见本书光盘中的源文件）。

06 切换至 "打气球 .fla" 文件中，按 Ctrl+Enter 键测试影片，在弹出的影片测试窗口中可以测试打气球游戏的效果。关闭影片测试窗口，单击【文件】/【保存】菜单命令，将文件保存。

至此 "打气球" 的动画全部制作完成。这个实例是简单的射击类游戏的应用，如果想制作出更精美的作品需要对动画设计与 ActionScript 脚本有更深入的学习。

实例 99

幼儿钢琴

图 7-190 幼儿钢琴

操作提示：
本实例中将讲解使用 Flash 制作手机类动画的方法。包括文件的创建，动画的制作以及手机应用程序的发布等。

本实例讲解一个使用 Flash 制作的手机幼儿钢琴游戏的动画，动画的最终效果如图 7-190 所示。

制作幼儿钢琴的动画

01 启动 Flash CC，创建出一个 AIR for Android 新的文档。设置文档舞台的【宽度】参数为 "800 像素"、【高度】参数为 "480 像素"、【背景颜色】为浅蓝色（颜色值为 "#ADCFFE"），并将创建的文档名称保存为 "幼儿钢琴 .fla"。

02 将当前图层名称命名为 "底色"，在 "底色" 图层绘制一个比舞台略宽些的浅蓝色（颜色值为 "#ADCFFE"）矩形。

03 在 "底色" 图层上方创建名为 "琴键" 的图层，在此图层中绘制出橙色卡通的钢琴键盘图形，在此图形下方输入 "DO" 文字，然后将绘制的图形转换为名为 "琴键 1" 的影片剪辑，如图 7-191 所示。

04 将 "琴键 1" 的影片剪辑转换为名为 "琴键 1 动画" 的影片剪辑实例，并切换至 "琴键 1 动画" 影片剪辑元件编辑窗口，在此元件中 "图层 1" 图层第 1 帧、第 3 帧与第 5 帧之间创建出 "琴键 1" 影片剪辑缩小在复原的传统补间动画，如图 7-192 所示。

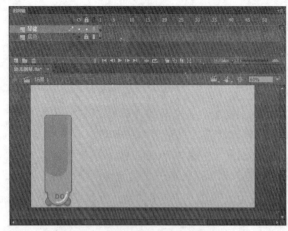
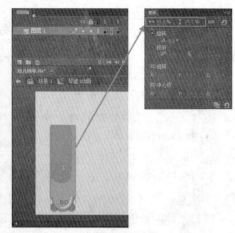

图 7-191 "琴键 1"的影片剪辑　　　　　图 7-192 第 3 帧处"琴键 1"影片剪辑的大小

05 在"图层 1"图层之上创建新图层，在此图层第 2 帧插入关键帧，在此关键帧导入本书配套光盘"第七章 / 素材 / 幼儿钢琴"目录下"37-A- 小字组 .wav"声音文件，如图 7-193 所示。

图 7-193 导入的声音

06 再创建一个新图层，在此图层第 1 帧中输入"stop();"的动作脚本。

07 切换至场景舞台中，按照制作"琴键 1 动画"影片剪辑的方法，在其右侧分别制作出"琴键 2 动画"~"琴键 7 动画"的影片剪辑元件，如图 7-194 所示。

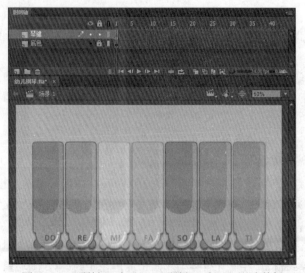

图 7-194 "琴键 2 动画"~"琴键 7 动画"影片剪辑

08 在【属性】面板中设置舞台中"琴键 1 动画"~"琴键 7 动画"影片剪辑的【实例名称】分别为"Jianpan1"~"Jianpan7"，如图 7-195 所示。

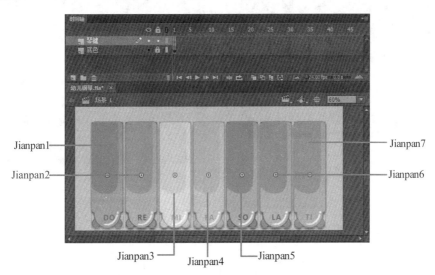

图 7-195　"琴键 1 动画"~"琴键 7 动画"影片剪辑的实例名称

09 创建一个名为"音符动画 1"的影片剪辑元件，在此元件编辑窗口第 1 帧与第 60 帧之间制作出"音符 1"影片剪辑向上运动的传统补间动画，如图 7-196 所示。

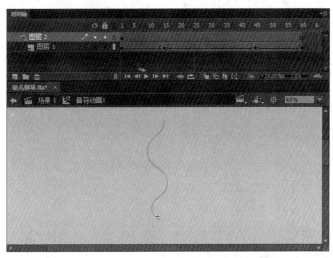

图 7-196　"音符动画 1"影片剪辑元件

10 在"音符动画 1"影片剪辑元件第 1 帧输入"stop();"的动作脚本。

11 按照相同的方法制作出"音符动画 2"~"音符动画 6"影片剪辑元件，然后切换至场景舞台中，将"音符动画 1"~"音符动画 6"影片剪辑元件随机放置在"琴键 1 动画"~"琴键 7 动画"影片剪辑实例的上方，并从左至右分别设置其实例名称为"yinfu1"~"yinfu7"，如图 7-197 所示。

12 在"音符"图层上方创建名为"横线"的图层，在此图层中绘制一个蓝色的横条，将其放置在舞台中心位置，如图 7-198 所示。

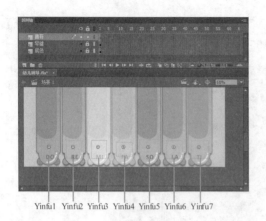

Yinfu1 Yinfu2 Yinfu3 Yinfu4 Yinfu5 Yinfu6 Yinfu7

图 7-197　各个"音符动画"的位置与实例名称

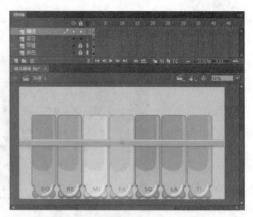

图 7-198　"横线"图层中绘制的图形

13 在"音符"图层上方创建名为"上背景"的图层，在此图层中绘制一个蓝色（颜色值为"#ADCFFE"）的矩形将舞台上方遮挡住，如图 7-199 所示。

14 在"音符"图层上方创建名为"按钮"的图层，在此图层每个键盘上方放置一个透明按钮，并设置各个透明按钮的【实例名称】为"but1"～"but7"，如图 7-200 所示。

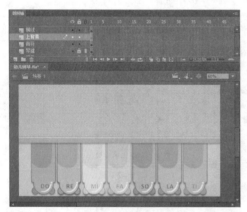

图 7-199　"上背景"图层中绘制的蓝色矩形

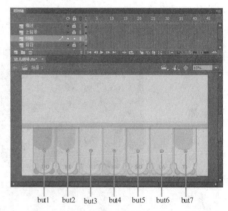

but1　but2　but3　but4　but5　but6　but7

图 7-200　各个透明按钮的实例名称

15 创建一个名为"云朵动画"的影片剪辑元件，在此元件第 1 帧与第 10 帧之间创建云朵图形下拉并升起的传统补间动画，如图 7-201 所示。

图 7-201　"云朵动画"影片剪辑元件

16 在"云朵动画"影片剪辑元件中创
　　 建一个新图层，在此图层第 1 帧中
　　 输入"stop();"的动作脚本。

17 按照制作"云朵动画"影片剪辑元
　　 件的方法制作出"花朵动画"与
　　 "蜜蜂动画"影片剪辑元件，如图
　　 7-202 所示。

18 切换回场景舞台中，在"横线"图
　　 层之上创建名为"拉链"的新图层，
　　 然后将多个"云朵动画"、"花朵动
　　 画"与"蜜蜂动画"影片剪辑放置
　　 在"拉链"图层中，并从左至右设

图 7-202　"花朵动画"与"蜜蜂动画"影片剪辑元件

置它们的【实例名称】为"lalian1"~"lalian7"如图 7-203 所示。

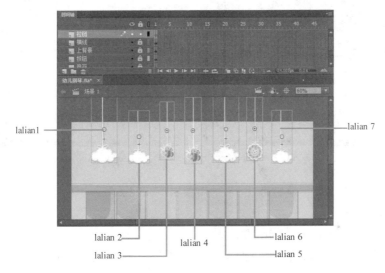

图 7-203　"拉链"图层中影片剪辑实例的位置与名称

19 创建名为"小鸟"的影片剪辑元件，在此元件中制作出小鸟原地走路的动画效果，如图
　　 7-204 所示。

图 7-204　"小鸟"影片剪辑元件

20 再创建名为"小鸟动画"的影片剪辑元件，在此元件第 1 帧到第 500 帧之间制作"小鸟"影片剪辑实例从右向左走动的传统补间动画，在第 501 帧到第 1000 帧之间制作"小鸟"影片剪辑实例从左向右走动的传统补间动画，如图 7-205 所示。

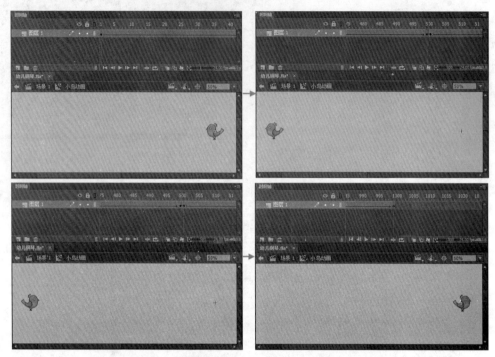

图 7-205 "小鸟动画"影片剪辑元件中制作的动画

21 在"小鸟"图层上方创建名为"as"的新图层，在此图层第 1 帧中输入动作脚本（见本书光盘中的源文件）。

22 在此文件中按 Ctrl+Enter 键测试影片，在弹出的影片测试窗口中可以测试弹奏钢琴的动画效果。关闭影片测试窗口，单击【文件】/【保存】菜单命令，将文件保存。

至此幼儿钢琴的动画全部制作完成，现在制作的动画只能在电脑上观看，需要对其进行发布设置，才能将动画发布到手机上，接下来进行介绍。

发布动画到手机中

01 单击【文件】/【另存为】菜单命令，将文件另存为名称为"piano.fla"的文件，并将其保存在 D 盘的"piano"文件夹中。

02 将本书配套光盘"第七章 / 素材 / 幼儿钢琴"目录下"Pianist.png"图像文件拷贝到 D 盘的"piano"文件夹中。

03 在"piano.fla"文件中单击【文件】/【AIR 13.0 for Android 设置】菜单命令，弹出【AIR for Android 设置】对话框，在此对话框中选择【部署】标签，如图 7-206 所示。

04 单击【证书】输入框右侧的 创建... 按钮，弹出【创建自签名的数字证书】对话框，在此对话框中输入相关的信息，如图 7-207 所示。

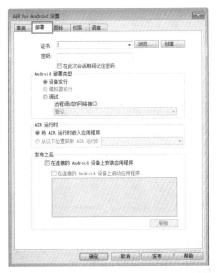

图 7-206 【AIR for Android 设置】对话框　　　图 7-207 【创建自签名的数字证书】对话框

05 单击 确定 按钮，弹出【已创建自签名的证书】提示框，如图 7-208 所示。

06 单击 确定 按钮完成数字证书的创建，创建的数字证书路径会显示在【证书】输入框中。

07 在【AIR for Android 设置】对话框选择【图标】标签，在【图标】选择框中选择"图标 48x48"选项，单击【选择文件】 按钮，选择 D 盘的"piano"文件夹中"Pianist.png"图像文件，如图 7-209 所示。

图 7-208 【已创建自签名的证书】提示框　　图 7-209 【AIR for Android 设置】对话框中【图标】选项

08 在【AIR for Android 设置】对话框选择【语言】标签，在其中将【中文】复选框勾选，如图 7-210 所示。

09 在【AIR for Android 设置】对话框选择【常规】标签，在其中【输出文件】输入框中设置输出文件名称为"piano.apk"，【应用程序名称】输入框中输入"piano"，【应用程序 ID】输入框中输入"piano"，【宽高比】设置为"横向"，【全屏】复选框勾选，如图 7-211 所示。

图 7-210 【AIR for Android 设置】对话框中
【语言】选项

图 7-211 【AIR for Android 设置】对话框中
【常规】选项

10 在【AIR for Android 设置】对话框中单击 发布 按钮，将制作的文件发布为手机应用的 apk 格式。

　　至此幼儿钢琴的手机软件就全部制作完成了，将发布的 piano.apk 文件拷贝到手机中进行安装，安装完成后在手机中将生成一个名称为"piano"软件，点击这个软件即可运行，在其中用手指点击钢琴键盘就可以发出美妙的钢琴声音。

实例 100

手机音乐播放器

图 7-212　手机音乐播放器

操作提示：
　　本实例中将讲解制作一个完整的音乐播放器的方法，包括播放器动画制作、各个播放按钮的制作、ActionScript 语句的编写、以及如何将音乐与播放器文件打包发布到手机中。

　　在本实例将介绍如何使用 Flash 制作手机中可以播放音乐的软件，实例的最终效果如图 7-212 所示。

制作手机音乐播放器中动画

01 打开第 2 章中制作的"音乐播放器 .fla"文件。在"cd"图层上方创建名为"外白色圆环"的新图层，在此图层中绘制一个白色的圆环，并设置白色圆环的【Alpha】参数值为"80%"，如图 7-213 所示。

02 在"外白色圆环"图层上方创建名为"圆环动画"的新图层，在此图层中绘制出与白色圆环同等大小的青色（颜色值为"#07F6E8"）到青色（颜色值为"#07F6E8"）透明的半圆弧图形，并将此图形转换为名为"圆环"的影片剪辑元件，如图 7-214 所示。

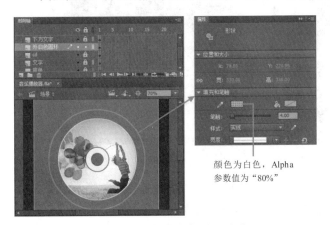

颜色为白色，Alpha
参数值为"80%"

图 7-213 绘制的白色圆环图形　　　　　图 7-214 绘制的青色渐变半圆弧图形

03 将"圆环"影片剪辑实例转换为名为"圆环动画"的影片剪辑，切换至"圆环动画"影片剪辑元件中，在此元件中制作 100 帧长度的顺时针旋转的传统补间动画，如图 7-215 所示。

04 切换至场景 1 舞台中，在"圆环动画"图层上方创建名称为"圆点动画"的新图层，在此图层的白色圆环图形上方绘制一个白色的圆点，并在"圆点动画"中制作圆点沿着白色圆环运动路径运动的动画，如图 7-216 所示。

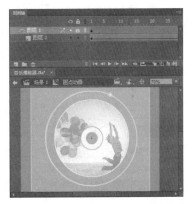

图 7-215 制作的旋转补间动画　　　　　图 7-216 制作的圆点沿圆环运动的动画

制作播放器按钮

01 创建一个名为"播放按钮"的影片剪辑元件，在此元件中绘制出播放按钮的图形，如图 7-217 所示。

02 创建一个名为"暂停按钮"的影片剪辑元件，在此元件中绘制出暂停按钮的图形，如图 7-218 所示。

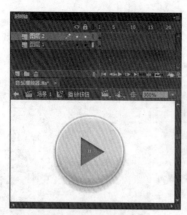

图 7-217　绘制的播放按钮图形

图 7-218　绘制的暂停按钮图形

03 创建一个名为"mcPlayPause"的影片剪辑元件，在此元件"PlayPause"图层第 1 帧放置"播放按钮"的影片剪辑元件，在第 6 帧放置"暂停按钮"的影片剪辑元件，如图 7-219 所示。

04 在"PlayPause"图层之上创建名为"Labels"的图层，在此图层第 1 帧设置【帧标签】名称为"play"，在第 6 帧设置【帧标签】名称为"pause"，如图 7-220 所示。

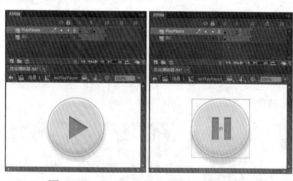

图 7-219　"mcPlayPause"影片剪辑元件

图 7-220　"Labels"图层中帧的名称

05 创建一个名为"跳过"的影片剪辑元件，在此元件中绘制出跳转上一个和跳转下一个状态的图形，如图 7-221 所示。

06 分别创建名为"mcNext"与"mcPrev"的影片剪辑元件，将"跳过"分别放置在"mcNext"与"mcPrev"影片剪辑元件中，并将"mcPrev"影片剪辑元件中"跳过"影片剪辑元件进行水平翻转，如图 7-222 所示。

图 7-221　"跳过"元件中绘制的图形　　　　图 7-222　"mcNext"与"mcPrev"影片剪辑元件

07 创建一个名为"音乐开始"的影片剪辑元件,在此元件中绘制出正在播放音乐状态的图形,如图 7-223 所示。

08 创建一个名为"音乐关闭"的影片剪辑元件,在此元件中绘制出音乐停止播放状态的图形,如图 7-224 所示。

图 7-223 "音乐开始"元件中绘制的图形

图 7-224 "音乐关闭"元件中绘制的图形

09 创建一个名为"mcVolumeIcon"的影片剪辑元件,在此元件"status"图层第 1 帧放置"音乐开始"影片剪辑元件,在第 11 帧放置"音乐关闭"的影片剪辑元件,如图 7-225 所示。

10 创建一个名为"音量"的影片剪辑元件,在此元件中绘制出音量调节状态的图形,如图 7-226 所示。

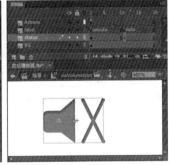

图 7-225 "mcVolumeIcon"影片剪辑元件

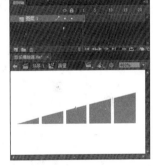

图 7-226 "音量"元件中绘制的图形

11 创建一个名为"mcVolumeSlider"的影片剪辑元件,在此元件中将"音量"影片剪辑元件放置在"refBar"图层中,然后在"refBar"图层下方创建名为"spanning"的新图层,在此图层绘制一个与"音量"影片剪辑元件同宽的矩形,如图 7-227 所示。

12 将绘制的矩形转换为名为"mcSpanning"影片剪辑元件,设置其【Alpha】参数值为"0%",并设置其【实例名称】为"spanning_mc",如图 7-228 所示。

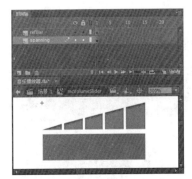

图 7-227 "mcVolumeSlider"影片剪辑元件

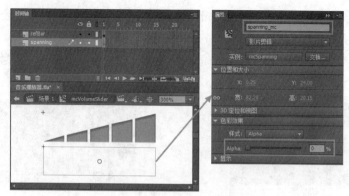

图 7-228 "mcSpanning"影片剪辑实例的属性

13 在"refBar"图层上方创建名为"bar"的新图层，在此图层绘制一个与"音量"影片剪辑一半宽度大小矩形，并将其转换为名称为"mcVolumeBar"的影片剪辑，并设置其【实例名称】为"volumeBar_mc"，如图 7-229 所示。

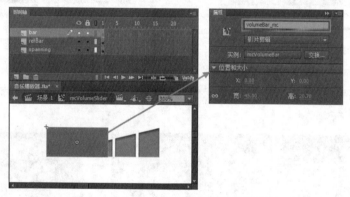

图 7-229 "mcVolumeBar"影片剪辑元件

14 在"bar"图层上方创建名称为"mask"的新图层，在此图层中绘制与"音量"影片剪辑元件一样的图形，并将"mask"图层转换为遮罩层，其下方的"bar"图层转换为被遮罩层，如图 7-230 所示。

15 在"mask"图层上方创建名为"knob"的新图层，在此图层绘制一个调节音量的黑色矩形滑块，将其转换为名为"mcVolumeKnob"的影片剪辑元件，并设置其【实例名称】为"volumeKnob_mc"，【Alpha】参数值为"0%"，如图 7-231 所示。

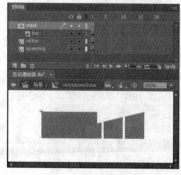

图 7-230 "mask"图层中图形

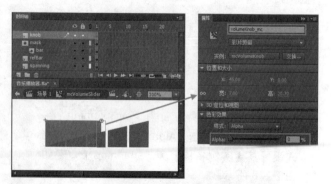

图 7-231 "mcVolumeKnob"影片剪辑实例的属性

16 创建一个名为"mcProgBar"的影片剪辑元件，在此元件中绘制一个宽度为"372 像素"，高度为"8 像素"的白色矩形，如图 7-232 所示。

17 创建一个名为"mcProgKnob"的影片剪辑元件，在此元件中绘制一个倒立的三角图形，如图 7-233 所示。

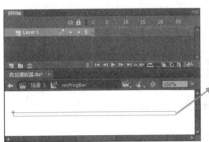 

图 7-232　"mcProgBar"影片剪辑元件

图 7-233　"mcProgKnob"
影片剪辑元件

18 切换回场景舞台中，在"播放器背景遮罩"图层之上创建名为"PlayPause"、"Next"、"Prev"的新图层，分别在这些图层中放入"mcPlayPause"、"mcNext"、"mcPrev"影片剪辑元件，如图 7-234 所示。

19 在【属性】面板中分别设置"mcPlayPause"、"mcNext"、"mcPrev"影片剪辑的【实例名称】为"playPause_mc"、"next_mc"、"prev_mc"。

20 在"Prev"图层之上创建名为"ProgressBar"、"ProgressKnob"的新图层，分别在这些图层中放入"mcProgBar"、"mcProgKnob"影片剪辑元件，如图 7-235 所示。

图 7-234　舞台中的播放按钮

21 在【属性】面板中分别设置"mcProgBar"、"mcProgKnob"影片剪辑的【实例名称】为"progBar_mc"、"progKnob_mc"。

22 在"ProgressKnob"图层之上创建名为"VolumeSlider"、"VolumeIcon"的新图层，分别在这些图层中放入"mcVolumeSlider"、"mcVolumeIcon"影片剪辑元件，如图 7-236 所示。

图 7-235　舞台中的进度条按钮　　　　　图 7-236　舞台中的声音控制按钮

23 在【属性】面板中分别设置"mcVolumeSlider"、"mcVolumeIcon"影片剪辑的【实例名称】为"volumeSlider_mc"、"volumeIcon_mc"。

24 在"VolumeIcon"图层之上创建名称为"Actions"的新图层,在此图层第 1 帧中输入脚本(见本书光盘中的源文件)。

至此手机音乐播放器的功能就全部制作完成了,此时测试影片可以弹出模拟的手机,在此模拟手机中可以观看动画效果。

发布动画到手机中

01 单击【文件】/【另存为】菜单命令,将文件另存为名称为"music.fla"的文件,并将其保存在 D 盘的"musicplayer"文件夹中。

02 将本书配套光盘"第七章 / 素材 / 手机音乐播放器"目录下"Songs"文件夹和"music. png"图像文件拷贝到 D 盘的"musicplayer"文件夹中。

提示:

制作手机文件需要将文件保存到站点根目录中,并且目录和文件名不能为中文,所以需要将文件保存到 D 盘下,读者也可以将文件保存到其他磁盘中。

03 在 D 盘的"musicplayer"文件夹中创建一个名称为"playlist.xml"的 XML 文件,在其中输入如下的代码:

```
<playlist>
   <song label=" 请选择歌曲 " data=""/>
       <song label=" 汪峰青春 " data="Songs/qingchun.mp3" />
       <song label=" 时间都去哪了 " data="Songs/shijian.mp3" />
       <song label=" 张杰逆战 " data="Songs/nizhan.mp3" />
</playlist>
```

04 单击【文件】/【AIR 13.0 for Android 设置】菜单命令,弹出【AIR for Android 设置】对话框,然后按照实例 99 中讲解进行发布,注意在选择文件时将"Songs"文件夹和 playlist. xml 包含在内,图标则选择 music.png 文件。

提示:

在这里一定要将音乐播放器包含的文件都添加到【包括的文件】中,否则发布为手机格式后将不能找到相对应的文件路径。

至此手机音乐播放器就全部制作完成了,将发布的 music.apk 文件拷贝到手机中进行安装,安装生成的软件即可进行音乐的播放。